"十四五"职业教育国家规划教材

"十二五"职业教育国家规划教材

职业教育农业农村部"十四五"规划教材

兽医临床诊疗技术

第三版

曹授俊 李玉冰 主编

中国农业出版社
北 京

内容提要

《兽医临床诊疗技术》(第三版)以培养高素质兽医诊疗技术技能型人才为目标，以兽医临床诊疗技术工作岗位实践技能为主线，较全面地阐述了兽医科学的诊断技术和治疗技术。本教材内容包括兽医临床诊断、兽医实验室检验分析、仪器诊断分析、临床治疗、动物急诊救治 5 大技术模块。本教材集教、学、训于一体，突出诊疗技能实践操作和临床应用，强调“怎么做”，既适合我国农业高等职业教育动物医学类、畜牧兽医类、动物防疫与检疫类专业教师和学生使用；亦可供基层畜牧兽医临床工作者使用。全面涵盖国家高级动物疫病防治员职业标准对兽医诊疗技术的工作要求，亦是职业岗位资格证书“高级动物疫病防治员”的技能培训与鉴定教材。

第三版编审人员名单

主　　编　曹授俊　李玉冰

副 主 编　陈文钦　武彩红　柳旭伟

编　　者　（以姓氏笔画为序）

关文怡　孙　鹏　李玉冰　张凡建

张代涛　张永东　陈文钦　武彩红

周乾兰　柳旭伟　曹授俊　程志萍

蔡泽川

审　　稿　林德贵　施振声

行业指导　赵景义

第一版编审人员名单

主　编　李玉冰

副主编　顾剑新

编　者　（以姓氏笔画为序）

刘明生　李玉冰　张进国　陈学文

顾剑新　徐作仁　高启贤

审　稿　林德贵　谢富强

第二版编审人员名单

主　编　李玉冰

副主编　朱金凤　王宝杰　武彩红

编　者　（以姓氏笔画为序）

王宝杰　关文怡　朱金凤　李玉冰

武彩红　郝景锋　侯海锋

主　审　林德贵

第三版前言

中国式现代化离不开农业农村现代化，农业农村现代化关键在科技、在人才。坚持以立德树人为根本，以强农兴农为己任，深化教育教学改革，推进“新农科”建设，培养更多知农爱农新型人才是推进乡村全面振兴、是历史赋予全国涉农高校人才培养的重要责任。我国的动物疾病临床诊疗进入了一个以科技化、自动化、高新技术为主体的发展时代，对动物疾病的诊疗借助新的科技诊疗手段能做到早发现、早诊断、早治疗，并将朝着快速化、简单化的方向发展。

兽医临床诊疗技术是畜牧兽医类专业一门重要的临床技术课程，《兽医临床诊疗技术》坚持以立德树人为根本任务，以校企合作为基础，以工学结合为核心，以工作行动为主线，以工作岗位为导向，用任务进行驱动，建立兽医临床诊疗技术实践体系，实现培养高素质技术技能型人才的培养目标。学生通过系统学习本课程，能够熟练掌握动物疾病诊断、治疗的基本技术，并运用于临床一般检查和系统检查，培养临诊分析能力，对动物的常见疾病能够做出合理的诊断和处理。

本教材是系统研究动物疾病诊断和治疗基本技术、技能、方法的实际应用科学，面向我国现代兽医职业技术教育和兽医临床实际需要，突出实用性和实践性，力求反映国内外有关最新研究成果，反映职业教育特色。诊疗动物以牛、猪、禽、犬为主体，根据学生就业岗位任职要求，按照职业资格标准，结合兽医科学技术特点和多年临床门诊、教学改革经验，开发了基于工作过程的课程体系与教育教学内容。教材内容包括兽医临床诊断技术、兽医实验室检验分析技术、仪器诊断分析技术、临床治疗技术和动物急诊救治技术 5 个模块，依据诊疗工作岗位的岗位技术，确立岗位理论、技能与职业素养人才培养目标，制定了 20 项诊疗技术项目和 124 项专项诊疗技能。每个模块设立了岗位、岗位技术和岗位目标，每一项技能为独立的技术工作过程，每一项目包括国家对“高级动物疫病防治员”诊疗技能考核题目。教材坚持“在工作中学习，在学习中工作”，教、学、训一体，突出诊疗技能实践操作和临床应用，强调“怎么做”。教材的技能技术实践训练路线清晰，系统化、科学化、可操作，以实现“从工作中来，到工作中去”。在重印时每个模块设置1个励志兽医名家故事，引导学生践行社会主义核心价值观，在润物无声中提升“知农、爱农、务农”的价值素养，成为知农爱农新型人才。

本教材编写人员及分工：曹授俊、李玉冰（北京农业职业学院）任主编，负责本教材的编写提纲设计、全书统稿定稿和编写模块5；陈文钦（湖北生物科技职业学院）任副主编，编写模块1；武彩红（江苏农牧科技职业学院）任副主编，编写模块3；柳旭伟（新疆农业职业技术学院）任副主编，编写模块4；程志萍（四川水利职业技术学院）编写模块2；关文怡（北京农业职业学院）参与编写模块2；张凡建（北京农业职业学院）参与编写模块5；张永东（北京农业职业学院）参与编写模块1；蔡泽川（北京农业职业学院）参与编写模块4；孙鹏（山东畜牧兽医职业学院）、张代涛（湖北省襄阳职业技术学院）、周乾兰（重庆三峡职业学院）也参与了本教材的编写工作。本教材由中国农业大学林德贵教授、施振声教授审定。北京市动物疫病预防控制中心赵景义对本教材的编写进行了指导，在此一并表示衷心感谢。

由于编者水平有限，教材编写形式及内容难免存在不妥之处，恳请专家、同仁不吝指正。

编　者

2020年1月

第一版前言

现代兽医工作者必须具备诊断动物疾病的技术能力和掌握临床使用的各种现代治疗技术。本教材是系统研究动物疾病诊断和治疗方法实际应用的科学，面向我国现代兽医职业技术教育和兽医临床实际需要，突出实用性和实践性，力求反映国内外有关最新研究成果。

本教材由李玉冰任主编，具体编写分工为：李玉冰（北京农业职业学院）编写第二章，参与编写第三章、第四章，全书统稿、定稿；顾剑新（上海农林职业技术学院）编写第六章的第一至第八节；徐作仁（黑龙江畜牧兽医职业技术学院）编写第一章的第一至第四节和第六节；高启贤（甘肃畜牧工程职业技术学院）编写第一章的第五节；张进国（青海畜牧兽医职业技术学院）编写第四章和第六章的第九节；陈学文（广西农业职业技术学院）编写第五章；刘明生（江苏畜牧兽医职业技术学院）编写第三章。北京农业职业学院于凤芝老师参与了本书的编写工作。本书承蒙中国农业大学林德贵教授、谢富强教授审稿，在此一并表示感谢。

由于这部教材涉及学科多，加之时间仓促，作者水平有限，不足之处在所难免，恳请读者和同行批评指正。

编　者

2006年1月

第二版前言

我国的动物疾病临床诊疗技术进入了一个以科技化、自动化、高新技术为主体的发展时代，对动物疾病借助新的科技诊疗手段做到早发现、早诊断、早治疗得以满意诊疗，并将朝着快速化、简单化的方向发展。

兽医临床诊疗技术是畜牧兽医类专业一门重要的基础临床课程，是培养学生掌握动物疾病诊断、治疗基本方法、基本技术的重要支撑课程，是畜牧兽医专业的核心课程，在畜牧兽医专业基础课程与专业临床课程及动物生产课程之间起着承前启后的桥梁作用。本课程是以兽医基础平台课程（化学、动物解剖、动物生理、动物生化、动物微生物、动物病理、动物微生物及免疫等）为基础，为动物疫病防控和动物生产课程（养猪与猪病防治、养禽与禽病防治、牛羊生产与疾病防治、动物防疫与检疫等）奠定动物疾病的诊断、治疗基本方法、基本技术的一门专业临床课程；是课程与临床诊疗岗位一体化、工学结合课程；也是国家“动物疫病防治员”岗位资格培训考核鉴定的重要课程。

本教材在编写时系统研究了动物疾病诊断和治疗方法的实际应用，面向我国现代兽医职业技术教育和兽医临床实际需要，突出实用性和实践性，尽力反映国内外有关最新研究成果。同时力求反映职业教育特色，诊疗动物以牛、猪、禽、犬为主体，理论到位并应有所提升，体现新成果、新技术。技能技术路线清晰，系统化、科学化、可操作。通过本书的学习，可以培养学生的兽医临床诊疗专业知识与能力。以课程岗位化教学模式，以岗位任务驱动，工学结合导向，培养学生兽医临床诊疗的基本技术，识别正常状态和病理状态，对典型病例做出初步诊断和治疗，能基本胜任门诊室、化验室、仪器诊断室、治疗处置室、手术室、兽医室岗位任务。

塑造职业素养。在仿真实景化诊疗实训室或动物医院、兽医师进行教学与实践一体化教学，注重培养学生良好的职业道德与职业素养、培养学生吃苦耐劳和团结协作的精神。使学生具有热爱科学、实事求是的学风；具备积极探索、开拓进取、勇于创新、自主创业的素质；具有良好的职业道德意识；具有服务“三农”、爱岗敬业、乐于奉献的职业素质等。

提升社会能力。培养学生乐观向上，良好人际关系，严谨的工作态度，务实的工作作风、良好的道德修养等社会能力与方法。

本教材的编写分工如下：李玉冰（北京农业职业学院）任主编，编写岗位三仪器诊断分析技术、全书统稿定稿；朱金凤（河南农业职业学院）任副主编，编写岗位四临床诊疗基本技术；王宝杰（山东畜牧兽医职业学院）任副主编，编写岗位六外科手术疗法；武彩红（江苏畜牧兽医职业技术学院）任副主编，编写岗位二实验室检验分析技术；侯海锋（保定职业技术学院）编写岗位一门诊临床诊断技术；郝景锋（吉林农业科技学院动物医学学院）编写岗位五临床给药疗法；关文怡（北京农业职业学院）参与编写岗位六外科手术疗法及全书部分插图的绘制。本书承蒙中国农业大学林德贵教授审定。

由于这部教材涉及学科多、范围广，错误之处在所难免，恳请读者和同行不吝赐教。

编　者

2011年1月

目　录

模块 1

兽医临床诊断技术

岗位		兽医门诊室、兽医室
岗位技术		动物疾病临床诊断
岗位目标	应掌握理论	动物的接近与保定技术、临床检查基本方法、一般临床检查、系统临床检查、临床检查的程序与建立诊断的动物解剖与生理学基础、临床诊断的意义与注意事项
	应熟练技能	接近与保定各类动物的方法；保定中常用绳结法、问诊、视诊、触诊、叩诊、听诊、嗅诊、整体状态、被毛与皮肤、眼结膜、浅表淋巴结、TPR的检查和鉴别正常状况与病理变化；熟记常见各类动物正常体温、呼吸、脉搏的生理常数；各系统临床检查和鉴别正常状况与病理变化；临床检查的程序、病历记录及填写方法、建立临床诊断方法
	职业素养培养	养成注重安全防范意识；养成不怕苦和脏、敢于操作的作风；养成认真仔细、实事求是的态度；善于思考、科学分析的习惯

【思政故事】报效祖国，敢于创新的兽医学家——程绍迥

【思政故事】报效祖国，教书育人的兽医学家——胡祥璧

项目 1　动物的接近与保定技术

技能 1　动物的接近

（一）接近动物方法

1. 牛的接近　牛对体况异常或周围环境改变敏感，常以头部、肩部攻击，或以后肢蹄外弹抵抗。接近牛时应站在牛头前方，用温和的声音打招呼，然后检查者用手触摸着皮肤从前向后检查，检查时将一手放于牛的肩部或髋结节部，检查者站成丁字步，一旦牛有剧烈骚动或抵抗时，即可作为支点迅速推动离开。

2. 羊及猪的接近　从前方接近可抓住羊角或猪耳，从后方接近时抓住尾部；对于卧地的羊或猪可在腹部轻轻抓痒，使其安静后再进行检查。

3. 犬、猫的接近　犬、猫有攻击人的习性。犬主要用锋利的牙齿咬人，猫除了牙齿咬人外，还可用利爪抓人，这是在临床接触犬、猫时必须随时警惕的安全问题。犬、猫对其主人有较强的依恋性，在接近时，最好有主人在场。要询问犬、猫的主人，了解其犬、猫是否咬人，平时是否愿意让其他人抚摸等；然后向其发出接近信号（如呼唤犬、猫的名字或发出温和的呼声，以引起其注意），然后从其前方徐徐绕至前侧方动物的视线范围内，检查者用手以温柔的方式轻轻抚摸其额头部、颈部、胸腰两侧及背部，并密切观察其反应，待其安静后方可进行保定和诊疗活动。

（二）接近动物注意事项

（1）接近动物前应事先向动物主人或有关人员了解被接近动物有无恶癖（如牛低头凝视，羊低头后退；猪斜视、翘鼻、发出吼声；犬、猫龇牙咧嘴、嚎叫等），做到思想有所准备。

（2）接近动物时，检查者应首先用温和的声音向动物打招呼，然后再接近。

（3）接近后，可用手轻轻抚摸患病动物的颈侧或臀部，待其安静后，再行检查；对猪可在其腹下部用手轻轻搔痒，使其静立或卧下，然后进行检查。

（4）检查大动物时，应将一手放于患病动物的肩部或髋结节部，一旦患病动物有剧烈骚动或抵抗时，即可作为支点迅速向对侧推动离开。

（5）在接近被检动物前应了解患病动物发病前后的临床表现，估计病情，防止恶性传染病的接触传染。

技能 2　动物的保定

（一）保定动物常用绳结法

1. 单活结　一手持绳并将绳在另一手上绕一周，然后用被绳缠绕的手握住绳的另一端并将其经绳环处拉出即可（图 1－1）。

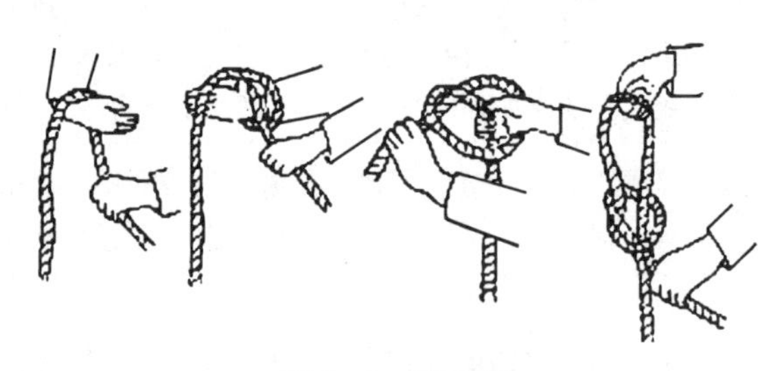

图 1－1　单活结

2. 双活结　两手握绳右转至两手相对，此时绳子形成两个圈，再使两圈并拢，左手圈通过右手圈，右手圈通过左手圈，然后两手分别向相反的方向拉绳，即可形成两个套圈（图 1－2）。

3. 拴马结　左手握持缰绳游离端，右手握持缰绳在左手上绕成一个小圈套；将左手小圈套从大圈套内向上向后拉出，同时换右手拉缰绳的游离端，把游离端做成小套穿入左手所拉的小圈内，然后抽出左手，拉紧缰绳的近端即成（图 1－3）。

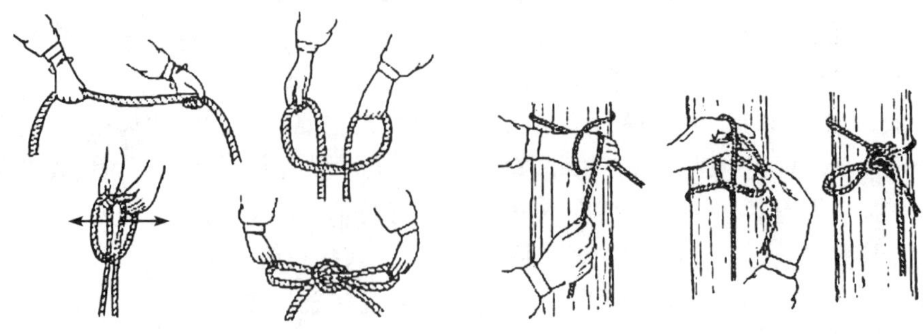

图 1－2　双活结　　　　图 1－3　拴马结

4. 猪蹄结 将绳端绕于柱上后，再绕一圈，两绳端压于圈的里边，一端向左，一端向右；或者两手交叉握绳，两手转动即形成两个圈的猪蹄结（图 1-4）。

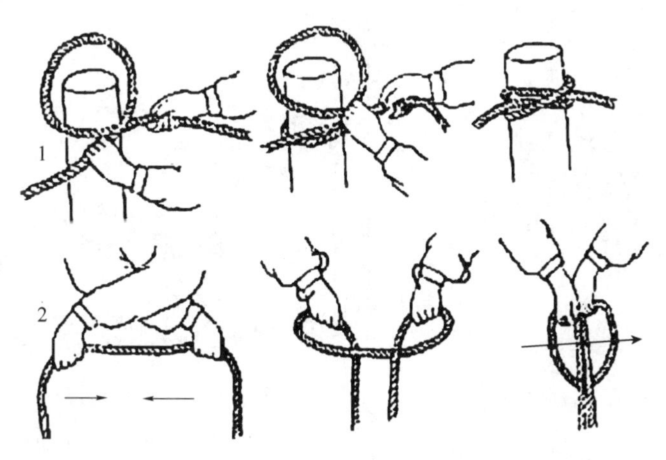

图 1-4 猪蹄结

（二）保定动物的方法

1. 牛的保定

（1）徒手保定。保定者面向牛的头部，站在牛的一侧一手握住内侧牛角基部，另一手提鼻绳、鼻环或用拇指与食指、中指捏住鼻中隔略向上提举即可固定（图 1-5）。此法适用于一般检查、灌药、肌内及静脉注射。

牛的保定技术

（2）鼻钳保定。将牛鼻钳的两侧钳嘴抵入两鼻孔，夹紧鼻中隔，用手握持钳柄加以固定（图 1-6）。此法适用于一般检查、灌药，以及肌内、静脉注射。

图 1-5 牛的徒手保定

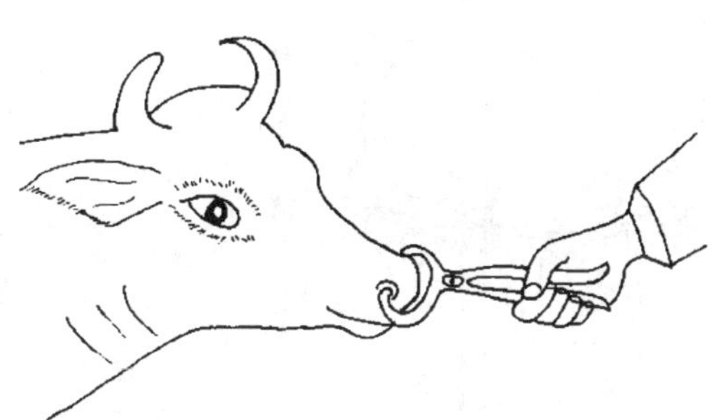

图 1-6 牛的鼻钳保定

（3）两后肢保定。取 2 m 长粗绳一条，折成等长两段，在跗关节上方将两后肢胫部围住，然后将绳的一端穿过折转处向一侧拉紧（图 1-7）。此法适用于恶癖牛的一般检查、静脉注射，以及乳房、子宫、阴道疾病的治疗。

（4）角根保定法。角根保定法主要是对有角动物的特殊保定方法。保定时将牛头略为抬高，紧贴柱干（或树干侧方），并使牛头向该侧偏斜，使牛角与柱干（树干）卡紧，用绳将牛角呈“8”字形缠绕在柱上。操作时用长绳一条，先缠一侧角，绳的另一端缠绕对侧角，然后将该绳绑在柱干（树干）上，缠绕数次以固定头部（图1-8）。

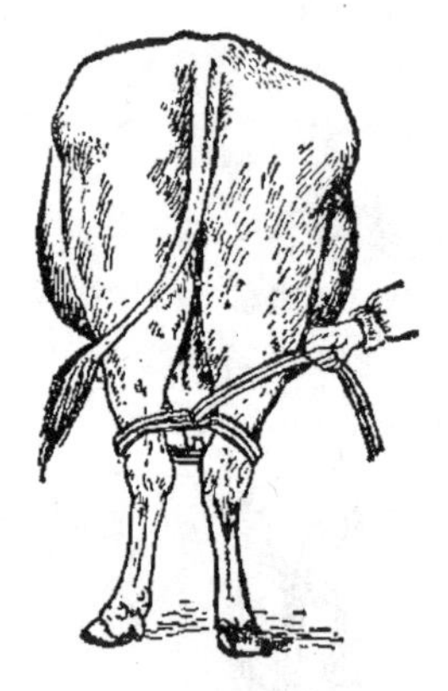

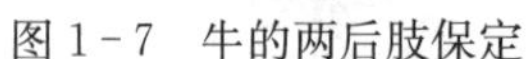

图1-7 牛的两后肢保定

图1-8 牛的角根保定

（5）四柱栏保定。将牛牵入四柱栏内，上好前后保定绳，即可保定，必要时还可加上背带和腹带（图1-9）。

（6）倒卧保定。牛倒卧保定，主要适用于去势及其他外科手术。

① 背腰缠绕倒牛法。在绳的一端做一个较大的活绳圈，套在两角基部，将绳沿非卧侧颈部外面和躯干上部向后牵引，在肩胛后角处环胸绕一圈做成第一绳套，继而向后引至肷部，再环腹一周做成第二套。由两人慢慢向后拉紧绳的游离端，由另一人把持牛角，使牛头向下倾斜，牛即可蜷腿而缓慢倒卧。牛倒卧后，要固定好头部，不能放松绳端，否则牛易站起。一般情况下，不需捆绑四肢，必要时再行固定（图1-10）。

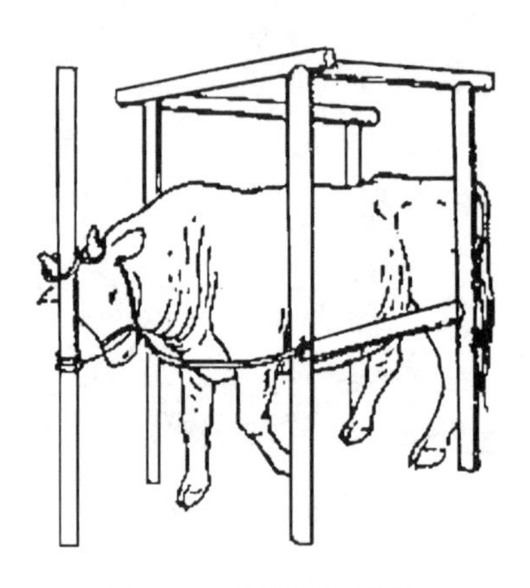

图1-9 牛的四柱栏保定

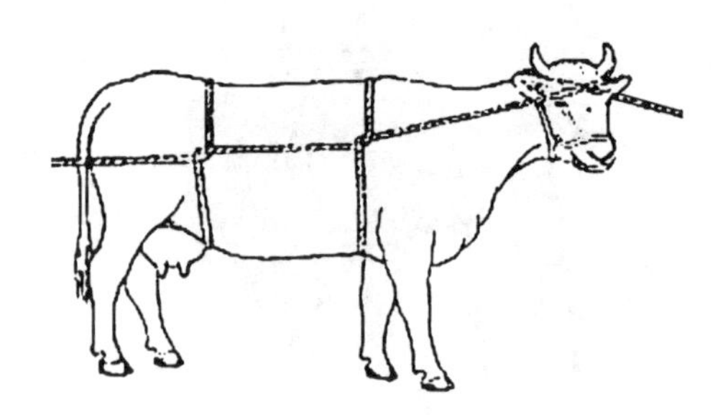

图1-10 背腰缠绕倒牛法

② 提拉前肢倒牛法。取约10 m长圆绳一条，折成长、短两段，于折转处做一套结并套于左前肢系部，将短绳一端经胸下至右侧并绕过背部再返回左侧，由一人拉绳；另将长绳引至左髋结节前方并经腰部返回绕一周，打结，再引向后方，由两人牵引。令牛前行一步，正当其抬举左前肢的瞬间，三人同时用力拉紧绳索，牛即先跪下而后倒卧；之后一人迅速固定牛头，一人固定牛的后躯，一人迅速将缠在牛腰部的绳套后拉，并使其滑至两后肢跖部拉紧，最后将两后肢与前肢捆扎在一起（图1-11）。

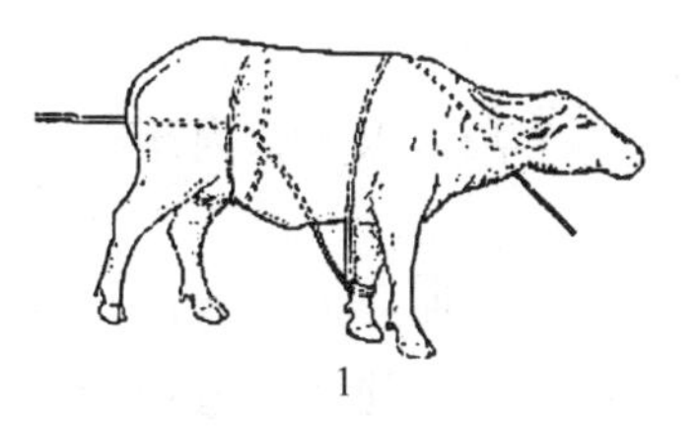
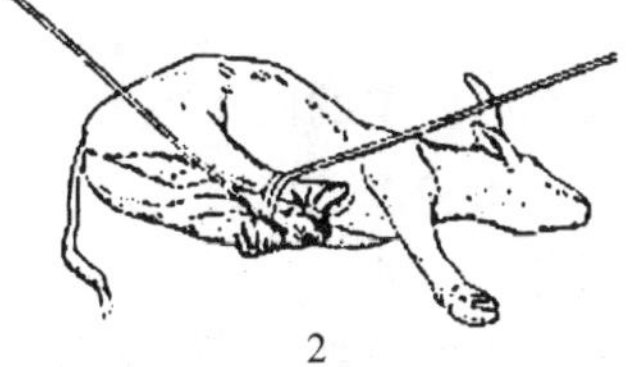
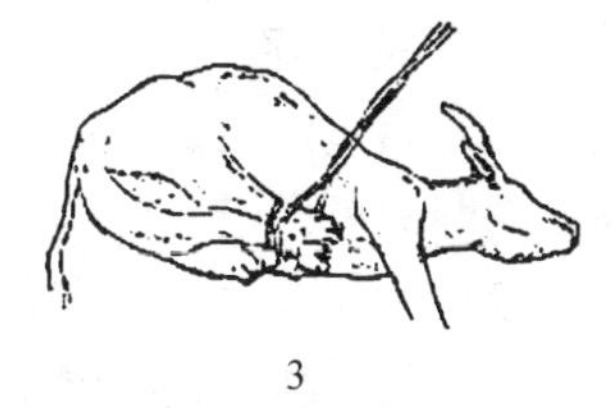

图 1-11 提拉前肢倒牛法

1. 倒牛绳的套结 2，3. 肢蹄捆系法

2. 猪的保定

(1) 站立保定法。对单个病猪进行检查时，可迅速抓提猪尾、猪耳或后肢，然后根据需要做进一步保定。亦可用绳的一端做一活套或用鼻捻棒绳套，自鼻部下滑，套入上颌犬齿并勒紧或向一侧捻紧即可固定（图 1-12）。此法适用于检查体温、肌内注射、灌药及一般临床检查。

猪的保定技术

(2) 提举保定法。抓住猪的两耳，迅速提举，使猪腹面朝前，并以膝部夹住胸部；也可抓住两后肢飞节并将其后肢提起，夹住背部而固定（图 1-13）。抓耳提举适用于经口插入胃管或气管注射；后肢提举适用于腹腔注射及阴囊疝手术等。

图 1-12 猪绳套保定法

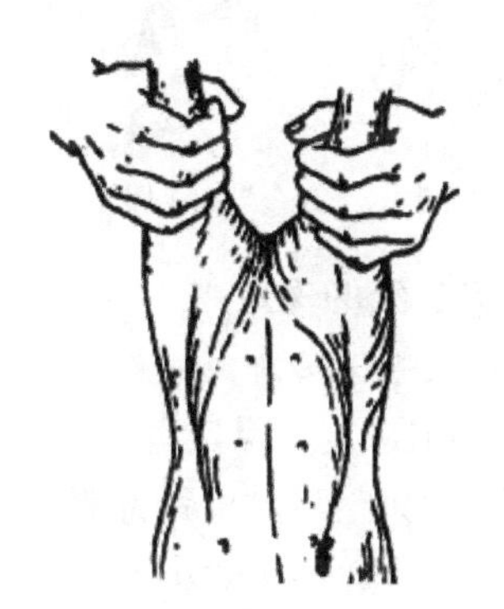

图 1-13 猪提举保定法

(3) 网架保定法。将猪赶到或放置于用绳织成的网架上即可。网架的结构是用两根较坚固的木棒（长 100～150 cm），按 60～75 cm 的宽度，用绳在架上织成网床（图 1-14）。此法主要用于一般临床检查，耳静脉注射及针刺等。

(4) 保定架上的保定。将猪放置于特制的活动保定架或较适宜的木槽内，使其呈仰卧姿势，然后固定四肢，也可背位保定（图 1-15）。此法用于前腔静脉注射、腹部手术及一般临床检查。

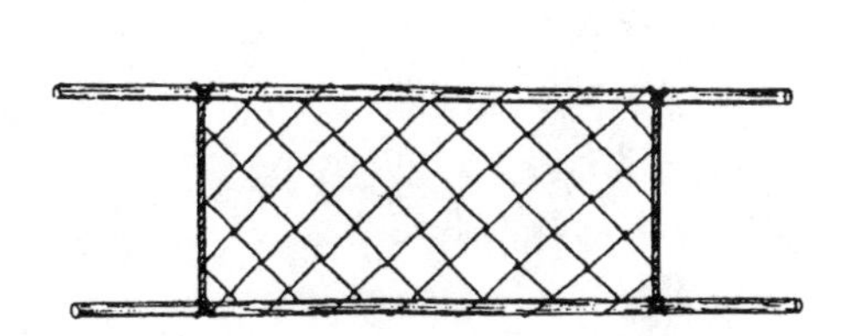

图 1-14 猪保定用网架的结构

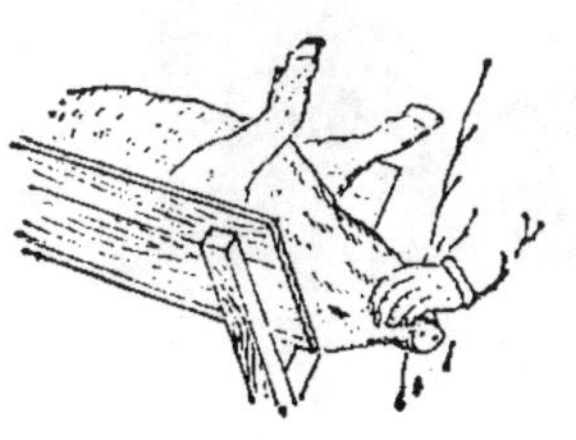

图 1-15 猪保定架保定法

3. 羊的保定

(1) 站立保定。保定者两手握住羊的两角或两耳，骑跨羊身，以大腿内侧夹持羊两侧胸壁即可保定。可适用于临床检查或治疗（图 1－16)。

(2) 倒卧保定。保定者俯身从对侧一手抓住两前肢系部，或抓一前肢臂部，另一手抓住腹肋部膝襞处扳倒羊体，然后改抓两后肢系部，前后一起按住。可适用于治疗或简单手术（图 1－17)。

图 1－16　羊站立保定

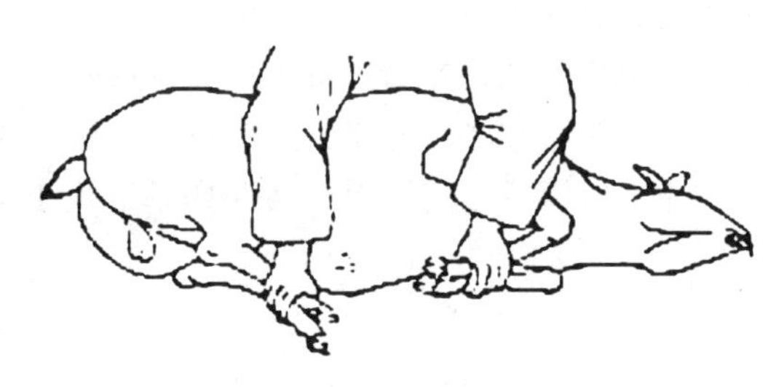

图 1－17　羊倒卧保定

4. 犬、猫的保定

(1) 徒手保定法。

犬的徒手保定法

① 怀抱保定。保定者站在犬一侧，两只手臂分别放在犬胸前部和股后部将犬抱起，然后一只手将犬头颈部紧贴自己胸部，另一只手抓住犬两前肢，限制其活动（图 1－18)。此法适用于对小型犬和幼龄大、中型犬进行听诊等检查，并常用于皮下或肌内注射。

② 站立保定。保定者蹲在犬一侧，一只手向上托起犬下颌并捏住犬嘴，另一只手臂经犬腰背部向外抓住外侧前肢（图 1－19)。此法适用于对比较温顺或经过训练的大、中型犬进行临床检查，或用于皮下、肌内注射。

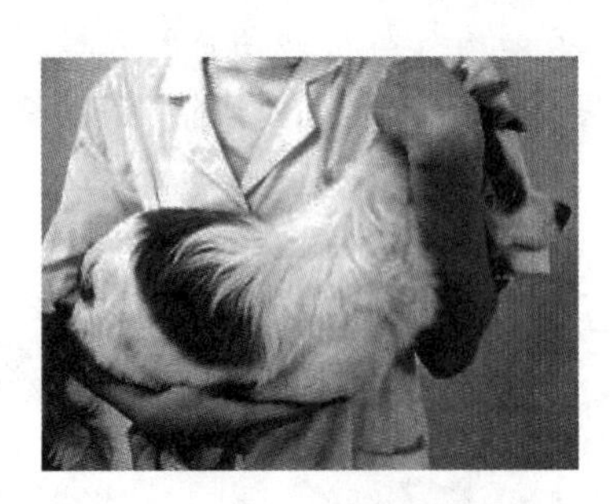

图 1－18　犬怀抱保定

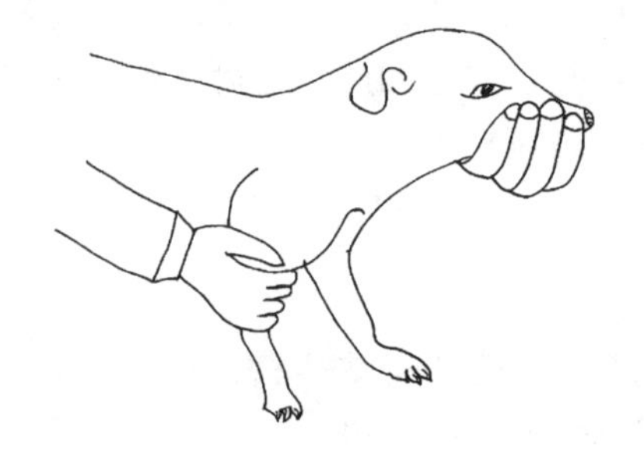

图 1－19　犬站立保定

(2) 倒卧保定法。

① 侧卧保定。主人保定犬、猫的头部，保定人员用温和的声音呼唤犬、猫，一

边用手抓住其四肢的掌部和跖部，向一侧扳动四肢，犬、猫即可侧卧于地，然后用细绳分别捆绑两前肢和两后肢（图1-20）。

② 俯卧保定。主人或由保定人员一边用温和的声音呼唤犬、猫，一边用细绳或纱布条分别系于四肢球节上方，向前后拉紧细绳使四肢伸展，犬、猫呈俯卧姿势，头部用细绳或纱布条固定于手术台或桌面上，也可用毛巾缠绕颈部使头部相对固定。此法适用于静脉注射、耳的修整术以及一些局部处理。

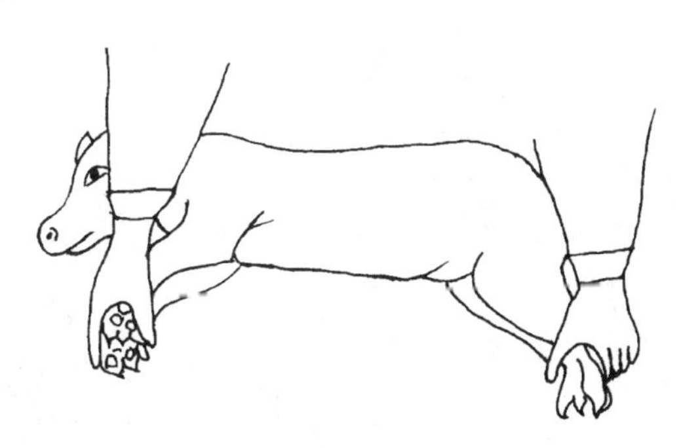

图1-20 犬倒卧保定

③ 仰卧保定。按犬、猫的俯卧保定方法，将犬、猫的身体翻转仰卧，保定于手术台上。此保定法适用于腹腔及会阴等部的手术。

④ 倒提保定。保定者提起犬的两后肢，使犬的两前肢着地。此法适用于犬的腹腔注射、腹股沟阴囊疝手术、直肠脱和子宫脱的整复等。

（3）扎嘴保定法。采用1 m左右的绷带条，在绷带中间打一活结圈套（猪蹄结），将圈套从鼻端套至犬鼻背中间（绷带结应在下颌下方），然后拉紧圈套，使绷带条的两端在口角两侧向头背两侧延伸，在两耳后打结（图1-21）。

（4）嘴笼保定法。有皮革制嘴笼和铁丝嘴笼之分（图1-22）。嘴笼的规格，按犬的个体大小有大中小三种，选择合适的嘴笼给犬戴上并系牢。保定人员抓住颈圈，防止犬将嘴笼抓掉。

图1-21 犬扎嘴保定

图1-22 嘴笼保定

（5）颈圈保定法。商品化的宠物颈圈是由坚韧且有弹性的塑料薄板制成。使用时将其围成圆环套在犬、猫颈部，然后利用上面的扣带将其固定（图1-23）。此法多用于限制犬、猫回头舔咬躯干或四肢的术部，以免再次受损，有利于创口愈合。

（6）颈钳保定法。主要用于凶猛咬人的犬。颈钳柄长1 m左右，钳端为两个半圆形钳嘴，使之恰能套入犬的颈部（图1-24）。保定时，保定人员抓住钳柄，张开钳嘴将犬颈部套入后再合拢钳嘴，以限制犬头的活动。

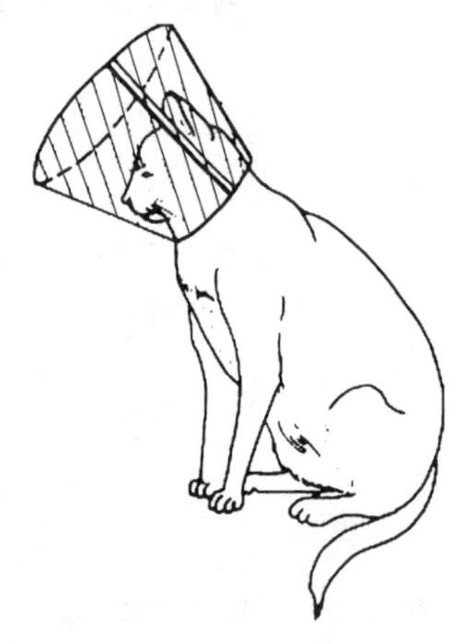

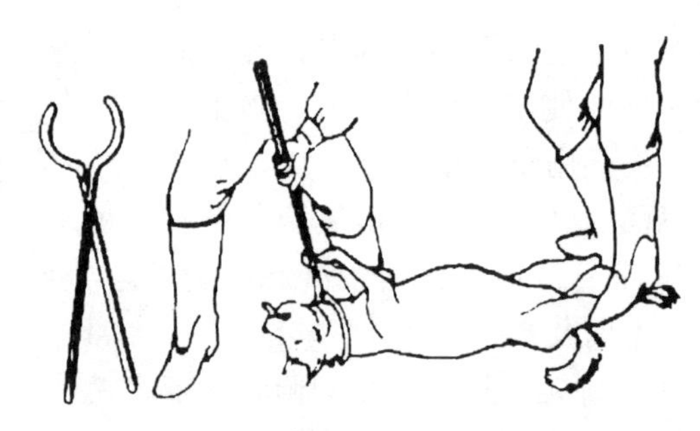

图 1-23 猫颈圈保定

图 1-24 犬颈钳保定

5. 保定动物注意事项

（1）应了解各种动物的习性，有无恶癖，防止意外事故发生，并应在畜主的协助下完成。

（2）应有爱心，不要粗暴对待动物。

（3）保定时应根据实际情况选择适宜的保定方法，做到可靠和简便易行。

（4）保定动物要确实牢固，防止挣脱、逃跑。固定绳应打活结，便于解脱。

（5）保定动物时应根据动物大小选择适宜场地，地面平整，没有碎石、瓦砾等，以防动物损伤。

（6）无论是接近单个动物或畜群，都应适当限制参与人数，切忌一哄而上，以防惊吓动物。

（7）应注意个人安全防护。

项目 2 临床检查基本方法

技能 1 问 诊

（一）问诊内容

1. 现病史

（1）动物的来源及饲养期限。若是刚从外地购回者，应考虑是否带来传染病、地方病或由于环境因素突变致病。

（2）发病时间。包括疾病发生于饲前或喂后、使役中或休息时、舍饲或放牧中、清晨或夜间、产前或产后等，借以估计致病的可能原因。

（3）病后表现。向畜主或饲养人员问清其所见到的患病动物的饮食欲、是否呕吐及呕吐物性状、精神状态、排粪排尿状态及粪尿性状变化，有无咳嗽、气喘、流鼻液及腹痛不安、跛行表现，以及泌乳量和乳汁物理性状有无改变等。可作为确定检查的方向和重点参考依据。

（4）发病经过及诊治情况。目前与开始发病时疾病程度的比较；症状的变化，又出现了什么新的病状或原有的什么症状消失；病后是否进行过治疗；用过什么药物及效果如何；曾诊断为何病；从开始发病到现时病情有何变化等，来推断病势进展，也可作为确定诊断和用药的参考。

（5）畜主所能估计到的发病原因。如饲喂不当、使役过度、受凉、被其他外因所致伤等。

（6）畜群发病情况。同群或附近地区有无类似疾病的发生或流行，来推断是否为传染病、寄生虫病、营养缺乏或代谢障碍病、中毒病等。

2. 既往病史

（1）以往发病情况。该动物在过去还有哪些疾病，有没有类似疾病的发生，当时诊断结果如何，采用了哪些药物治疗，效果如何。对于普通病，动物往往易复发或习惯性发生。如果有类似疾病的发生，对诊断和治疗大有帮助。

（2）疾病预防情况。过去什么时候发生过流行病，当时采用了哪些治疗措施；动物免疫接种的疫苗种类、生产厂家、接种日期、方法、免疫程序等，周边同种动物是否也接种了疫苗。通过对疾病预防情况的了解，兽医可以知道该动物对某种或某些流行病的免疫能力，避免误诊。

3. 饲养管理情况

（1）饲料日粮的种类、数量与质量，饲喂制度与方法。饲料品质不良与日粮配合不当，经常是营养不良、代谢性疾病的根本原因。饲料中缺乏磷类物质或钙磷比例失调常常是奶牛骨质软化症的发病原因；长期饲喂劣质粗硬难以消化的草料，常常引起奶牛前胃弛缓或其他前胃疾病；饲喂发霉、变质或保管不当而混入毒物，加工或调制方法失误有造成饲料中毒的可能；在放牧条件下时，则应问及牧地与牧草的组成情况；饲料与饲养制度的突然改变，又常常引起牛的前胃疾病、猪的便秘与下痢等。

（2）畜舍卫生和环境条件。光照、湿度、通风、保暖、畜床与垫草、畜栏设置、运动场、牧地情况，以及附近“三废”（废气、废水及废渣）的污染和处理情况。

（3）动物使役情况及生产性能。对动物过度使役、粗暴、运动不足等，也可能是致病的因素。如短期休闲后剧烈运动可促进肌红蛋白尿的发生；奶牛产后立即完全榨取乳汁易发生产后瘫痪；运动不足可诱发多种疾病。

（二）问诊注意事项

（1）对动物主人的态度既要严肃又要和蔼可亲，方法要得当，要细心询问和耐心听取叙述的病情，以便得到很好的配合。

（2）问话要通俗，不要使用动物主人不易听懂的医学术语。

（3）重视主诉，抓住重点询问，全面准确地掌握病情。

（4）对问诊所得资料不要简单地肯定或否定，应结合现症的临床检查结果，进行综合分析，从而提出诊断线索。

技能2 视　诊

（一）视诊方法

1. 个体视诊 检查者应与患病动物保持一般 2～3 m 的距离，先观察全貌，而后由前向后，从左到右，观察患病动物的头、颈、胸、腹、脊柱、四肢。当观察到正后方时，应注意尾、肛门及会阴部，并对照观察两侧胸、腹部及臀部的状态和对称性，再从右侧观察到前方。最后可进行牵遛，观察其运步状态。

2. 畜群视诊 可深入畜群进行巡视，注意发现精神沉郁、离群呆立或卧地不起、饮食异常、腹泻、咳嗽、喘息及被毛粗乱无光、消瘦衰弱的患病动物，并从群中挑出作进一步个体检查。

（二）视诊应用范围

（1）*观察其整体状态*。如体格的大小，发育的程度，营养的状况，躯体的结构，胸腹及肢体的匀称性等。

（2）*判断其精神及体态、姿势与运动、行为*。如精神沉郁或兴奋，静止时的姿势改变或运动中步态的变化，是否有腹痛不安、运步强拘或强迫运动等病理性行为。

（3）*发现其体表组织的病变*。包括被毛状态，皮肤及黏膜颜色及特性，体表创伤、溃疡、疱疹、肿物等病变的位置、大小、形状及特征。

（4）*某些生理活动异常*。如呼吸动作有无喘息、咳嗽；采食、咀嚼、吞咽、反刍等活动有无呕吐、腹泻；排粪、排尿姿势及粪便、尿液数量、性状与混合物等。

（5）*检查某些与外界直通的体腔*。如口腔、鼻腔、咽喉、阴道等。注意其黏膜的颜色改变及完整性的破坏，并确定其分泌物或排泄物的数量、性状及其混合物。

（三）视诊注意事项

视诊时，最好在自然光照的宽敞场所进行；对患病动物一般不需保定，应尽量让患病动物保持自然状态，然后进行视诊；对就诊患病动物，应在其进入诊疗室之前进行初步观察。

技能 3 触　　诊

（一）触诊方法

1. 外部触诊法

（1）*浅表触诊法*。适用于检查躯体浅表组织器官。按检查目的和对象的不同，可采用不同的手法，如检查皮肤温度、湿度时，将手掌或手背贴于体表，不加按压而轻轻滑动，依次进行感触；检查皮肤弹性或厚度时，用手指捏皱皮肤并提举检查；检查淋巴结等皮下器官的表面状况、移动性、形状、大小、软硬及压痛时，可用手指加压、滑推检查。

（2）*深部触诊法*。从外部检查内脏器官的位置、形状、大小、活动性、内容物及压痛。常用的做法有以下 3 种。

① 双手按压触诊法。从病变部位的左右或上下两侧同时用双手加压，逐渐缩短两手间的距离，以感知小家畜或幼畜内脏器官、腹腔肿瘤和积粪团块。如对小动物腹腔双手按压感知有香肠状样物体时，可疑为肠套叠；当小动物发生肠阻塞时，可触摸到阻塞的肠段等。

② 插入触诊法。以并拢的 2～3 个手指，沿一定部位插入或切入触压，以感知内部器官的性状。适用于肝、脾、肾的外部触诊检查。

③ 冲击触诊法。用拳或并拢垂直的手指，急促而强力地冲击被检查部位，以感知腹腔深部器官的性状与腹腔积液状态。适用于腹腔积液及瘤胃、网胃、皱胃内容物

性状的判定。如腹腔积液时，可呈现荡水音或击水音。

2. 内部触诊法 包括大家畜的直肠检查以及对食道、尿道等器官的探诊检查。如直肠内触诊检查，瘤胃积食时，呈现捏粉样或坚实感；瘤胃鼓气时，瘤胃壁紧张而有弹性。再如探诊检查，当食道或尿道阻塞时，探管无法进入；炎症时，动物则表现敏感不安。

（二）触诊应用范围

触诊一般用于检查动物体表状态，如皮肤的温度、湿度、弹性、皮下组织状态及浅表淋巴结；检查动物某一部位的感受能力及敏感性，如胸壁、网胃及肾区疼痛反应及各种感觉机能和反射机能；感知某些器官的活动情况，如心搏动、瘤胃蠕动及脉搏；检查腹腔内器官的位置、大小、形状及内容物状态。

（三）触感

1. 捏粉样感 感觉稍柔软，如按压发面团，指压留痕，除去压迫后慢慢复平。是组织中发生浆液浸润或胃肠内容物积滞所致。常于皮下水肿、瘤胃积食时出现。

2. 波动感 柔软而有弹性，指压不留痕，进行间歇压迫时有波动感。为组织间有液体潴留的表现。常于血肿、脓肿、淋巴外渗时出现。

3. 坚实感 感觉坚实致密，硬度如肝。常于组织间发生细胞浸润（如蜂窝织炎）或结缔组织增生时出现。

4. 硬固感 感觉组织坚硬如骨。常于骨瘤、结石时出现。

5. 气肿感 感觉柔软而稍有弹性，并随触压而有气体向邻近组织窜动感，同时可听到捻发音。表示组织内含有气体或气体蓄积，常于皮下气肿、气肿疽时出现。

（四）触诊注意事项

（1）触诊时，应注意安全，必要时应适当保定。

（2）触诊检查牛的四肢和下腹部时，要一手放在畜体适当部位作支点，另一手按自上而下，从前向后的顺序逐渐接近预检部位。

（3）检查某部位敏感性时，应本着“先健区后病区，先周围后中心，先轻触后重触”的原则进行，并注意与对应部位或健区进行比较。

技能4 叩　　诊

（一）叩诊方法

1. 直接叩诊法 用手指或叩诊槌直接叩击被检部位，以判断病理变化。

2. 间接叩诊法 在被检部位先放震动能力较强的如手指或叩诊板等附加物，然后向附加物叩击检查。又可分为指指叩诊法和槌板叩诊法。

（1）*指指叩诊法*。将左手中指平放于被检部位，用右手中指或食指的第二指关节处呈 90°屈曲，并以腕力垂直叩击平放于体表手指的第二指节处。适用于中、小动物的叩诊检查。

（2）*槌板叩诊法*。通常以左手持叩诊板，平放于被检部位，用右手持叩诊槌，以腕力垂直叩击叩诊板。适用于大家畜的叩诊检查。

（二）叩诊应用范围

叩诊多用于胸、肺部及心脏、鼻旁窦的检查；也用于腹腔器官，如肠臌气和反刍动物瘤胃臌气时的检查。

（三）叩诊音

1. 清音 叩击具有较大弹性和含气组织器官时所产生的比较强大而清晰的音响，如同叩诊正常肺区中部所产生的声音。

2. 浊音 叩击柔软致密及不含气组织器官时所产生一种弱小而振动持续时间较短的音响，如同叩诊臀部肌肉时所产生的声音。

3. 鼓音 一种音调比较高朗、振动比较规则的音响。如同叩击正常牛瘤胃上1/3部时所产生的声音。

（四）叩诊注意事项

（1）叩诊必须在安静的环境，最好在室内进行。

（2）间接叩诊时，手指或叩诊板必须与体表贴紧，其间不能留有空隙，对被毛过长的动物，可将被毛分开，使叩诊板与体表皮肤很好地接触。当检查胸部时，叩诊板应沿肋间（与肋骨平行），以免横放在两条肋骨上而与胸壁之间产生空隙，但又不能过于用力压迫。

（3）为了正确地判定声音及有利于听觉印象的积累，应在每点必须连续叩击2～3次后再行移位。

（4）叩诊用力适当，一般对深在器官用强叩诊，对浅表器官用轻叩诊。

（5）叩诊对称性器官发现异常叩诊音时，则应左、右或与健康部对照叩诊，加以判断。

技能5 听　诊

（一）听诊方法

1. 直接听诊法 在听诊部位先放置听诊布，而后将耳直接贴于被检部位听诊。此法的优点是所得声音真切，但不方便。

2. 间接听诊法 借助于听诊器进行听诊。

（二）听诊应用范围

1. 对心脏血管系统 主要是听取心音。判定心音的频率、强度、性质、节律，以及是否有附加的心杂音。

2. 对呼吸系统 听取呼吸音，如喉、气管及肺泡呼吸音；附加的如胸膜摩擦音等。

3. 对消化系统 听取胃肠蠕动音，判定其频率、强度及性质；听取腹腔积液、瘤胃或真胃积液时的排水音。

（三）听诊注意事项

（1）听诊必须在安静的环境，最好在室内进行。

（2）检查者注意力集中，注意观察动物的行为，如听诊呼吸音时，应同时观察其呼吸活动，以便准确判断肺活动情况。

（3）听诊时应注意区别动物被毛的摩擦音和肌肉的震颤音，防止听诊器胶管与手臂或衣服接触。

（4）听诊器的接耳端，要适当插入检查者外耳道；接触被检动物体端（听诊头）

要紧密地放在体表被检部位，但不应过于用力压迫。

技能6 嗅　诊

嗅诊是嗅闻动物的呼气、口腔气味以及被检动物的排泄物、分泌物及其他病理产物等有无异常气味，从而判断病变性质的一种检查方法。

来自患病动物皮肤、黏膜、呼吸道、胃肠道、呕吐物、排泄物、分泌物、脓液和血液等的气味，根据疾病的不同，其特点和性质也不一样。例如动物患病呼出气体及鼻液有特殊腐败臭味，是提示呼吸道及肺的坏疽性病变的重要线索；呕吐物出现粪便味可见于长期剧烈呕吐或肠结石；尿液及呼出气息有烂苹果味，可提示牛、羊酮尿症的怀疑；阴道分泌物的化脓、腐败臭味，可见于子宫蓄脓症或胎衣滞留；尿呈浓烈氨味见于膀胱炎或尿毒症，是尿液在膀胱内被细菌发酵所致等。

项目3 一般临床检查

技能1 整体状态观察

（一）精神状态检查

1. 兴奋状态 患病动物呈现惊恐不安、前冲后撞、竖耳刨地，甚至攀、蹬饲槽。牛则暴眼怒视、吼叫、甚至攻击人畜；猪有时伴有癫痫样动作。主要见于脑及脑膜炎症、日射病与热射病以及某些中毒病等。典型的狂躁行为是狂犬病的特征。

2. 抑制状态 患病动物精神沉郁，重则嗜睡，甚至呈现昏迷状态。沉郁时可见离群呆立，萎靡不振，耳耷头低，对刺激反应迟钝。猪多表现为独居一隅或钻入垫草；鸡常见缩颈闭眼，两翅下垂。主要见于各种热性病、消耗性疾病和衰竭性疾病。

（二）营养状况检查

（1）营养良好的动物，肌肉丰满、皮下脂肪充盈，结构匀称、骨不显露、皮肤富有弹性，被毛有光泽。

（2）营养不良的动物消瘦、毛焦肷吊、皮肤松弛缺乏弹性、骨骼显露明显。常见于消化不良、长期腹泻、代谢障碍和慢性传染病与寄生虫病（如结核病、鼻疽及肝片吸虫病等）。急剧消瘦，多由急性高热病、肠炎剧烈腹泻引起。

（3）高度营养不良，并伴有严重贫血，称为恶病质，常是预后不良的指征。

（4）营养中等的表现则介于营养良好与营养不良两者之间。

（三）姿势与步态

1. 强迫姿势 其特征为头颈平伸，背腰僵硬，四肢僵直，尾根举起，呈典型的木马样姿势，常见于破伤风。

2. 异常站立 如单肢疼痛则患肢提起，不愿负重；两前肢疾病则两后肢极力前伸；两后肢疼痛则两前肢极力后移，以减轻病肢负重，多见于蹄叶炎。风湿症时，四肢常频频交替负重，站立困难。鸡两腿前后叉开，则为马立克病的表现（图1-25）。

3. 站立不稳 躯体歪斜，依柱、靠壁站立，常见于脑病或中毒。鸡扭头曲颈，甚至躯体滚转，可见于鸡新城疫、维生素 B_1 缺乏等（图1-26）。

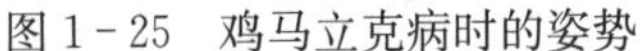

图 1-25　鸡马立克病时的姿势

图 1-26　鸡维生素 B_1 缺乏时曲颈背头的姿势

4. 骚动不安　骚动不安常为腹痛病的特有症状。

5. 异常躺卧　患病动物躺卧不能站立，常见于奶牛生产瘫痪（图 1-27）、佝偻病（图 1-28）的后期、仔猪低血糖病等；后躯瘫痪见于脊髓损伤、肌麻痹等。

图 1-27　奶牛生产瘫痪时的姿势

图 1-28　猪的佝偻病瘫痪姿势

6. 运步异常　患病动物呈现跛行，常见于四肢病，如蹄病、牛肩胛骨移位、习惯性髌骨脱位；步态不稳多为脑病或中毒。

技能 2　被毛及皮肤的检查

（一）被毛检查

检查者采用视诊和触诊来观察被检动物被毛、羽的清洁、光泽及脱落情况。健康动物的被毛平顺而富有光泽，每年于春、秋两季脱换新毛。

被毛松乱、失去光泽、容易脱落，见于营养不良、某些寄生虫病、慢性传染病。局部被毛脱落，可见于湿疹、疥癣、脱毛癣等皮肤病。鸡啄羽症所致脱毛，多为代谢紊乱和营养缺乏所致。

（二）皮肤检查

1. 颜色　主要对浅色猪的检查有重要意义。猪的皮肤上出现小点状出血（指压不褪色），常见于败血性传染病，如猪瘟；出现较大的红色疹块（指压褪色），见于疹块型猪丹毒；皮肤呈青白或蓝紫色，见于猪亚硝酸盐中毒；仔猪耳尖、鼻盘颜色发绀，常见于仔猪副伤寒。

2. 温度　检查皮温，常用手背触诊。对猪可检查耳及鼻端；牛、羊可检查鼻镜（正常时发凉）、角根（正常时基部有温感）、背腰部及四肢；禽类可检查肉髯及两足。

3. 湿度　皮肤的湿度与汗腺分泌有关，通过观察进行检查。发汗增多，除了气温过高、湿度过大或运动之外，多属于病态。全身性多汗，常见于热性病、日射病与热射病，以及剧痛性疾病、内脏破裂（可见大量黏腻冷汗）；局部性多汗多为局部病变或神经机能失调的结果。皮肤干燥见于脱水性疾病，如严重腹泻。

4. 弹性 检查皮肤的弹性时，是将皮肤提起使之呈皱襞状（大动物在颈侧或肩前、小动物在背部），然后放开，观察其恢复原状的快慢。健康家畜提起的皱襞，放开后很快恢复原状。皮肤弹性降低时，皱襞恢复很慢，多见于大失血、脱水、营养不良及疥癣、湿疹等慢性皮肤病。

5. 疹疱

（1）斑疹。是弥散性皮肤充血和出血的结果。用手指压迫红色即褪的斑疹，称之为红斑，见于猪丹毒及日光敏感性疾病；小而呈粒状的红斑，称之为蔷薇疹，见于绵羊痘；皮肤上呈现密集的出血性小点，称之为红疹，指压红色不褪，见于猪瘟及其他有出血性素质的疾病。

（2）丘疹。呈圆形的皮肤隆起，由小米粒到豌豆大，为皮肤乳头层发生浸润所致。

（3）水疱。为豌豆大、内含透明浆液性液体的小疱，因内容物性质的不同，可分别呈淡黄色、淡红色或褐色。在口腔黏膜、蹄叉、乳房出现水疱，是牛、羊、猪口蹄疫的特征。患痘病时，水疱是其发病经过的一个阶段，其后转为脓疱。

（4）脓疱。为内含脓液的小疱，呈淡黄色或淡绿色。见于痘病、猪瘟及犬瘟热。

（5）荨麻疹。其特征为皮肤表面出现散在“鞭痕状”隆起，由豌豆大至核桃大，表面平坦，常有剧痒，呈急发急散，不留任何痕迹。见于昆虫刺蜇、突然变换高蛋白性饲料、上呼吸道感染和媾疫等。荨麻疹的发生，多由变态反应引起毛细血管扩张及损伤而发生真皮或表皮水肿所致。

（三）皮肤及皮下组织肿胀

1. 浮肿 特征为局部无热、无痛反应，指压如发面团并留指压痕。炎性肿胀则有明显的热痛反应，一般较硬，无指压痕。

2. 皮下气肿 特征为边缘轮廓不清，触诊有气体窜动的感觉和捻发音。如牛、羊患气肿疽，局部有热痛反应，切开局部可流出泡沫状、腐败臭味液体。

3. 脓肿、水肿及淋巴外渗 多呈圆形凸起，触诊多有波动感，见于局部创伤或感染，穿刺抽取内容物即可予以鉴别。

4. 其他肿物

（1）疝。用力触压可复性疝病变部位时，疝内容物即可还纳入腹腔，并可摸到疝孔。如腹壁疝、脐疝、阴囊疝。

（2）体表局限性肿物。如触诊坚实感，则可能为骨质增生、肿瘤、肿大的淋巴结。

技能3　眼结膜检查

（一）眼结膜检查方法

1. 牛的眼结膜检查 用一手握住牛角，另一手握住鼻中隔并扭转头部或用两手分别握住两牛角并向一侧扭转，使头偏向侧方即可观察结膜（图 1－29）。健康牛眼结膜颜色呈淡粉红色。

图 1－29　牛的眼结膜检查

2. 羊、猪、犬等中小动物的眼结膜检查　可用两手的拇指分别打开上下眼睑进行检查。猪、羊的眼结膜颜色（图 1－30）比牛的稍深，并带有灰色。犬的眼结膜为淡红色，但很易因兴奋而变红色（图 1－31）。

图 1－30　羊的眼结膜检查

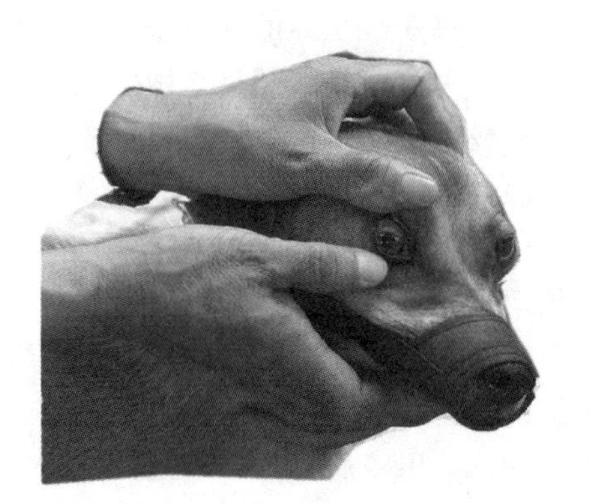
图 1－31　犬的眼结膜检查

（二）眼及眼结膜病理变化

1. 眼睑及分泌物　眼睑肿胀并伴有畏光流泪，是眼炎或眼结膜炎的特征。轻度的结膜炎症，伴有大量的浆液性眼分泌物，可见于流行性感冒；黄色、黏稠性眼眵，是化脓性结膜炎的标志，常见于某些发热性传染病，如犬瘟热。猪眼角大量流泪，可见于流行性感冒。猪眼窝下方有流泪痕迹，应提示传染性萎缩性鼻炎。仔猪眼睑水肿，应注意为水肿病。

2. 眼结膜颜色的病理变化

（1）结膜苍白。结膜苍白表示红细胞的丢失或生成减少，是各种贫血的表现。急速发生苍白的，见于大失血、肝脾破裂等；逐渐苍白的，见于慢性消耗性疾病，如牛、羊肠道寄生虫病，营养性贫血。

（2）结膜潮红。是血液循环障碍的表现，也见于眼结膜的炎症和外伤。根据潮红的性质，可分为弥漫性潮红和树枝状充血。弥漫性潮红是指整个眼结膜呈均匀潮红，见于各种急性热性传染病、胃肠炎、胃肠性腹痛病等；树枝状充血是由于小血管高度扩张、显著充盈而呈树枝状，常见于脑炎、日射病、热射病及伴有血液循环严重障碍的一些疾病。

（3）结膜黄染。结膜呈不同程度的黄色，是由于胆色素代谢障碍，致使血液中胆红素浓度增高，进而渗入组织所致，以巩膜及瞬膜处较易发现。常见于肝病、胆管阻塞（如结石、异物或寄生虫阻塞）或红细胞大量被破坏等。

（4）结膜发绀。即结膜呈蓝紫色，是由血液中还原血红蛋白的绝对值增多所致。见于肺呼吸面积减少和大循环淤血的疾病，如各型肺炎、心力衰竭、中毒（如亚硝酸盐中毒或药物中毒）等。

（5）结膜有出血点或出血斑。结膜呈点状或斑块出血，是由血管壁通透性增大所致。

技能4　浅表淋巴结检查

（一）常检查的浅表淋巴结

由于淋巴结体积较小并深埋在组织中，故在临床上只能检查少数淋巴结。牛常检查下颌、肩前、膝上及乳房上淋巴结（图1-32）；猪常检查腹股沟淋巴结。

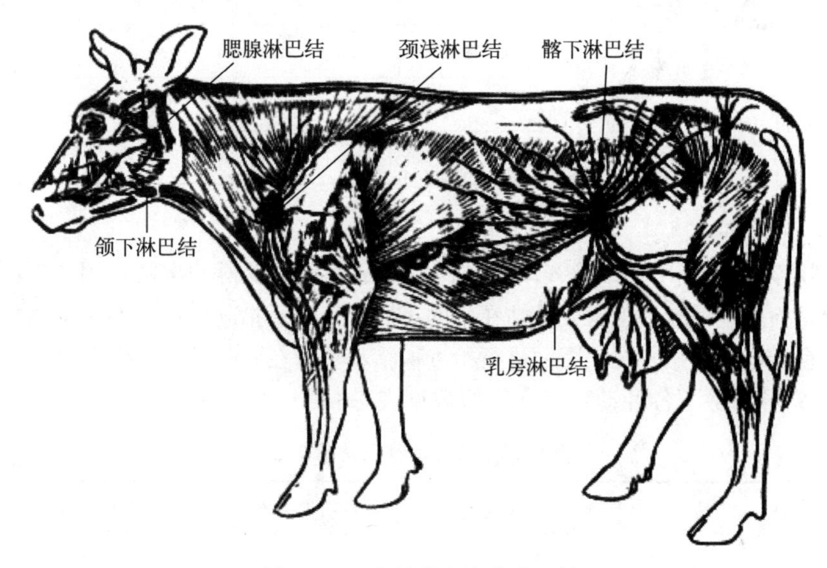

图1-32　常检的牛浅表淋巴结

（二）浅表淋巴结检查方法

淋巴结的检查主要通过触诊和视诊的方法进行，必要时采用穿刺检查法。主要注意其位置、形态、大小、硬度、敏感性及移动性等。

（三）浅表淋巴结常见病理变化

1. 急性肿胀　淋巴结体积增大，有热痛反应，质地较硬，可见于炭疽、腺疫及牛梨形虫病等。

2. 慢性肿胀　淋巴结多无热痛反应，质地坚硬，表面不平，活动性较差。常见于牛结核病及牛的白血病。

3. 化脓　淋巴结肿胀隆起，皮肤紧张，增温敏感并有波动。

技能5　体温（T）、脉搏数（P）及呼吸数（R）测定

（一）体温测定

1. 测定部位　家畜的体温在直肠内测量，禽类在翅膀下测量。

2. 测定方法　将体温计用力甩几次，将水银柱甩到35℃以下，然后将体温计插入肛门（图1-33）或放在翅膀下，3～5 min后取出体温计，读取读数。

3. 正常体温　各种动物正常体温见表1-1。

图 1-33　肛门测温示意

表 1-1　各种动物正常体温

动物种类	体　温（℃）	动物种类	体　温（℃）
黄牛、奶牛	37.5～39.5	犬	37.5～39.0
水　牛	36.5～38.5	猫	38.5～39.5
牦　牛	37.6～38.5	兔	38.0～39.5
绵　羊	38.5～40.0	银　狐	39.0～41.0
山　羊	38.5～40.5	豚　鼠	37.5～39.5
猪	38.0～39.5	鸡	40.5～42.0
骆　驼	36.0～38.5	鸭	41.0～43.0
鹿	38.0～39.0	鹅	40.0～41.0

（二）脉搏数的测定

1. 测定方法　应用触诊检查动脉脉搏，测定每分钟脉搏的次数，用“次/min”表示。牛通常检查尾动脉，兽医人员站在牛的正后方，左手抬起尾巴，右手拇指放于尾根背面，用食指与中指贴着尾根腹面进行检查；猪和羊可在后肢股内侧检查股动脉。

2. 正常脉搏数　各种动物正常脉搏数见表 1-2。

表 1-2　几种动物正常脉搏数

动物种类	脉搏数（次/min）	动物种类	脉搏数（次/min）
牛	40～80	骆驼	30～60
水牛	40～60	猫	110～130
羊	60～80	犬	70～120
猪	60～80	兔	120～140
鹿	36～78	禽（心跳）	120～200

（三）呼吸数的测定

1. 测定方法　检查者站于动物一侧，观察胸腹部起伏动作，一起一伏即计算为一次呼吸；在寒冷冬季可观察呼出气流来测定；还可对肺进行听诊测数。鸡可观察肛门周围羽毛起伏动作计数。呼吸次数以“次/min”表示。

2. 正常呼吸数　各种动物的正常呼吸数见表 1-3。

表 1-3　各种动物正常呼吸数

动物种类	呼吸数（次/min）	动物种类	呼吸数（次/min）
黄牛、奶牛	10～30	骆驼	6～15
水牛	10～40	猫	10～30
羊	12～30	犬	10～30
猪	18～30	兔	50～60
鹿	15～25	禽（心跳）	15～30

项目 4 系统临床检查

技能 1 心血管系统检查

(一) 心脏的检查

1. 心搏动检查

(1) 心搏动检查方法。牛等大动物视诊时，检查者位于动物左前方，将其左前肢向前拉半步露出心区观察即可。小动物（犬、猫）视诊时让其仰卧或侧卧露出心区进行观察。视诊时，仔细观察左侧肘后心区被毛及胸壁的振动情况；触诊时，检查者一手（通常是右手）放于动物的鬐甲部，用另一只手（通常是左手）的手掌，紧贴于被检动物的左侧肘后心区，感觉胸壁的震动，判定其频率、强度以及心搏动的次数。

(2) 健康动物心搏动。健康的大动物只能看到相应心区的被毛发生轻微颤动，而在小动物可见相应心区的胸壁有节律地跳动。触诊时，健康大动物有较强、均匀的心搏动，小动物则相对较弱。

(3) 异常心搏动。

① 搏动增强。触诊时感到心搏动强而有力，并且区域扩大，主要见于热性病初期、心脏病（如心肌炎、心内膜炎、心包炎）代偿期、贫血性疾病及伴有剧烈疼痛的疾病。

② 搏动减弱。触诊时感到心搏动力量减弱，并且区域缩小，甚至难以感知，见于各种原因引起的心脏衰弱，及渗出性心包炎（如牛创伤性心包炎）、胸腔积水及垂危动物。

③ 搏动移位。向前移位，见于胃扩张、腹水、膈疝；向右移位，见于左侧胸腔积液；向后移位，见于气胸、肺气肿。

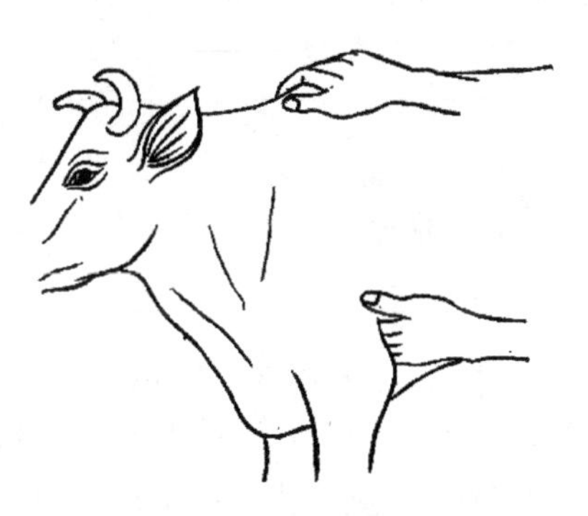

图 1-34 牛心区触诊示意

④ 心区压痛。触诊心区胸壁的肋间部（图 1-34），可发现动物对触压反应敏感，强压时表现回顾、躲避、呻吟，见于心包炎、胸膜炎。牛在左侧肩关节水平线下 1/2 部的第 3～5 肋间，在第 4 肋间最明显（共 13 对肋骨）。

2. 心脏叩诊

(1) 叩诊方法。对牛等大动物进行叩诊时，先将其左前肢向前牵引；对犬等小动物，则提取其左前肢，这样使心区暴露，对其进行叩诊。大动物宜用槌板叩诊法，小动物用手指叩诊法。

(2) 健康动物的叩诊情况。健康动物的叩诊音为浊音，浊音可分为绝对浊音区和相对浊音区。各种动物的确定方法之间有差异。

(3) 心脏叩诊所发现的病理变化。

① 浊音区扩大。见于心肥大、心扩张、心包积液、心包炎、肺萎陷。

② 浊音区缩小。见于肺泡气肿、气胸、瘤胃臌气。

③ 心区鼓音。常见于反刍动物的创伤性心包炎。

④ 心区敏感。提示心包炎或胸膜炎。

3. 心音听诊

（1）听诊心音的方法及位置。被检动物呈站立姿势，使其左前肢向前伸出半步，以充分显露心区。最常用的听诊方法是间接听诊。听诊时，检查者带好听诊器，将听诊器的听头放在心区部位，使之与体壁紧密接触，判断心音的频率、节律、心音的强弱及性质，以及有无心音分裂及心杂音，依次推断心脏的功能。

在心区的任何一点，都可以听到两个心音，但心音最为清楚部位是较为固定的，最佳听取点见表1-4。

表1-4　几种家畜的心音最强听取点

动物	第一心音		第二心音	
	二尖瓣口	三尖瓣口	主动脉瓣口	肺动脉瓣口
牛、羊	左侧第4肋间，较主动脉瓣口的位置远，靠下	右侧第3肋间，胸廓下1/3的中央水平线上	左侧第4肋间，肩关节水平线下方1～2指处	左侧第3肋间，胸廓下1/3的中央水平线下方
犬	左侧第4肋间，较主动脉瓣口的位置远，靠下	右侧第4肋间，肋骨与肋软骨结合部稍下方	左侧第4肋间，肩关节水平线上直下	左侧第3肋间，接近胸骨处
猪	左侧第4肋间，主动脉瓣口的远下方	右侧第3肋间，胸廓下1/3的中央水平线上	左侧第4肋间，肩关节水平线下方1～2指处	左侧第3肋间，胸廓下1/3的中央水平线下方

（2）正常的心音。听诊健康动物的心音时，每个心动周期内可听到"咚-塔"两个相互交替的声音。"咚"是在心室收缩过程产生的心音，称收缩期心音或第一心音。"塔"是在心室舒张过程中产生的声音，称舒张期心音或第二心音。

① 第一心音。主要由两个房室瓣（二尖瓣、三尖瓣）突然关闭的振动所形成，其次是心室收缩的振动、半月瓣开放和心脏射血而冲击大动脉管壁引起的振动等形成。第一心音持续时间较长，音调较低，声音的末尾拖长。

② 第二心音。主要是由心室舒张时，两个半月瓣突然关闭的振动所形成，其次是由心室舒张时的振动、房室瓣开放和血流的振动等形成。第二心音则具有短促、清脆、末尾突然终止等特点。

（3）心音异常。心音是否异常应从频率、强度、性质及节律等方面加以考虑。

（二）脉管检查

1. 脉搏检查

（1）脉搏频率检查。多用触诊。各种动物的脉搏检查部位不同，牛在尾中动脉和颌下动脉（图1-35）；猪、羊、犬在股动脉（图1-36）。

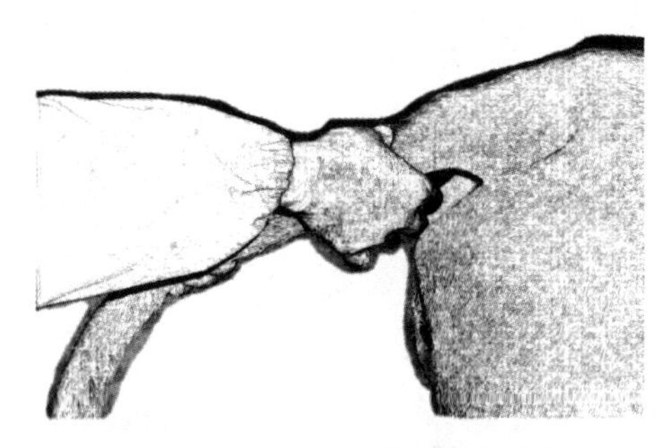

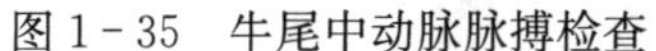

图 1-35 牛尾中动脉脉搏检查

图 1-36 犬股动脉脉搏检查

（2）脉搏性质检查。

① 脉搏的强弱与大小。脉搏的强弱是指脉搏搏动力量的强弱，其搏动力量强称强脉，反之称弱脉。脉搏的大小是指脉搏搏动时脉管壁振幅的大小，其振幅大称大脉，振幅小称小脉。强脉与大脉、弱脉与小脉，通常综合而体现，形成强大脉与弱小脉。

② 脉搏的虚实。脉搏的虚实是指脉管的充盈度的大小。主要由每搏输出量及血液总量所决定。可用检指加压、放开反复操作，依据脉管内径的大小判定。

虚脉。脉管内径小，血液充盈不良，表示血容量不足，可见于大失血及严重脱水。

实脉。脉管内径大，血液充盈，为血液总量充足及心脏功能代偿性增强的表现，可见于热性病初期及心脏肥大时。

③ 脉搏的软硬。脉搏的软硬由脉管壁的紧张度所决定，依据脉管对检指的抵抗力的大小而判定。

软脉。检指轻压脉搏即消失，为脉管紧张度降低，脉管弛缓的表现，可见于心力衰竭，长期发热及大失血时。

硬脉。又称弦脉，对检指的抵抗力大，表示血管紧张度增高，可见于破伤风、急性肾炎及疼痛性疾病过程中。硬而小的脉又称金线脉，可见于重症腹膜炎、胃肠炎、肠变位。

2. 浅在静脉的检查

（1）颈静脉外观的检查。颈静脉沟处的肿胀、硬结并伴有热、痛反应是颈静脉及其周围炎症的特征，多见于静脉注射时消毒不全或刺激性药液（如钙的制剂等）渗漏于脉管外的病史。但应注意，在牛颈部垂皮浮肿较严重时，也可引起颈静脉沟处的肿胀，一般无热、痛反应，常见于创伤性心包炎，应以伴有的其他症状而鉴别之。局部的静脉肿胀见于静脉瘤或淋巴瘤。

（2）静脉充盈状态检查。

① 静脉萎陷。体表静脉不显露，即使压迫静脉，其远心端也不膨隆，将针头插入静脉内，血液不易流出。这是由于血管衰竭，大量血液都淤积在毛细血管内的缘故，见于休克、严重毒血症。

② 病理性静脉充盈。体表静脉呈明显的扩张或极度膨隆，呈绳索状，可视黏膜潮红或发绀。一般反映心脏功能不全，使静脉血液回流障碍（见于心包炎、心肌炎、心脏瓣膜病等），导致胸腔膜内压升高的疾病，使静脉血液回流受阻，（见于胸水、渗

出性胸膜炎，肺气肿，胃肠内容物过度充满而压迫膈时）。在静脉栓塞和狭窄时，能引起局部的静脉扩张。

（3）静脉搏动检查。随着心脏活动，表在的大静脉也发生搏动，称为静脉搏动。实际检查中，一般检查颈静脉搏动。因为大动物的颈静脉比较粗大，颈静脉通向前腔静脉的入口距体表较浅，易观察到静脉搏动。

技能2　呼吸系统检查

（一）呼吸运动检查

1. 呼吸方式

（1）胸腹式呼吸。健康动物的呼吸方式是胸腹式呼吸，即呼吸时胸廓和腹壁自然起伏、强度均匀，有时也称混合式呼吸。一些小动物（如犬）正常呼吸时有呈胸式呼吸的趋势。

（2）胸式呼吸。特征为呼吸时胸壁起伏动作明显，而腹壁运动微弱。这种呼吸方式的出现表明腹部有疼痛性疾病或腹压升高性疾病，如急性腹膜炎、腹壁损伤、瘤胃臌气、急性胃扩张、肠臌气及腹腔大量积液。

（3）腹式呼吸。特征为呼吸时腹壁起伏动作明显，而胸壁运动微弱。这种呼吸方式的出现表明胸部有疼痛性疾病或胸腔内压升高性疾病，如急性胸膜炎、胸膜肺炎、胸腔大量积液、肺气肿及肋骨骨折。

2. 呼吸节律　健康动物呼吸时，吸气后紧接着呼气，每次呼吸之后，经过短暂的间歇期，再开始第二次呼吸。吸气与呼气所持续的时间有一定比例，猪1∶1，绵羊1∶1，山羊1∶2.7，牛1∶1.2，犬1∶1.6，每次呼吸之间的间歇期的间距相等，这种规律性的呼吸运动称为节律性呼吸。

3. 呼吸对称性　健康动物呼吸时，两侧胸壁起伏的强度完全一致，称为对称性呼吸。当一侧胸壁患疾病时，患侧胸廓的呼吸运动显著减弱或消失，而健侧胸廓的呼吸运动出现代偿性加强，称为不对称性呼吸。常见于一侧胸膜炎、肋骨骨折和气胸等。当胸部疾病遍及两侧时，胸廓两侧呼吸运动均减弱，但以病变较重的一侧减弱更为明显，也属不对称性呼吸。

4. 呼吸困难　呼吸运动加强，同时伴有呼吸频率改变和呼吸节律异常，有时呼吸类型也发生改变，并且辅助呼吸肌参与活动，呈现一种复杂的病理性呼吸障碍，称为呼吸困难。高度的呼吸困难，称为气喘。

（1）吸气性呼吸困难。特征为吸气非常用力或有辅助吸气动作的出现，如患病动物吸气时鼻孔开张，头颈平伸，四肢广踏，胸廓明显扩张，肘部外展，肛门内陷，某些动物张口伸舌。此外，吸气时间显著延长，常伴有特异的吸入性狭窄音。常见于上呼吸道狭窄性疾病，如鼻腔狭窄、喉水肿、咽喉炎、血斑病和猪传染性萎缩性鼻炎、鸡传染性喉气管炎。

（2）呼气性呼吸困难。特征为呼气时间显著延长，呼气时非常用力，或有辅助呼气动作的出现，如呼气时腹部起伏动作明显，可出现连续二次呼气运动，称为二段呼吸。高度呼吸困难时，沿肋弓出现一条较深的凹陷沟，称为喘沟，又称喘线或息劳沟。同时可见脊背弓曲，肷窝扁平。由于腹部肌肉强力收缩，腹内压力加大，故呼气时肛门常突出，吸气时肛门反而下陷，称为肛门抽缩运动。呼气性呼吸困难，主要是由肺泡弹性减退和细支气管狭窄，肺泡内空气排出困难所致。常见于急性细支气管炎、慢性肺气肿、胸膜肺炎。

（3）混合性呼吸困难。特征为吸气和呼气均发生困难，常伴有呼吸次数增加，是临床上最常见的一种呼吸困难。包括以下 6 种。

① 肺源性。主要由肺和胸膜疾患引起。可见于各型肺炎、胸膜肺炎、急性肺水肿及侵害呼吸器官的传染病，如猪支原体肺炎、猪肺疫、山羊传染性胸膜肺炎。

② 心源性。由于心脏衰弱，血液循环障碍，肺换气受到限制，导致缺氧和二氧化碳滞留所致。此时，除混合性呼吸困难外，还常伴有明显的心血管症状，运动后心悸和气喘的现象更为突出，肺部可闻湿啰音。常见于心内膜炎、心肌炎、创伤性心包炎和心力衰竭。

③ 血源性。严重贫血时，因红细胞和血红蛋白减少，血氧不足，导致呼吸困难，尤以运动后更显著。可见于各种类型贫血、血孢子虫病。

④ 中毒性。内源性中毒，如瘤胃酸中毒、酮病和严重的胃肠炎。外源性中毒，如亚硝酸盐中毒、有机磷农药中毒、水合氯醛中毒、吗啡及巴比妥中毒。

⑤ 中枢神经性。主要见于脑膜炎、脑出血、脑肿瘤。破伤风毒素可使中枢的兴奋性增高，导致中枢神经性呼吸困难。

⑥ 腹压升高性。主要见于急性胃扩张、急性瘤胃臌气、肠臌气、肠阻塞、肠变位和腹腔积液。

（二）上呼吸道检查

1. 呼出气体检查

（1）呼出气流的强度检查。可用双手置于两鼻孔前感觉。健康动物两侧鼻孔呼出气流的强度相等。当一侧鼻腔狭窄、一侧鼻窦肿胀或大量积液时，则患侧鼻孔呼出的气流小于健侧，并常伴有呼吸的狭窄音。当两侧鼻腔同时存在病变时，两侧鼻孔的呼出气流则以病变较重的一侧小于另一侧。

（2）呼出气体的温度检查。健康动物呼出的气体稍有温热感。呼出气体的温度升高，见于各种热性病。呼出气体的温度显著降低，见于内脏破裂、大失血、严重的脑病和中毒性疾病，以及濒死期动物。

（3）呼出气体的气味检查。用手将患病动物呼出的气体扇向检查者的鼻端而嗅闻。健康动物呼出的气体一般无特殊气味。如有难闻的腐败臭味，则表示为鼻腔、鼻旁窦、咽喉、气管、肺部等处发生了腐败性感染；尿臭味见于尿毒症或膀胱破裂；烂苹果味见于酮病。

2. 鼻液检查 鼻液是呼吸道黏膜的分泌物或炎性渗出物。健康动物都有其特殊的排鼻液的方式，如猪、羊等动物均以喷鼻的方式排出鼻液，牛、犬、猫等动物则用舌舔去鼻液，故所有健康动物都看不见其鼻液或仅有少量浆液性鼻液。如出现大量鼻液，则为病理现象。

3. 咳嗽检查 检查咳嗽的方法有直接观察患病动物自发性咳嗽或人工诱咳法两种。直接观察法简单直接，而人工诱咳法则需检查者站在患病动物颈部侧方，面向头方，一手放在颈部背侧作支点，另一手的拇指与食指、中指捏压第一、第二气管软骨。对健康牛，人工诱咳比较困难，可用双手或毛巾短时闭塞牛的两侧鼻孔，如引起咳嗽，多为病态。对小动物采取捏压其喉部、短时闭塞两侧鼻孔、提起背部皮肤、压迫或叩击胸壁等方法，均能引起咳嗽。检查咳嗽时，应注意其性质、频度、强度和疼痛反应等。

4. 鼻检查

（1）外部观察。

① 鼻孔周围组织。鼻孔周围组织可发生各种各样的病理变化，如鼻翼肿胀、水泡、脓疱、溃疡和结节。鼻孔周围组织肿胀可见于血斑病、异物刺伤及某些传染病，如口蹄疫、炭疽、气肿疽及羊痘。鼻孔周围的水疱、脓疱及溃疡可见于猪传染性水疱病、脓疱性口膜炎。牛的鼻孔周围结节见于牛丘疹性口膜炎和牛坏死性口膜炎。

② 鼻甲骨形态变化。鼻甲骨增生、肿胀见于严重的骨软病。鼻甲骨萎缩、鼻盘翘起或歪向一侧是猪传染性萎缩性鼻炎的特征。

③ 鼻的痒感。鼻部有痒感，可表现经常向周围物体上摩擦。常见于羊鼻蝇、萎缩性鼻炎、鼻卡他。

（2）鼻黏膜检查。将患病动物的头抬起，使鼻孔对着阳光或人工光源，即可观察鼻黏膜的病理变化。对于因鼻孔深或鼻翼软而下陷的大动物无法直接看清的情况下，可用单指或双指进行检查。单指检查时一手托住下颌并适当高举头，另一手的食指挑起鼻翼观察。双指检查是指用一手托住下颌并适当高举头，另一手的拇指和中指捏住鼻翼软骨并向上拉起，同时用食指挑起外侧鼻翼，即可观察。

观察鼻黏膜时应注意其颜色，有无肿胀、水疱、结节、溃疡及瘢痕。

5. 鼻旁窦检查

（1）视诊。注意其外形变化，额窦和上颌窦部位隆起、变形，多见于窦腔积脓、软骨病、肿瘤、牛恶性卡他热、创伤和局限性骨膜炎。

（2）触诊。注意窦区的敏感性、温度和硬度，触诊时必须两侧对照进行。窦区病变较轻时，变化往往不明显，如窦区敏感和温度增高，见于急性窦炎和急性骨膜炎。局部管壁凹陷并有疼痛反应，见于创伤。窦区隆起、变形、触诊坚硬、疼痛不明显，常见于骨软病、肿瘤和放线菌病。

（3）叩诊。对窦区进行先轻后重的叩打，同时两侧对照，以确定音响是否发生变化。健康动物的窦区呈清晰而高朗的空盒音，如叩诊出现浊音，常见于窦腔积脓或被肿瘤充塞，以及骨质增生。

6. 喉及气管的检查

（1）外部检查。检查者站在动物头颈侧方，以两手向喉部轻压同时并向下滑动检查气管，以感知局部温度、硬度和敏感度，并注意有无肿胀。

① 视诊。注意有无肿胀，喉部肿胀，常由喉部皮肤和皮下组织水肿或炎性浸润所致。喉部肿胀，见于咽喉炎、喉囊炎。牛的喉部肿胀，见于炭疽、恶性水肿、化脓性腮腺炎、放线菌病、创伤性心包炎。猪的喉部肿胀，见于急性猪肺疫、猪水肿病和炭疽。羊的喉部肿胀可见于其各种寄生虫病。

② 触诊。注意有无肿胀、增温、疼痛反应和咳嗽。喉部触诊时，有热感，患病动物疼痛，拒绝触压，并发咳嗽，多为急性喉炎的表现。

③ 听诊。听诊主要是判断喉和气管呼吸音有无改变。听诊健康动物喉部时可以听到一种类似“赫”的声音称为喉呼吸音。喉呼吸音的病理变化常见的有呼吸音增强、狭窄音和啰音。

(2) 内部检查。内部检查主要为直接视诊，检查时可使动物头略为高举，用开口器打开口腔，将舌拉出口外，并用压舌板压下舌根，同时对着阳光或人工光源，即可视诊喉黏膜，注意喉黏膜有无肿胀、出血、溃疡、渗出物和异物。

(三) 肺部检查

1. 肺部叩诊

(1) 叩诊方法。大动物用槌板叩诊法，即叩诊时一手持叩诊板将其顺着肋间隙密贴放置，另一手持叩诊槌，以腕关节为活动轴，垂直地向叩诊板中央做短促叩击，一般每点叩击2～3次。叩诊应按一定的顺序进行，在两侧肺区，均应由前到后或自上而下，沿肋间隙，每隔3～4 cm做一叩诊点，依次进行普遍的叩诊检查，不能遗漏某个区域。叩诊力量的轻重或强弱，要按叩诊目的而灵活掌握。当胸壁厚，病变深在，宜用重叩诊。胸壁薄而病变浅在，要确定肺叩诊区和病变的界限时宜进行轻叩诊。当发现病理性叩诊音时，应与正常的音响反复仔细地进行对比，同时还应和对侧相应部位作对照，如此才可以较为准确地判断病理变化。小动物用指指叩诊法，即叩诊时，将一手的中指作为叩诊板，另一手中指作为叩诊槌，其操作及要领与槌板叩诊法相同。

(2) 健康动物肺叩诊区。牛肺叩诊区近似三角形或椭圆形，背界为与脊柱平行的直线并距背中线约一掌宽（10 cm左右）；前界为自肩胛骨后角沿肘肌下所划的类似S形的曲线，止于第4肋间；后界是由第12肋骨与上界的交点开始，向下、向前的弧线，依次经过髋结节水平线与第11肋间的交点、肩关节水平线与第8肋间的交点，而止于第4肋间与心脏相对浊音区交界处（图1－37）。羊、犬的叩诊区分别见图1－38、图1－39。

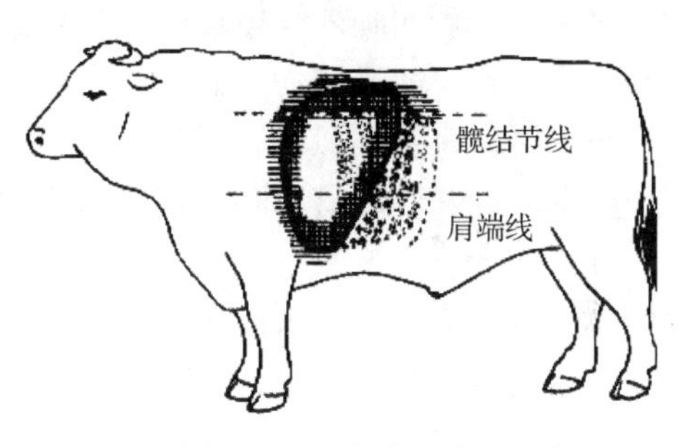

图1－37 牛肺叩诊区

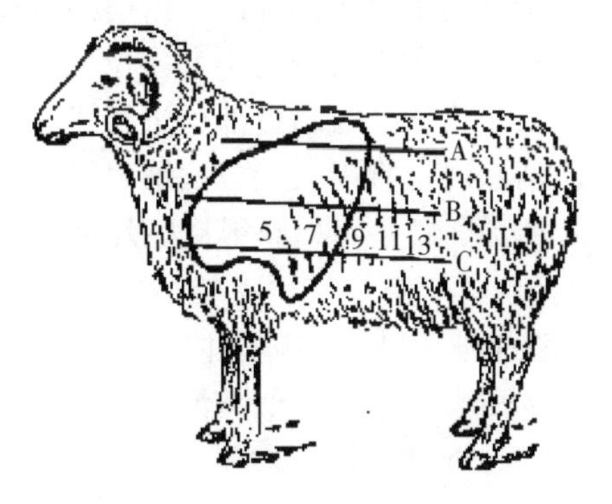

图1－38 羊肺叩诊区
5、7、9、11、13分别为相应的肋骨
A. 髋结节水平线 B. 坐骨结节水平线 C. 肩关节水平线

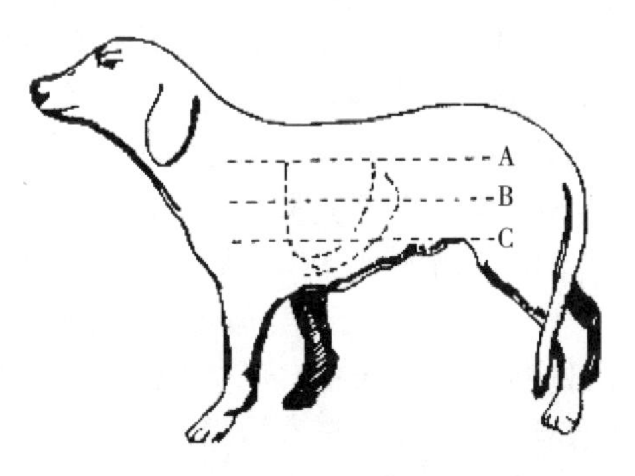

图1－39 犬肺叩诊区（弧形点线为叩诊区）
A. 髋结节水平线 B. 坐骨结节水平线
C. 肩关节水平线

(3) 叩诊区的病理变化。

① 肺叩诊区扩大。是肺过度膨胀（肺气肿）和胸腔积气（气胸）的结果。

② 肺叩诊区缩小。是下界上移或后界前移的结果。下界上移见于心脏肥大、心脏扩张、心包积液。后界前移见于腹压升高的情况，如怀孕后期、急性胃扩张、急性瘤胃臌气、肠臌气、腹腔积液、肝肿大。

(4) 叩诊音。

① 肺的正常叩诊音。健康大动物肺区的中 1/3 叩诊呈清音，其特征是音响较长，响度较大，音调较低，而肺区的上 1/3 和下 1/3 声音较弱，肺的边缘则带有半浊音性质。但在小动物，如犬、猫、兔等，由于肺中空气柱振幅较小，故肺区叩诊音稍带鼓音性质。

② 肺叩诊音的病理变化。

浊音、半浊音。表明所叩击的肺组织不含空气或含气极少。见于各种类型的肺炎、肺充血、肺水肿、肺脓肿、肺坏疽、肺结核、鼻疽、牛肺疫、肺棘球蚴病、肺肿瘤、肺纤维化、肺萎陷、胸腔积液、胸壁及胸膜增厚。散在性浊音区，提示小叶性肺炎；成片性浊音区，是大叶性肺炎肝变期的特征。

鼓音。表明有肺空洞、支气管扩张、气胸或含气的腹腔器官进入胸腔等现象存在。见于肺脓肿、肺坏疽、肺结核、鼻疽、牛肺疫等疾病引起的肺空洞、气胸。

过清音。表明肺内气体过度充盈，介于清音和鼓音之间的一种过渡性声音，类似敲打空盒声音，故又称为空盒音。主要见于肺气肿。

破壶音。其音类似叩击破壶时所发出的声音。见于有与支气管相通的大空洞形成，如肺脓肿、肺坏疽和肺结核等形成的大空洞。

(5) 叩诊敏感反应。以叩诊作为一种有效刺激，根据患病动物的反应来判断胸膜的敏感性或有无疼痛，从而诊断疾病。叩诊敏感或疼痛时，患病动物主要表现为回头顾腹、躲闪、抗拒、呻吟，有时还可引起咳嗽。见于肋骨骨折、胸膜炎、肺炎、支气管炎等胸部疼痛性疾病。

2. 肺部听诊

(1) 听诊的方法。在大动物多用间接听诊法，在特殊情况下也可采用直接听诊法。肺听诊区和叩诊区基本一致。听诊时宜先从肺部的中 1/3 部开始，由前向后逐渐听取，其次是上 1/3，最后是下 1/3。每个部位听 2～3 次呼吸音后再变换位置，直至听完全肺。如发现异常呼吸音，为了确定其性质，应将该处与临近部位进行比较，必要时还要与对侧相应部位对照听取。当呼吸音不清楚时，宜以人工方法增强呼吸，如加强运动，或闭塞其鼻孔片刻，然后松开，立即听诊，往往可以获得良好效果。

(2) 正常呼吸音。

① 肺泡呼吸音。类似柔和的“呋”音，一般在健康动物的肺区内可以听到。将唇做成发“呋”音的口形，缓慢地吸入或呼出气体所发的声音类似肺泡呼吸音。肺泡呼吸音一般由下列声音构成。

毛细支气管和肺泡入口之间空气出入的摩擦音。

空气由细小的支气管进入比较宽广的肺泡内产生漩涡运动，气流冲击肺泡壁产生的声音。

肺泡收缩与舒张过程中由于弹性变化而形成的声音。

肺泡呼吸音的强度和性质，可因动物的种类、品种、年龄、营养状况、胸壁的厚度和代谢状况而有所不同。

② 支气管呼吸音。是一种类似将舌抬高呼出气体时发出“嚇”音，或强的“哧”音。支气管呼吸音是空气通过声门裂隙时产生气流漩涡所致。在正常情况下，绵羊、山羊、猪和牛在第3～4肋间，肩关节水平线上下可以听到柔和而轻微的混合性呼吸音。只有犬在整个肺部都能听到明显的支气管呼吸音。

技能3 消化系统检查

（一）采食和饮水检查

1. 食欲的检查

(1) 食欲减退。表现为不愿采食或食量减少。

(2) 食欲废绝。表现为完全拒食饲料，见于各种高热性、剧痛性、中毒性疾病，以及急性胃肠道疾病如急性瘤胃臌气、急性肠臌气、肠阻塞、肠变位。

(3) 食欲不定。表现为食欲时好时坏，变化不定，见于慢性消化不良、牛创伤性网胃炎等。

(4) 食欲亢进。表现为食欲旺盛，采食量多。主要见于重病恢复期、胃肠道寄生虫病、糖尿病、甲状腺功能亢进等疾病。

(5) 异嗜。其特征是患病动物喜食异物，如灰渣、泥土、粪便、被毛、木片、碎布、污物等。主要见于营养代谢障碍性疾病，蛋白质、矿物质、维生素、微量元素缺乏性疾病。如骨软病、佝偻病、幼畜白肌病、仔猪贫血、啄羽癖、啄肛癖，以及猪的咬尾、母猪食仔、吞食胎衣等。

2. 饮欲检查

(1) 饮欲增加。表现为口渴多饮，常见于热性病、大失水（如剧烈呕吐、腹泻、多尿、大出汗）、渗出过程（如胸膜炎和腹膜炎）及猪、鸡食盐中毒。

(2) 饮欲减退。表现为不饮水或饮水量少，见于意识障碍的脑病及不伴有呕吐和腹泻的胃肠病。

3. 采食、咀嚼和吞咽动作检查

(1) 采食障碍。表现为采食不灵活，或不能用唇、舌采食，或采食后不能进行咀嚼，见于唇、舌、齿、下颌骨、咀嚼肌疾患，如口炎、舌炎、齿龈炎、异物刺入口腔黏膜、下颌关节脱臼、下颌骨骨折。某些神经系统疾病，如面神经麻痹、破伤风时咀嚼肌痉挛，以及脑和脑膜的疾病，均可引起采食障碍。

(2) 咀嚼障碍。表现为咀嚼缓慢，不敢用力，或咀嚼过程中突然停止，将饲料吐出口外（俗称吐槽），然后又重新采食，严重的甚至完全不能咀嚼。咀嚼紊乱常为牙齿、颌骨、口黏膜、咀嚼肌及相关支配神经的疾患，如牙齿磨灭不整、齿槽骨膜炎、骨软病、放线菌病、严重口膜炎、破伤风、面神经麻痹、舌下神经麻痹，以及脑病。

(3) 吞咽障碍。表现吞咽时摇头、伸颈、前肢刨地，屡次试图吞咽而中止，或吞咽时引起咳嗽，并伴有大量流涎。吞咽障碍多提示咽与食管的疾病，如咽炎、咽麻痹、食管阻塞、痉挛等。

4. 反刍检查 健康反刍动物，一般在饲喂后0.5～1 h即开始反刍，每昼夜约进行4～8次，每次持续时间为30～50 min，每次返回口腔的食团，平均再咀嚼40～70次。

（1）反刍机能减弱。表现开始出现反刍的时间延迟，每昼夜反刍的次数减少，每次反刍持续时间过短，咀嚼无力，时而中止，每个食团咀嚼次数减少。常见于前胃弛缓、瘤胃积食、瘤胃臌气、创伤性网胃炎、热性病、中毒病、代谢病和脑病。

（2）反刍完全停止。见于前胃运动机能严重障碍、病情危重。如结核病后期、恶病质或严重的全身性慢性消耗性疾病。

5. 嗳气检查 嗳气是反刍动物的一种生理现象。反刍动物通过嗳气借以排出瘤胃内微生物发酵所产生的气体。健康奶牛一般每小时嗳气20～30次，黄牛17～20次，绵羊9～12次，山羊9～10次，采食后增多，空腹时减少。嗳气时可在左侧颈部沿食管沟处看到由下向上的气体移动波，有时还可听到嗳气的“咕噜”音。

（1）嗳气减少。常由瘤胃内微生物活力减弱、发酵过程降低、气体产生减少、瘤胃兴奋性降低、瘤胃蠕动力减弱所致。见于前胃弛缓、瘤胃积食、创伤性网胃炎、瓣胃阻塞、皱胃疾病，以及继发前胃机能障碍的热性病及传染病。

（2）嗳气完全停止。可见于瘤胃内气体排出受阻（如食管阻塞）以及严重的前胃收缩力不足或麻痹。

（3）嗳气增多。可见于瘤胃臌气的初期或采食了容易发酵产气的食物。

6. 呕吐检查 胃内容物不自主地经口或鼻腔排出，称为呕吐。

（1）中枢性呕吐。见于脑病（如延髓的炎症过程）、传染病（如犬瘟热病毒）、药物（如氯仿、阿扑吗啡）的作用。

（2）外周性呕吐。主要是来自消化道（如软腭、舌根、咽、食管、胃肠黏膜）、腹腔器官（如肝、肾、子宫）及腹膜的各种异物、炎性及非炎性刺激，反射性地引起呕吐中枢兴奋而发生的。见于食管阻塞、胃扩张、胃内异物、小肠阻塞、肠炎、腹膜炎、子宫蓄脓。

（3）中毒性呕吐。可见于有机磷农药中毒、尿毒症、安妥中毒、砷中毒、铅中毒、马铃薯中毒、肝炎、肾炎、酮病、糖尿病。

（二）口腔、咽及食管、胃肠检查

1. 口腔的检查方法

（1）各种动物的开口法。

① 牛的徒手开口法。检查者站在牛头侧方，可先用手轻轻拍打牛的眼睛，在牛闭眼的瞬间，以一手的拇指和食指从两侧鼻孔同时伸入并捏住鼻中隔（或握住鼻环）向上提举，再用另一手伸入口中握住舌体并拉出，口即张开（图1-40）。

② 羊的徒手开口法。是用一手拇指与中指由颊部捏握上颌，另一手拇指及中指由左、右口角处握住下颌，同时用力上下拉即可开口，但应注意防止被羊咬伤手指。

③ 猪的开口。必须使用特制的开口器（图1-41）。

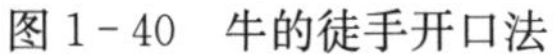

图1-40　牛的徒手开口法

图1-41　猪的开口法

④ 犬、猫的开口法。性情温驯的犬，令助手握紧前肢，检查者右手拇指置于上唇左侧，其余四指置于上唇右侧，在握紧上唇的同时，用力将唇部皮肤向下内方挤压；用左手拇指与其余四指分别置于下唇的左、右侧，用力向内上方挤压唇部皮肤。左、右手用力将上下颌向相反方向拉开即可（图1-42）必要时用金属开口器打开口腔。猫的开口法是助手握紧前肢，检查者两手将上、下颌分开即可。

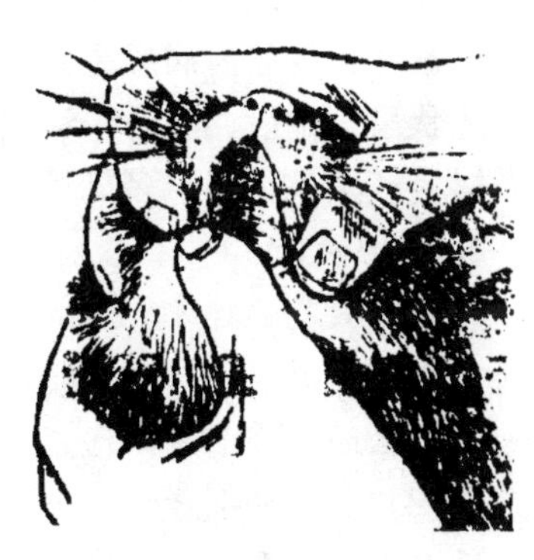

图1-42　犬的开口法

(2) 口腔检查的内容。

① 气味。健康动物一般无特殊臭味，仅在采食后，留有某种饲料的气味。病理状态下如出现臭味，是由动物消化机能紊乱，长时间食欲废绝，口腔脱落上皮和饲料残渣腐败分解而引起，常见于口炎、肠炎和肠阻塞。腐败臭味常见于齿槽骨膜炎、坏死性口炎。类似氯仿味，常见于牛的酮病。

② 流涎。口腔中的分泌物或唾液流出口外，称为流涎。健康动物口腔稍湿润，无流涎现象。大量流涎，乃是由异物刺激（如麦芒、金属等异物刺伤口腔），口炎及伴发有口炎的传染病（如传染性水疱病、口蹄疫），吞咽或咽下障碍性疾病（如咽炎或食管阻塞），中毒（猪的食盐中毒和鸡的有机磷中毒）及营养障碍（犬的烟酰胺缺乏、坏血病）所致。

(3) 口腔黏膜。

① 颜色。健康动物口腔黏膜颜色淡红而有光泽。在病理情况下与眼结膜颜色变化及其临诊意义大致相同。

② 温度。口腔温度，可将手指伸入口腔中感知。口腔温度与体温的临诊意义基本一致。

③ 湿度。健康动物口腔湿度中等。口腔过分湿润，是唾液分泌过多或吞咽障碍的结果，见于口炎、咽炎、唾液腺炎、口蹄疫、狂犬病及破伤风等。口腔干燥，见于热性病、脱水。

④ 完整性。口黏膜出现红肿、结节、水疱、脓疱、溃疡、表面坏死、上皮脱落，除见于一般性口炎外，也见于口蹄疫、痘疹、猪水疱疹等过程中。

(4) 舌。

① 舌苔。舌苔是舌面表层脱落不全的上皮细胞沉淀物，舌苔厚薄、颜色变化，通常与疾病的轻重和病程的长短有关。舌苔黄厚，一般表示病情重或病程长。舌苔薄白，一般表示病情轻或病程短。

② 舌色。健康动物舌的颜色与口腔黏膜相似，呈粉红色且有光泽。在病理情况下，其颜色变化与眼结膜及口腔黏膜颜色变化的临诊意义大致相同。

③ 形态变化。如舌硬如木，体积增大，致使口腔不能容纳而垂于口外，可见于牛放线菌病；舌麻痹，舌垂于口角外并失去活动能力，见于各种类型脑炎后期或饲料中毒。猪的舌下和舌系带两侧有高粱米粒大乃至豌豆大的水泡状结节，是猪囊尾蚴的特征。

④ 舌体咬伤。由中枢神经机能紊乱如狂犬病、脑炎引起。

(5) 牙齿。牙齿病患主要为对合不整齐、牙齿磨灭不整、尖锐齿、过长齿、赘生齿、波状齿、龋齿、牙齿松动、脱落、损坏。这些现象多为矿物质缺乏所致。牙齿上有黄褐色或黑色斑点，多见于氟中毒。

2. 咽部检查

(1) 咽的外部视诊。外部视诊时，如患病动物有吞咽障碍，头颈伸直，头颈夹角增大，运动不灵活，局部肿胀，常见于咽炎。

(2) 咽的外部触诊。检查者两手拇指放在患病动物左右寰椎翼的外角上做支点，其余4指并拢向咽部轻轻压迫。如出现明显肿胀、增温、敏感性增强或咳嗽时，见于牛咽后淋巴结化脓、结核病和放线菌病；在猪见于咽炎、急性猪肺疫、咽部炭疽、仔猪链球菌病。

3. 食管检查

(1) 视诊。注意吞咽过程食物沿食道沟通过的情况及局部是否有肿胀。

(2) 触诊。检查者站于动物左侧用两手分别沿颈部食管沟，自上向下加压滑动检查，注意感知是否有肿胀、异物，以及内容物的硬度、有无敏感反应及波动感。

(3) 探诊。一般根据动物的种类及大小而选定不同口径及相应长度的胃管（或塑料管），大动物用长为2.0～2.5 m，内径10～20 mm，管壁厚3～4 mm的胃管，其软硬度应适宜。使用前胃管应用消毒液浸泡，并涂润滑油类。动物要保定，尤其要保定好头部。如必须经口探诊时，应加装开口器，大动物及羊一般可经鼻、咽探诊。

操作时，检查者站在头一侧，一手把握住鼻翼，另一手持胃管，自鼻道（或经口）徐徐送入，胃管前端到达咽部时（大动物30～40 cm深度）可感觉有抵抗，此时可稍停推进并加以轻微的前后抽动，待动物发生吞咽动作时，应趁机送下。如动物不吞咽时，可由助手捏压咽部以引起其吞咽动作。

胃管通过咽后，应立即判定是否正确插入食管内。插入食管内的标志是，用胶皮球向胃管内打气时，不但能顺利打入，而且在左侧颈沟可见有气流通过的波动，同时压扁的胶皮球不会鼓起来。插入气管的标志是，用胶皮球向胃管内打气时，在颈沟部看不到气流波动，被压扁的胶皮球可迅速鼓起来。如胃管在咽部转折时，向胃管打气困难，也看不到颈沟部的波动。

此外，胃管在食管内向下推进时可感到有抵抗和阻力。但如在气管内时，可引起咳嗽并随呼气阶段有呼出的气流，也可作为判定胃管是否在食管内的标志。

胃管误插入气管内时，应取出重插，胃管不宜在鼻腔内多次扭转，以免引起黏膜破损，出血。

食管探诊，主要用于提示有食道阻塞性疾病、胃扩张的可疑或为抽取胃内容物时用，对食管狭窄、食管憩室及食管受压等病变也具有诊断意义。食管和胃的探诊兼有治疗作用。

4. 腹部及胃肠检查

(1) 反刍动物腹部检查。

① 腹部检查。

腹部视诊。腹围增大。左腹侧上方膨大，肷窝凸出，腹壁紧张而有弹性，叩诊呈鼓音，见于急性瘤胃臌气。左腹侧下方膨大，肷窝消失，叩诊呈浊音，见于瘤胃积食。右侧腹肋弓后下方膨大，主要见于皱胃积食及瓣胃阻塞。腹部下方两侧膨大，触诊有波动感，叩诊呈水平浊音，见于腹水和腹膜炎。腹围缩小，主要见于长期饲喂不足、食欲紊乱、顽固性腹泻，以及慢性消耗性疾病，如贫血、营养不良、内寄生虫病、结核病和副结核病。

腹部触诊。腹壁敏感性增强见于急性腹膜炎和肠套叠。

② 前胃和皱胃检查。

a. 瘤胃检查。反刍动物的瘤胃占左侧腹腔的绝大部分位置，与腹壁紧贴。瘤胃检查通常用视诊、触诊、听诊及叩诊等方法。

视诊：正常时左侧肷窝部稍凹陷。如肷窝凸出与髋结节同高，见于急性瘤胃臌气；如凹陷较深，见于饥饿或长期腹泻。

触诊：触诊时，检查者站于牛的左侧方，面向动物后方，左手放于动物背部作支点，用右手手掌或拳放于左肷上部，用力反复触压瘤胃，或冲击触诊以判断瘤胃内容物性状，也可用恒定的力量按压感知其蠕动力量及蠕动次数。正常瘤胃上部有少量气体，中、下部内容物较坚实。病理情况下，内容物性状、蠕动强度和次数，均可发生不同程度的改变。上腹壁紧张而有弹性，用力强压亦不能感到胃中坚实的内容物，表示瘤胃臌气；内容物如硬固或呈面团样，压痕久久不能消失，见于瘤胃积食；内容物稀软，瘤胃上部气体层增厚，常见于前胃弛缓。

听诊：听诊在左肷部进行，正常瘤胃蠕动音为弱的沙沙声。蠕动次数，牛为每两分钟 2～5 次，或每分钟 1～3 次；绵羊、山羊为每两分钟 3～6 次或每分钟 2～4 次；每次收缩持续时间 15～30 s。瘤胃蠕动力量微弱，次数稀少，持续时间短促，或蠕动完全消失，见于前胃弛缓、瘤胃积食、热性病和其他全身性疾病。瘤胃蠕动加强，次数频繁、持续时间延长，见于急性瘤胃臌气初期，毒物中毒或给予瘤胃兴奋药物之后。

叩诊：健康牛左肷上部为鼓音，其音的强弱依瘤胃内气体多少而异。由肷窝向下逐渐变为半浊音至下部完全为浊音。如浊音范围扩大，为瘤胃积食；如鼓音范围扩大，则为瘤胃臌气。

b. 网胃检查。网胃位于腹腔左前下方，相当于第 6～8 肋骨间。网胃的疾病主要为创伤性网胃炎，检查方法也针对此而定。

捏压法：由助手捏住牛的鼻中隔，向前牵引，使额线与背线呈水平，检查者强捏鬐甲部皮肤。

拳压法：检查者蹲于牛的左前肢稍后方，以右手握拳，顶在剑状软骨部，肘部抵于右膝上，以右膝频频抬高，使拳顶压其网胃区。

抬压法：检查者二人分别站于牛的胸部两侧，以一木棒横放于剑状软骨下，两人自后向前抬举。

病牛下坡或急转运动。牵病牛走下坡路或向左侧作急转弯运动。

应用以上方法检查时，如病牛表现不安、呻吟、躲闪、反抗或企图卧下，或当病牛下坡和作急转弯时，表现运步小心、步态紧张、不愿前进、四肢集于腹下，甚至呻吟、磨牙等疼痛反应时，则提示有创伤性网胃-心包炎。

c. 瓣胃检查。瓣胃在牛的右侧第 7～9 肋间，肩关节水平线上下各 3～5 cm 的范围内，一般在这个范围内进行检查。

听诊：正常瓣胃蠕动音是继瘤胃蠕动音之后发出细弱的捻发音或“沙沙”声。瓣胃蠕动音减弱或消失，见于瓣胃阻塞、严重的前胃疾病及热性病。

触诊：瓣胃的触诊法有两种。一是在右侧瓣胃区第 7、8、9 肋间用伸直的手指指尖实施重压触诊；二是在靠近瓣胃区的肋弓下部，用平伸的指尖进行冲击式或切入式触诊。如有敏感反应或瓣胃坚实、体积增大、胃壁后移，则提示有瓣胃阻塞。

d. 皱胃检查。皱胃位于右腹部第 9～11 肋骨之间，沿肋骨弓下部区域直接与腹壁接触，可采用视诊、触诊、叩诊和听诊。

视诊：检查者站在牛的正后方观察，右侧腹壁皱胃区向外突出，提示皱胃严重阻塞和扩张。

触诊：将手指插入肋弓下方行强压触诊，如动物表现回头顾腹、躲闪、呻吟、后肢踢腹，则表示有皱胃炎、真胃溃疡和扭转。如触诊皱胃区，感到内容物坚实或坚硬，则表示为皱胃阻塞。如冲击触诊有波动感并能听到击水音，则提示皱胃扭转或幽门阻塞、十二指肠阻塞。

叩诊：正常时皱胃区叩诊为浊音，如叩诊出现鼓音，则提示皱胃扩张。

听诊：皱胃蠕动类似流水音或含漱音。蠕动音增强，见于皱胃炎；蠕动音减弱或消失，见于皱胃阻塞。

③ 肠管检查。健康反刍动物肠蠕动音短而稀少，声音也较微弱。如听诊肠音明显增强，频繁似流水，连绵不断，见于各种腹泻、急性肠炎和内服泻剂之后。如肠音明显减弱，见于一切热性病、瓣胃阻塞引起的消化道机能障碍疾病。如肠音消失，见于肠套叠及肠便秘等。

（2）猪的腹部及胃肠检查。

① 腹部检查。

a. 腹部容积扩大。除见于母猪妊娠后期及饱食不久等生理情况外，可见于胃食滞或肠臌气、肠变位、肠阻塞、腹膜炎。

b. 腹部容积缩小。见于长期饲喂不足、食欲减少、顽固性腹泻、慢性消耗性疾病（如仔猪营养不良、仔猪贫血、慢性副伤寒、猪支原体肺炎、肠道寄生虫）及热性病。此外，视诊脐部有时可发现圆形囊状肿物，多为脐疝。

② 胃肠检查。

a. 胃。猪胃的容积较大，位于剑状软骨上方的左季肋部，其大弯可达剑状软骨后方的腹底壁。视诊时如左肋下区突出，病猪呼吸困难，表现不安或呈犬坐姿势，见于胃鼓胀或过食。当触压胃部时如引起疼痛反应或呕吐，常提示伴发胃炎。

b. 肠。

视诊：当腹部隆起时表明有肠臌气。

触诊：检查瘦小的猪时，可采取横卧保定，两手上下同时配合触压，如感知有坚硬粪块呈串状或盘状，常提示肠阻塞。

听诊：猪的肠音，如高朗、连绵不断，则常见于急性肠炎及伴有肠炎的传染病，如副伤寒、大肠杆菌病及传染性胃肠炎。如肠音低沉、微弱或消失，多见于肠阻塞。

（三）牛的直肠检查

1. 准备工作

牛的直肠检查技术

（1）*牛的准备*。保定以六柱栏内较为方便，左右后肢应分别以足夹套固定于栏柱下端，以防向后踢；为防止卧下及跳跃，要加腹带及压背绳；尾部向上或向一侧吊起。如在野外，可借助车辕保定；根据情况和需要，也可采取横卧保定。牛的保定可钳住鼻中隔，或用绳系住两后肢。

对腹围膨大病牛应先行瘤胃穿刺术排气，否则腹压过高，不宜检查，尤其是采取横卧保定时，更须注意防止造成窒息的危险。

对心脏衰弱的病牛，可先给予强心剂；对腹痛剧烈的病牛应先行镇静，以便检查。

一般可先用温水 1 000～2 000 mL 灌肠，以缓解直肠的紧张度并排出粪便，便于直肠检查。

（2）*术者准备*。术者剪短指甲并磨光，充分露出手臂并涂以润滑油类，必要时用乳胶手套。

2. 操作方法 术者将拇指放于掌心，其余四指并拢集聚呈圆锥形，以旋转动作通过肛门进入直肠，当肠内蓄积粪便时应将其取出，再行入手；如膀胱内贮有大量尿液，应按摩、压迫以刺激其反射排空或行人工导尿术，以利于检查。

手沿直肠肠腔方向徐徐深入，当被检动物频频努责时，检手可暂停前进或随之后退，即按照“努则退、缩则停、缓则进”的要领进行操作，比较安全。切忌检手未找到肠管方向就盲目前进，或未进入狭窄部就忙于检查。当在狭窄部进手困难时，可以采用胳膊下压肛门的方法，诱导病牛作排粪反应，使狭窄部套在手上，同时还可减少努责作用。如被检牛过度努责，必要时可用10%普鲁卡因 10～30 mL 作尾骶穴封闭，以使直肠及肛门括约肌松弛而便于检查。

检手套入部分直肠狭窄部或全部套入（指大牛）后，检手做适当的活动，用并拢的手指轻轻向周围触摸，根据脏器的位置、大小、形状、硬度、活动性及肠系膜状态等，判定病变的脏器、位置、病变的性质和程度。无论何时手指均应并拢，绝不允许叉开并随意抓挠、锥刺肠壁，切忌粗暴以免损伤肠管。直肠检查应按一定顺序进行（图1-43）。

3. 检查顺序

（1）肛门及直肠。注意检查肛门的紧张度及附近有无寄生虫、黏液、肿瘤等，并感知直肠内容物的数量及性状，以及黏膜的温度和状态等。

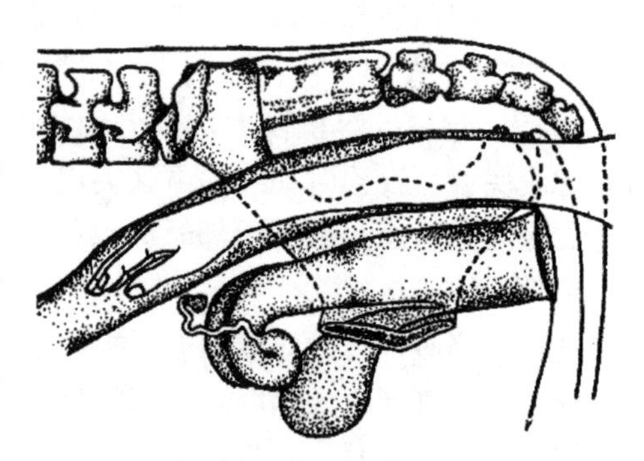

图1-43 牛直肠检查

（2）骨盆腔内部。入手稍向前下方检查可摸到膀胱、子宫等。膀胱位于骨盆腔底部。无尿时可感触到如梨子状大的物体，当其内尿液过度充满时，感觉如一球形囊状物，有弹性波动感。触诊骨盆腔壁光滑，注意有无脏器充塞或粘连现象，如被检牛有后肢运动障碍时，应注意有无盆骨骨折。

（3）腹腔内部检查。牛的直肠检查，除主要用于母畜妊娠诊断外，对于肠阻塞、肠套叠、真胃扭转及膀胱、肾等疾病也均有一定意义。

检手伸入直肠后，以水平方向渐次前进，当至结肠的后段S状弯曲部，即可按顺序检查。

4. 注意事项

（1）对病牛徒手直肠检查时，病牛一定要保定牢固，检查者指甲要剪短、磨光。

（2）检查期间，发现肛门或者直肠内有流血现象，要细心诊断，确定是黏膜或者肠道破裂，则要立即采取止血和治疗措施。

（四）排粪动作检查

1. 正常的排粪动作 排粪动作是动物的一种复杂反射活动。正常状态下，各种动物均采取固有的排粪姿势。如大动物排粪时，背部微拱起，后肢稍开张并略前伸。犬排粪时，采取近似蹲坐姿势。正常动物的排粪次数，与其采食饲料的数量、种类，以及消化吸收机能和使役情况有密切关系。

2. 排粪动作障碍 排粪动作障碍主要表现有以下几种。

（1）便秘。主要表现排粪次数减少，排粪费力，较长时间呈排粪姿势而排出粪便量少、干硬、色暗，常见于热性病、慢性胃肠卡他、肠阻塞、瘤胃积食、瓣胃阻塞。

（2）腹泻。表现频繁排粪，粪呈稀粥状、液状，甚至水样，常见于各种类型的肠炎。如猪传染性胃肠炎、猪副伤寒、犬瘟热、大肠杆菌病、牛副结核病，肠道寄生虫病及有毒植物和农药中毒。

（3）排粪失禁。动物不采取固有的排粪动作，而不自主地排出粪便。主要是由肛门括约肌弛缓或麻痹所致，常见于顽固性腹泻、腰荐部脊髓损伤及患病动物濒死期。

（4）排粪痛苦。动物排粪时，表现疼痛不安，呻吟，拱腰努责。见于直肠炎和直肠损伤、腹膜炎及牛创伤性网胃炎。

（5）里急后重。动物不断做出排粪姿势并强度努责、牛呻吟、犬及猪鸣叫，而仅排出少量粪便或黏液，常见于直肠炎及顽固性腹泻。

技能4　泌尿系统检查

(一) 排尿动作检查

1. 正常排尿　各种动物因种类和性别的不同，所采取的排尿姿势也不尽相同。公牛和公羊排尿时，不作排尿准备动作，腹肌也不参与，仅借助会阴尿道部的收缩，尿液呈细流状排出，在行走或进食时均可排尿。母牛和母羊排尿时，后肢张开下蹲，拱背举尾，腹肌收缩，尿液呈急流状排出。公猪排尿时，尿液呈急促而断续地射出。母猪排尿动作与母羊相似。

健康状态下，每昼夜排尿次数，牛为5～10次，尿量6～10 L，最高达25 L；绵羊和山羊2～5次，尿量0.5～2 L；猪2～3次，尿量2～5 L。

2. 排尿障碍　泌尿、贮尿和排尿的任何障碍，都可表现出排尿异常。

(1) 多尿和频尿。

① 多尿。是指总排尿量增加，表现排尿次数增多，而每次排尿量并不减少，见于大量饮水后、慢性肾病、渗出性疾病的吸收期以及应用利尿剂、尿崩症、糖尿病等。

② 频尿。表现排尿次数增多，而每次仅见少量尿液排出，见于膀胱炎、尿道炎、肾盂肾炎。

(2) 少尿和无尿。少尿是指总排尿量减少，表现排尿次数减少，排尿量减少。常见于急性肾炎、严重的腹泻，热性病和饮用水不足时，亦可见排尿减少。无尿亦称为排尿停止，分为真性无尿和假性无尿。真性无尿又称尿闭，膀胱内也无尿，常见于肾衰竭；假性无尿又称尿潴留，在膀胱内充满尿液，见于膀胱麻痹、尿道阻塞等。

(3) 尿潴留。肾泌尿机能正常，而膀胱充满尿液不能排出，见于尿路阻塞（如尿道结石、尿道狭窄）、膀胱麻痹、膀胱括约肌痉挛，以及腰荐部脊髓损害。

(4) 排尿失禁。特点是患病动物不自主地或未采取固有的排尿姿势与动作，而尿液自行流出，见于脊髓疾患、膀胱括约肌麻痹、脑病昏迷和濒死期动物。

(5) 排尿痛苦。其特征是患病动物在排尿过程中，有明显的疼痛表现或腹痛姿势；排尿时呻吟、努责、摇尾踢腹、回顾腹部和排尿困难。不时做排尿姿势，但无尿排出，呈滴状或细流状排出。多见于膀胱炎、尿道炎、尿道结石、生殖道炎症及腹膜炎。

(6) 尿淋漓。是指排尿不畅，尿液呈点滴状或细流状断续排出。此种现象多是排尿失禁、排尿痛苦和神经性排尿障碍的表现，有时也见于老龄体衰、胆怯的动物。

(二) 泌尿器官检查

1. 肾检查

(1) 症状观察。动物表现腰脊僵硬、拱起、运步小心、后肢向前移动迟缓，常见于肾炎。

(2) 外部触诊。外部触诊是用双手在腰肾区捏压或用拳槌击，观察有无疼痛反应。如表现不安、拱背、举尾或躲避压迫，则多为急性肾炎或肾损害。

(3) 直肠触诊。直肠内触诊肾，正常时坚实、表面光滑、没有疼痛反应。肾体积增大，触诊敏感疼痛，则见于急性肾炎、肾盂肾炎、肾硬化、肾肿瘤、肾结石。肾体积缩小，多见于肾萎缩或间质性肾炎。

2. 肾盂和输尿管检查 大动物可通过直肠进行触诊。如触诊肾盂时，患病动物疼痛明显，见于肾盂肾炎。发现一侧或两侧肾盂部肿大，呈现波动，有时还发现输尿管扩张，提示有肾盂积水。健康动物的输尿管很细，经直肠检查难于触及；如触到手指粗的索状物，紧张有压痛，见于输尿管炎。在肾盂部或输尿管结石时，偶尔可触到这些部位有坚硬石块或结石相互摩擦感觉，患病动物呈现疼痛反应。

3. 膀胱检查 大动物的膀胱位于骨盆腔底部；小动物的膀胱比较靠前，位于耻骨联合前方的腹腔底部。大动物只能通过直肠触诊进行膀胱检查。健康牛膀胱内无尿时，触诊呈柔软的梨形体，拳头大小；膀胱充满尿液时，壁变薄，紧张而有波动，体积明显增大呈球形。对小动物可将手指伸入直肠进行膀胱触诊，也可由腹壁外进行膀胱触诊。腹壁外触诊膀胱，使动物取仰卧姿势，用一手在腹中线处由前向后触压，也可用两手分别由腹部两侧，逐渐向体中线压迫，以感知膀胱。小动物膀胱充满尿液时，在下腹壁耻骨前缘触到一个有弹性的光滑球形体，过度充满时可达脐部。病理情况下，膀胱可能出现下列变化。

(1) *膀胱过度充满*。其特点是膀胱剧烈增大，紧张性显著增高，充满于整个骨盆腔并伸向腹腔后部。多见于膀胱麻痹、膀胱括约肌痉挛、膀胱出口或尿道阻塞。

(2) *膀胱空虚*。常由肾功能不全或膀胱破裂造成。膀胱破裂后，患病动物长期停止排尿，腹腔积尿，下腹膨大，腹腔穿刺排出大量淡黄、微混浊、有尿臭气味的液体，或为污红色混浊的液体，常伴发腹膜炎，有时其皮肤散发尿臭味。

(3) *膀胱压痛*。见于急性膀胱炎和膀胱结石。膀胱炎时，膀胱多空虚，但可感到膀胱壁增厚。膀胱结石时多伴有尿潴留，但在不太充满的情况下，可触到坚硬的块状物或沙石样结石。

4. 尿道检查 母畜尿道较短，开口于阴道前庭的下壁，可将手指伸入阴道，在其下壁直接触摸到尿道外口，亦可用开膣器对尿道口进行视诊，探诊尿道。

公畜尿道，对其位于骨盆腔内的部分，连同贮精囊和前列腺进行直肠内触诊。对位于坐骨弯曲以下的部分，进行外部触诊。尿道的常见异常变化是尿道结石，多见于公牛、公羊和公猪。此外，还有尿道炎、尿道损伤、尿道狭窄、尿道阻塞。

（三）外生殖器检查

1. 公畜外生殖器检查

(1) *睾丸及阴囊检查*。检查方法有视诊和触诊。检查时注意阴囊及睾丸的大小、形状、硬度、有无肿胀、发热和疼痛反应。阴囊一侧性显著膨大，触诊时无热，柔软而呈现波动，似有肠管存在，有时经腹股沟管可以还纳，提示为阴囊疝。阴囊肿大，睾丸实质肿胀，触诊时发热，有压痛，睾丸在阴囊中的移动性很小，见于睾丸炎或睾丸周围炎。

(2) *阴茎和包皮检查*。阴茎脱垂，常见于支配阴茎肌肉的神经麻痹或中枢神经机能障碍、阴茎损伤。包皮的肿胀，见于龟头局部肿胀及肿瘤。

2. 母畜外生殖器检查

(1) *阴门检查*。检查时如发现阴门红肿，为发情期或有阴道炎。如阴门流出腐败坏死组织块或脓性分泌物时，常为产后排恶露、产后子宫的感染、胎衣不下、阴道炎、子宫炎。阴门周围肿胀，见于肿瘤。

(2) 阴道检查。当发现阴门红肿或有异常分泌物流出时，应借助开膣器，详细观察阴道黏膜的颜色、湿度、损伤、炎症、肿物、溃疡及阴道分泌物的变化，同时注意子宫颈的状态。

3. 乳房检查

(1) 视诊。乳房在产后一周内水肿为正常生理现象，其他时间的乳房肿胀、皮肤发红则提示为乳腺炎。如出现瘢痕和水疱，则为口蹄疫。如出现菜花状增生物则为疣。

(2) 触诊。注意乳房皮肤的温度、厚度、硬度、有无肿胀、疼痛、硬结以及乳房淋巴结的状态。

(3) 乳汁的感观检查。如挤出的乳汁浓稠，内含絮状物或纤维蛋白性凝块，或混有脓汁、血液，则见于乳腺炎。

技能5 神经系统检查

(一) 精神状态检查

1. 精神兴奋 精神兴奋是中枢神经系统机能亢进的结果。轻者表现骚动不安、惊恐、竖耳刨地，重者受轻微刺激即产生强烈反应，不顾障碍地前冲、后退，甚至攀、蹬饲槽或跳入沟渠、狂奔乱跑、攻击人畜，常见于脑神经疾患（如脑膜充血、炎症及颅内压升高），代谢障碍（如酮病、维生素缺乏），以及微生物毒素、化学药品或有毒植物等中毒，日射病和热射病、传染病（如传染性脑脊髓炎、狂犬病、犬瘟热）。

2. 精神抑制 中枢神经系统机能抑制过程占优势的表现。根据程度不同可分为以下3种类型。

(1) 沉郁。为中枢神经系统轻度抑制现象。呈现嗜睡状态，即患病动物对周围事物反应迟钝，离群呆立，头低耳耷，眼睛半闭，不听呼唤。牛常卧地，头颈弯向胸侧。猪常卧于暗处。鸡两翅常下垂，垂头缩颈，闭目呆立或独自呆卧于僻静处，但对轻度刺激仍有反应。一般疾病的畜禽都会出现这个症状。

(2) 昏睡。为中枢神经系统中度抑制的现象。患病动物处于不自然的熟睡状态，对外界刺激反应异常迟钝，强刺激才能产生短暂反应，但很快又陷入沉睡状态。见于脑炎、颅内压升高。

(3) 昏迷。为大脑皮层机能高度抑制现象。患病动物意识完全丧失，对外界刺激全无反应，卧地不起，全身肌肉松弛，反射消失，甚至瞳孔散大，粪尿失禁，仅保留节律不齐的呼吸和心脏搏动，对强烈刺激也无反应。常为预后不良的征兆，见于脑神经病变（如脑炎、脑肿瘤、脑震荡）及代谢性脑病（如酮病、心血管机能障碍、贫血、低血糖、辅酶缺乏，以及脱水和肾机能障碍引起的尿毒症）。

(二) 运动机能检查

1. 运动状态的检查

(1) 强迫运动。患病动物呈现圆圈运动、卧地四肢表现为游泳状运动，见于脑炎，脑内的肿瘤、脑室积水，以及牛和羊脑包虫病、某些中毒（如氟乙酰胺中毒）。

(2) 盲目运动。患病动物呈现无目的游走，不注意周围事物，不顾外界刺激而不断前进，遇障碍物时则头顶住障碍物不动或原地踏步，见于脑部炎症、脑室水肿。

（3）暴进及暴退。患病动物将头高举或低下，不顾障碍向前狂进，甚至跌入沟渠而不躲避，称为暴进。暴退是患病动物头颈后仰，连续后退，甚至倒地。暴进或暴退常见于大脑皮层运动区、纹状体、丘脑等受损害、小脑损伤、颈肌痉挛。

（4）滚转运动。患病动物不自主地向一侧倾倒或强制卧于一侧，或以躯体的长轴为中心向患侧滚转，见于延髓、小脑脚、前庭神经、内耳迷路受损的疾病，小动物易发。在大动物，应与腹痛引起的滚转或共济失调引起的一侧性倾倒相区别，由于大脑皮层运动中枢、中脑、脑桥、小脑、前庭核、迷路等部位受损害，特别是一侧性损害时所致，常见于脑炎、脑脓肿、脑肿瘤、急性脑室积水，以及牛和羊脑包虫病。

2. 共济失调 健康动物依靠小脑、前庭、锥体系统和锥体外系统来调节肌肉的张力或收缩力量，协调肌肉的动作，维持体位姿态的平衡和运动的协调。而在运动时，肌群动作不协调导致动物体位和各种运动的异常表现，称为共济失调。

（1）静止性失调。为动物在站立状态下出现的体位平衡失调现象。表现为头和体躯摇摆不稳，如“醉酒状”，偏斜，四肢肌肉紧张力降低，软弱，常以四肢叉开站立，以试图保持体位平衡，提示小脑、前庭神经或迷路受损害。

（2）运动性失调。为运动时出现的共济失调，动作缺乏节奏性、准确性和协调性。表现为运步时整个身躯摇晃，步态笨拙，举肢很高，用力踏地如“涉水样”步态，提示深部感觉障碍，见于大脑皮层（颞叶或额叶）、小脑、脊髓（脊髓背根或背索）、前庭神经或前庭核、迷路的损害。

3. 痉挛 痉挛是横纹肌不随意收缩的一种病理现象，可表现为阵发性痉挛和强直性痉挛。

（1）阵发性痉挛。指肌肉短时间、间断性不随意运动，根据病因可分为：

① 中枢性痉挛。见于脑炎、脑内的肿瘤、脑结核、中暑。

② 高热性痉挛。见于持续性高热的疾病过程。

③ 局部贫血性痉挛。见于肿瘤等压迫血管或突然受到寒冷刺激，是血管收缩造成局部贫血引起的痉挛。

④ 中毒性痉挛。见于有机磷中毒、士的宁中毒。

⑤ 疲劳性痉挛。见于动物过度使役的过程中。

⑥ 矿物质缺乏性痉挛。见于钙、磷等矿物质缺乏的疾病。

（2）强直性痉挛。指肌肉长时间均等、连续收缩而无弛缓的一种不随意运动，见于破伤风、中毒（如有机磷、士的宁中毒）、脑炎、反刍动物的酮血病及生产瘫痪。

4. 瘫痪 瘫痪是横纹肌的随意运动机能减弱或消失现象，亦称为麻痹。

（1）根据瘫痪的程度分为全瘫和不全瘫。

① 全瘫。肌肉运动机能完全丧失。

② 不全瘫。亦称轻瘫，肌肉运动机能不完全丧失。根据其表现的部位可分为3种。

单瘫：某一肌肉、肌群或一肢肌肉运动机能丧失，见于支配这些部位肌肉的神经麻痹。

偏瘫：一侧躯体的肌肉运动机能丧失，见于支配这些部位肌肉的神经麻痹。

对称截瘫：躯体两侧对称部位瘫痪，见于脊髓炎、脊髓肿瘤、脊髓挫伤与脊髓震荡。

(2) 根据神经系统损伤的解剖部位分为中枢性瘫痪和外周性瘫痪。

① 中枢性瘫痪。特点是麻痹范围广泛，反射机能增强，肌肉痉挛，常伴有意识障碍（图1-44）。见于脑炎、脑出血、脑积水、脑肿瘤及脑寄生虫病。

② 外周性瘫痪。特点是麻痹范围局限，反射机能降低，肌肉松弛，易发生萎缩，但意识清楚（图1-45）。见于面神经麻痹、三叉神经麻痹、肩胛上神经麻痹、桡神经麻痹、坐骨神经麻痹。

图1-44 犬中枢性瘫痪

图1-45 犬外周性瘫痪

项目5 临床检查的程序与建立诊断

技能1 临床检查程序

（一）病畜登记

患病动物登记就是系统地记录就诊动物的一般情况和特征，以便识别，同时也可为诊疗工作提供某些参考条件。登记的内容包括动物的种类、品种、性别、年龄、个体特征（如动物名、毛色、烙印等），以及畜主的姓名、住址、单位及临诊时间等。

（二）病史调查

病史调查包括现病史及既往病史的调查。主要通过问诊而进行了解，必要时还需深入现场进行流行病学调查。

（三）现症的临床检查

对患病动物进行客观的临床检查，是发现、判断症状及病变的主要方法，而症状、病变更是提示诊断的基础和出发点。所以，临床检查必须仔细、认真。临床检查包括一般检查、各系统检查及根据需要而选用的实验室检验或特殊检查。最后综合分析前述检查结果，建立初步诊断。并拟订治疗方案，予以实施，以验证和充实诊断，直至获得确切的诊断结果。

1. 一般检查 包括体温、脉搏及呼吸次数测定；整体状况的观察（如精神、食欲、饮水、咀嚼、吞咽、营养、体格、姿势、运动等）；被毛、皮肤、可视黏膜以及浅表淋巴结的检查。

2. 各器官、系统检查

（1）心血管系统的检查。

（2）呼吸系统（器官）检查。

（3）消化系统（器官）检查。

（4）泌尿、生殖系统（器官）检查。

（5）神经系统检查。

（6）特殊检查。根据临床检查的需要在条件允许的情况下，必要时进行实验室检验和特殊仪器检查。

技能 2　病历记录及其填写方法

（一）建立病历

1. 病历格式　一份完整的病历包括以下 5 个部分（表 1－5）。

（1）患病动物登记事项。

（2）病史资料的记载。

（3）临床检查记载（包括实验室和临床辅助检查结果）。

（4）诊断意见（初步诊断、最后诊断）。

（5）治疗和护理措施。

治疗结束时，以总结方式，概括诊断、治疗结果，并对今后生产能力加以评定，并指出在饲养管理上应注意的事项。如发生死亡转归时，应进行尸体剖检并附病理剖检报告。最后整理、归纳诊疗过程中的经验、教训或附病例讨论。

表 1－5　病历记录格式

门诊编号________　　　　　　　　　　　　年　月　日

<table>
<tr><td colspan="2">畜主</td><td colspan="2"></td><td colspan="2">住址</td><td colspan="4"></td></tr>
<tr><td>畜种</td><td></td><td>年龄</td><td></td><td>性别</td><td></td><td>毛色</td><td></td><td>特征</td><td></td></tr>
<tr><td rowspan="2">诊断</td><td colspan="2">月　日</td><td colspan="2"></td><td rowspan="2">转归</td><td colspan="2">年　月　日</td><td rowspan="2">兽医师签名</td><td rowspan="2"></td></tr>
<tr><td colspan="2">月　日</td><td colspan="2"></td><td colspan="2"></td></tr>
<tr><td colspan="10">主诉及病史</td></tr>
<tr><td colspan="10"></td></tr>
<tr><td colspan="10">检查所见　体温（℃）　脉搏（次/min）　呼吸（次/min）</td></tr>
<tr><td colspan="10"></td></tr>
<tr><td colspan="2">月　日</td><td colspan="6">检　查　所　见　及　处　置</td><td colspan="2">兽医师签名</td></tr>
<tr><td colspan="2"></td><td colspan="6"></td><td colspan="2"></td></tr>
<tr><td colspan="2">分　析</td><td colspan="8"></td></tr>
<tr><td colspan="2">治疗及护理</td><td colspan="8"></td></tr>
<tr><td colspan="2">小　结</td><td colspan="8"></td></tr>
</table>

2. 病历日志

（1）逐日记载体温、脉搏、呼吸次数。

（2）各器官系统症状、变化（一般只记载与前日不同之处）。

（3）各种辅助、特殊检查结果。

（4）治疗原则、方法、处方、护理，以及改善饲养管理方面的措施。

（5）会诊人员意见及决定。

（二）填写病历的原则

1. 全面而详细 应将所有关于问诊、临床检查、特殊检验的所见及结果，都详尽地记入。某些检查项目的阴性结果，亦应记入（如肺听诊未见异常声音），其目的是可作为排除某诊断的依据。

2. 系统而科学 所有内容应按系统或检查部位有顺序地记载，以便于归纳、整理各种症状和所见，应以通用名词或术语加以客观描述，不宜以病名概括所见的现象。

3. 具体而肯定 各种症状的表现和变化，力求真实具体，最好以数字、程度标明或用实物加以恰当的比喻，必要时附上简图，进行确切地形容和描述。避免用可能、似乎、好像等模棱两可的词句，至于一时无法确定的，可在词语后加一“?”，以便继续观察和确定之。

4. 通俗而易懂 记录词句应通俗、简明，便于理解。有关主诉内容，可用畜主自述话语记录之。

5. 治疗及护理措施具体 在治疗及护理栏内，应列出处方、处理方法及护理的原则和具体措施。最后医生签上姓名，以示负责。

技能3 建立诊断

（一）建立诊断步骤

首先通过病史调查、一般检查和系统检查，并根据需要进行必要的实验室检验或X线检查，系统全面地收集症状和有关发病经过资料；然后，对所收集到的症状、资料进行综合分析、推理、判断，初步确定病变部位、疾病性质、致病原因及发病机理，建立初步诊断；最后依据初步诊断实施防制，以验证、补充和修改，最后对疾病做出确切诊断。

搜集病料、综合分析、验证诊断是诊断疾病的三个基本步骤。三者互相联系，相辅相成，缺一不可。其中搜集症状是认识疾病的基础，分析症状是建立初步诊断的关键，而实施防治、观察效果则是验证和完善诊断的必由之路。

（二）建立诊断方法

1. 论证诊断法 根据可以反映某疾病本质的特有症状提出该病的假定诊断，并将实际所具有的症状、资料与假定的疾病加以比较和分析，若全部或大部分主要症状及条件都相符合，所有现象和变化均可为该病予以解释，则这一诊断即可成立，建立初步诊断。

论证诊断是以丰富而确切的病史、症状资料为基础，但同一疾病的不同类型、程度或时期，所表现的症状不尽相同。而动物的种类、品种、年龄、性别及个体的营养条件和反应能力不一，会使其呈现的症状发生差异。所以，论证诊断时不能机械地对照书本或只凭经验而主观臆断，应对具体情况具体分析。

论证诊断应以病理学为基础，从整个疾病考虑，以解释所有现象，并找出各个变化之间的关系。对并发症与继发症、主要疾病与次要疾病、原发病与继发病要有明确认识，以求深入认识疾病本质和规律，制订合理的综合防制措施。

2. 鉴别诊断法 根据某一个或某几个主要症状提出一组可能的、相近似的而有待区别的疾病，并将它们从病因、症状、发病经过等方面进行分析和比较，采用排除法逐渐排除可能性较小的疾病，最后留下一个或几个可能性较大的疾病，作为初步诊断结果，并根据治疗实践的验证，最后做出确切诊断。

例如反刍动物前胃弛缓症状的鉴别诊断。前胃弛缓，是瘤胃、网胃、瓣胃神经肌肉感受性降低，平滑肌自动运动性减弱，内容物运转迟滞所引发的反刍动物消化障碍综合征。其临床特征是食欲减损，反刍障碍，前胃运动减弱甚至停止。前胃尤其瘤胃的消化运动状态，常被看作是反刍动物是否健康的一面镜子。因此，兽医临床工作者往往都习惯于从前胃弛缓这一消化不良综合征入手，对反刍动物的各种胃肠疾病以至相关的各类群体性疾病进行症状鉴别诊断。

（三）预后判断

预后是对动物所患疾病发展趋势及结局的估计与推断。预后不仅是判断患病动物的生死，同时也要推断患病动物的生产能力，以及是否要淘汰等问题。如诊断越完善，越个体化，则预后判断越准确。临床把疾病的预后常分为预后良好、预后不良、预后慎重、预后可疑 4 种。

1. 预后良好 患病动物不仅能被完全治愈，而且能保持原有的生产能力和经济价值。如感冒、气管炎、口炎等。

2. 预后不良 指患病动物危重或死亡，或丧失其生产能力和经济价值。如胃肠破裂、鸡新城疫、慢性肺气肿等。

3. 预后慎重 指患病动物的结局良好与否不能判定，有可能在短时内完全治愈，保持原有的生产能力和经济价值；也有可能转为死亡或丧失其生产能力和经济价值。如中毒、急性重症瘤胃臌气等。

4. 预后可疑 指材料不全，或病情正在发展变化之中，结局尚难推断，一时不能做出肯定的预后。如额窦炎，可以治愈而预后良好，还可进一步波及脑膜，继发脑膜炎而预后不良。

【理论考核】

1. 接近与保定动物的解剖与生理学相关理论基础、诊断的临床意义与注意事项。
2. 临床检查基本方法的解剖与生理学相关理论基础、诊断的临床意义与注意事项。
3. 一般临床检查的解剖与生理学相关理论基础、诊断的临床意义与注意事项。
4. 系统临床检查的解剖与生理学相关理论基础、诊断的临床意义与注意事项。

5. 临床检查程序与建立诊断的临床意义与注意事项。

【操作考核】

按照临床检查的程序，对下列各项进行临床检查操作，对检查项目病例记录，建立初步临床诊断。

1. 接近与保定各类动物。

2. 保定中常用的绳结法。

3. 问诊、视诊、触诊、叩诊、听诊、嗅诊。

4. 整体状态、被毛与皮肤、眼结膜、浅表淋巴结、体温、呼吸、脉搏的检查，鉴别正常状况与病理变化。

5. 熟记常见各类动物体温、呼吸、脉搏的生理常数。

6. 对各系统进行临床检查，鉴别正常状况与病理变化。

模块 2

兽医实验室检验分析技术

【思政故事】创新融入，不忘初心的兽医学家——崔步瀛

岗位		化验室、检验室
岗位技术		动物疾病实验室检验分析诊断
岗位目标	应掌握理论	血液检验、尿液检验、粪便检验、皮肤疾病检验、穿刺液化验的生理学理论基础、检验的临床意义与检验注意事项
	应熟练技能	禽类、猪、牛（羊）、犬（猫）血液标本采集、血液样本处理、血液涂片制备与染色、血液细胞检验、血液生化检验、血气检测，尿液样品的采集和保存、尿液的物理学检查、尿沉渣显微镜检验、尿液干化学分析仪分析检测，粪便物理学检验、粪便化学检验、粪便显微镜检查、粪便中寄生虫虫卵检查，螨虫病检验，真菌性皮肤病检验，胸腔与腹腔穿刺液理化检验，脑脊髓穿刺液的理化检验分析
	职业素养培养	养成实验室化验认真仔细习惯；形成注重安全防范的意识；具备不怕苦和脏、敢于操作作风；培养善于思考、科学地分析问题解决问题的能力

项目 1　血液检验

技能 1　血液标本采集

（一）禽类血液标本采集

禽血液标本采集

1. 翼根静脉取血　将翅膀展开，暴露腋窝，拔掉羽毛，即可见明显的由翼根进入腋窝的较粗的翼根静脉，局部用碘酒、酒精消毒皮肤，术者用左手拇指、食指压迫此静脉向心端，使血管怒张，右手持接有 5（1/2）号针头的注射器将针头由翼根向翅膀方向沿静脉平行刺入血管内，让血液自由流出，不可用注射器用力抽取，以免引起静脉塌陷和出现气泡。

2. 心脏采血　将禽类侧卧保定，于胸外静脉后方约 1 cm 的三角坑处垂直刺入，穿透胸壁后，阻力减小，继续刺入感觉有阻力注射器轻轻摆动时，即刺入心脏，徐徐抽出注射器推筒，采集心血 5～10 mL。

（二）猪血液标本采集

1. 耳静脉采血　成年猪一般在耳静脉采血。将耳根压紧，待耳静脉怒张时，局部消毒，用较细的针头刺入血管即可抽出血液。

2. 前腔静脉采血 如所需血液量大，或有特殊需要时可采用此法。将猪仰卧保定（仔猪或中等大小的猪）或站立保定（育肥猪），将两前肢向后拉直或用绳环套住上腭拴于柱栏内，仰卧保定时要将头颈伸展，充分暴露胸前窝，在右侧（或左侧）胸前窝处局部消毒，手持注射器使针头斜向对侧或向后内方与地面呈 60°角刺入 3～6 cm 深即可抽出血液，术后常规消毒。

猪前腔静脉采血

（三）牛、羊血液标本采集

一般多取颈静脉采血。在颈静脉上 1/3 与中 1/3 交界处，局部剪毛、消毒，术者左手拇指紧压颈静脉近心端，待颈静脉怒张时，右手持针头对准血管先垂直进针，待针头进入血管之后慢慢调整针头方向（逆着血流方向采血），见血液流出后连接注射器抽取或直接用抗凝剂处理的容器接收即可获得血液样品。目前多采用真空采血器进行。此外，奶牛可在腹壁皮下静脉（乳前静脉）采血。牛也可取尾中静脉采血，助手尽量将尾巴向上高举，术者用针头在第二、三尾椎间垂直刺入，轻轻抽动注射器内芯，直到抽出一定量的血液为止。

牛的血液标本采集技术

（四）犬、猫血液标本采集

犬、猫采血常在后肢外侧小隐静脉和前臂皮下静脉即头静脉采血。后肢外侧小隐静脉在后肢胫部下 1/3 的外侧浅表的皮下，由前侧方向后行走。抽血前，将犬、猫固定，局部剪毛，用碘酒、酒精消毒皮肤。采血者左手拇指和食指握紧剪毛区近心端或用乳胶管适度扎紧，使静脉充盈，右手用接有 6 号或 7 号针头的注射器迅速刺入静脉，左手放松将针头固定，以适当速度抽血。采集前臂皮下静脉或前臂头静脉血的操作方法基本相同（图 2-1、图 2-2）。

犬的静脉采血

图 2-1 前臂头静脉采血

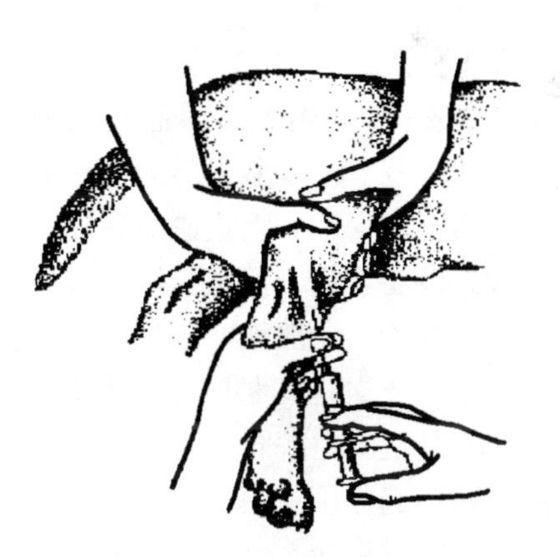

图 2-2 小隐静脉采血

如需采集颈静脉血，取侧卧位，局部剪毛消毒。将颈部拉直，头尽量后仰。用左手拇指压住近心端颈静脉入胸部位的皮肤，使颈静脉怒张，右手持接有 6 (1/2) 号针头的注射器，针头沿血管平行方向远心端刺入血管。静脉在皮下易滑动，针刺时除用左手固定好血管外，刺入要准确，取血后注意压迫止血。

技能 2 血液样本处理

血液采集后，最好立即进行检验，或放入冰箱中保存，夏天在室温放置不得超过 24

h。不能立即检验的，应将血片涂好并固定，需用血清的，采血时不加抗凝剂，采血后血液置于室温或37℃恒温箱中，血液凝固后，将析出的血清移至容器内冷藏或冷冻保存。需用血浆者，采抗凝血，将其及时离心（2 000～3 000r/min）5～10 min，吸取血浆于密封小瓶等容器中冷冻保存。注意，进行血液电解质检测的血样，血清或血浆不应混入血细胞或溶血。血样保存最长期限，白细胞计数为2～3 h，红细胞计数、血红蛋白测定为24 h，红细胞沉降率为3 h，血细胞比容测定为24 h，血小板计数为1 h。

1. 血液抗凝处理

（1）乙二胺四乙酸（EDTA）盐。能与血液中钙离子结合成螯合物EDTA－Ca而起抗凝作用，常用其钠盐（EDTA－$Na_2 \cdot 2H_2O$）或钾盐（EDTA－$K_2 \cdot 2H_2O$）。EDTA盐对血细胞和血小板形态影响很小，而对其功能影响较大，因此适用于一般血液学检验。EDTA由于能抑制或干涉纤维蛋白凝块形成时纤维蛋白单体的聚合，不适宜凝血现象及血小板功能检验，也不适合于钙、钾、钠及含氮物质的测定。其有效抗凝浓度为1～2 mg/mL血液，常配成1.5%水溶液。

EDTA作为抗凝剂，其优点是溶解性好、价廉，但此类抗凝剂浓度过高时，会造成细胞皱缩。EDTA溶液pH与盐类关系较大，低pH可使细胞膨胀。此外，EDTA影响某些酶的活性。

（2）草酸盐合剂。草酸盐溶解后解离的草酸根离子与血液中的钙离子结合生成不溶性的草酸钙，使钙离子失去凝血功能，凝血过程被阻断。常用的草酸盐为草酸钾、草酸钠和草酸铵。高浓度钾离子或钠离子易使血细胞脱水皱缩，而草酸铵则可使血细胞膨胀，故临床上常用草酸盐合剂。分别取草酸铵1.2 g和草酸钾0.8 g，溶解于100 mL蒸馏水中，此溶液0.5 mL分装后于80 ℃烘干后可使2～5 mL血液不凝固。常用于血液生化测定。由于此抗凝剂能保持红细胞的体积不变，故也适用于血细胞比容测定，但因影响白细胞形态，并可造成血小板聚集，不能用于白细胞分类计数和血小板计数。

（3）枸橼酸盐。枸橼酸根与血液中钙离子形成难解离的可溶性枸橼酸钙复合物，使血液中钙离子减少，而阻止血液凝固。常用的是枸橼酸三钠。该类抗凝剂溶解度较低，抗凝效果较弱，临床上主要用于红细胞沉降速率测定、凝血功能测定和输血，不适宜血液化学检验。一般地，该抗凝剂的使用浓度为3.8%，1 mL可抗凝4 mL血液。

（4）肝素。肝素是一种含有硫酸基团的黏多糖，因有硫酸基团而带强大的负电荷。肝素具有与抗凝血酶Ⅲ（AT－Ⅲ）结合，使AT－Ⅲ的精氨酸反应中心更易与各种丝氨酸蛋白酶起作用，使凝血酶的活性丧失，并阻止血小板聚集等多种抗凝作用。常用肝素的钠盐或钾盐。肝素具有抗凝效果好、不影响血细胞形态及不易溶血等优点；缺点是可引起白细胞聚集，且血涂片在瑞氏染色时效果较差，价格贵。可用于多种血液生物化学分析，是红细胞渗透脆性检验的最理想抗凝剂，不适合白细胞计数、血小板计数、血涂片检查及凝血检查。常配成1%浓度，取0.5 mL分装于37～50 ℃烘干后可使5 mL血液不凝固。肝素抗凝剂应及时使用，放置过久易失效。

2. 商品抗凝管处理 目前市场上用于兽医临床诊疗、生物实验等方面已经有经过抗凝剂处理过的商品抗凝试管。以试管头盖颜色检验分类：

（1）普通血清管。红色头盖，采血管内不含添加剂，用于常规血清生化，血库和血清学相关检验。

（2）EDTA 抗凝管。紫色头盖，血样常温可保存数小时。适用于一般血液学检验，不适用于凝血试验及血小板功能检查，亦不适用于钙离子、钾离子、钠离子、铁离子、碱性磷酸酶、肌酸激酶和亮氨酸氨基肽酶的测定及 PCR 试验。

（3）肝素抗凝管。绿色头盖，采血管内添加有肝素，血样常温可保存数小时。肝素直接具有抗凝血酶的作用，可延长标本凝血时间。适用于红细胞脆性试验、血气分析、血细胞比容、血沉及一般生化测定，不适于血凝试验，过量的肝素会引起白细胞的聚集，不能用于白细胞计数。因其可使血片染色后背景呈淡蓝色，故也不适于白细胞分类。

（4）枸橼酸钠凝血试验管。蓝色头盖，适用于凝血实验，血样常温可保存 2 h。抗凝剂浓度是 3.2%或 3.8%（相当于 0.109 mol/L 或 0.129 mol/L），抗凝剂与血液的比例为 1∶9。

技能 3 血液涂片制备与染色

（一）血液涂片制备

选取一张边缘光滑的载玻片作推片，用左手的拇指和中指（或食指和中指）夹持一张洁净载玻片的两端，取被检血液一滴（最好是新鲜的未加抗凝剂的血液），置于载玻片的右端，右手持推片（将载玻片一端的两角磨去即可，也可用血细胞计数的盖片做推片）置于血滴前方，并轻轻向后移动推片，使之与血液接触，待血液扩散开后，再以 30°～45°角度向前均速推进，即形成一血膜（图 2-3）。良好的血片，其头、体、尾明显，血液分布均匀，厚薄适宜，血膜边缘整齐，并留有一定空隙，对光观察呈霓虹色。待血膜自然风干后，于载玻片两端留有空隙处注明动物种类、编号、日期等，即可进行染色。

血液涂片制备与染色

推片时，血滴越大，角度（两玻片之间的锐角）越大，推片速度越快，则血膜越厚；反之则血膜越薄。白细胞分类计数的血膜宜稍厚，进行红细胞形态及血原虫检查的血膜宜稍薄。推好的血片可于空气中左右挥动，使其迅速干燥，以防细胞皱缩而使血细胞变形。合格后，再行染色。

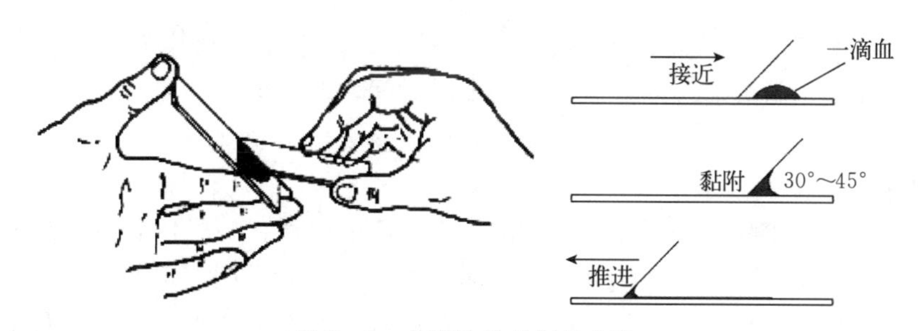

图 2-3 血液涂片的制备方法

（二）血液涂片的染色

1. 瑞氏染色法

（1）瑞氏染色液的配制。瑞氏染色粉 0.1 g，甲醇 60 mL。将 0.1 g 瑞氏染色粉置于研钵中，加少量甲醇研磨，然后将已溶解的染液倒入洁净的棕色瓶，剩下未溶解的染料再加少量甲醇研磨，如此连续操作，直至染料全部溶解为止。染液于室温下保存1周（每日振摇一次），过滤后即可应用。新配的染液偏碱性，放置时间越久则染色效果越好。配制时可在染液中加入中性甘油3 mL，可防止染色时甲醇过快挥发，且可使细胞着色更清晰。

（2）*染色方法*。先用玻璃铅笔在血膜两端各画一竖线，以防染液外溢，将血片平置于水平染色架上；于血片上滴加瑞氏染液，以将血膜盖满为宜；待染色1～2 min后，再加等量磷酸盐缓冲液（pH 6.4～6.8）或中性蒸馏水，并轻轻摇动或用洗耳球轻轻吹动，以使染色液与缓冲液混合均匀，继续染色3～5 min；最后用蒸馏水或清水冲洗涂片，自然干燥或用吸水纸吸干，待检。所得血片呈樱桃红色者为佳。

2. 姬姆萨染色法

（1）*姬姆萨染色液的配制*。姬姆萨染色粉0.5 g，中性甘油33 mL，中性甲醇33 mL。先将0.5 g姬姆萨染色粉置于清洁的研钵中，加入少量甘油，充分研磨，然后加入剩余甘油，在50～60 ℃水浴中保持1～2 h，并经常用玻璃棒搅拌，使染色粉溶解，最后加入中性甲醇，混合后置于棕色瓶中，保存一周后滤过即成原液。

（2）*染色方法*。先将涂片用甲醇固定3～5 min，然后置于新配姬姆萨应用液（于0.5～1.0 mL原液中加入pH 6.8的磷酸盐缓冲液10.0 mL即得）中染色30～60 min；取出血片，用蒸馏水冲洗，吸干，待检。染色良好的涂片应呈玫瑰紫色。

pH6.8磷酸盐缓冲液的配制方法为量取1%磷酸二氢钾30.0 mL和1%磷酸氢二钠30.0 mL混合后，再加双蒸水定容至1 000.0 mL。

3. 瑞-姬复合染色法

（1）*瑞-姬复合染色液的配制*。瑞氏染色粉0.5 g，姬姆萨染色粉0.5 g，甲醇500 mL。取瑞氏染色粉和姬姆萨染色粉各0.5 g置于研钵中，加入少量甲醇研磨，倾入棕色瓶中，用剩余甲醇再研磨，最后一并装入瓶中，保存1周后过滤即可。

（2）*染色方法*。先于血膜上滴加染液，经0.5～1 min后，加等量磷酸盐缓冲液（pH6.8），混匀，继续染色5～10 min，水洗，吸干，待检。

染色效果主要由两个环节决定，首先是染色液的酸碱度，染色液偏碱时呈灰蓝色，偏酸时呈鲜红色。因此，要保证甲醇、甘油、蒸馏水、玻片等保持中性或弱酸性，并尽可能使用磷酸盐缓冲液。其次是染色时间，这与染液性能、浓度，室温温度和血片的厚薄有关。

4. 血液涂片染色注意事项

（1）载玻片应事先处理干净。新玻片常有游离的碱质，应先用肥皂水洗刷，流水冲洗，然后浸泡于1%～2%的盐酸或醋酸溶液中1 h左右再用流水冲洗，烘干后浸于95%以上的酒精中备用。旧玻片则应先放入加洗衣粉的水中煮沸30 min（若是细菌涂片先高压灭菌后再进行煮沸处理），洗刷干净后再用流水反复冲洗，烘干后浸于95%以上的酒精中备用。使用时用镊子取出载玻片擦干，切勿用手指直接与玻片表面接触，以保持玻片的清洁。

（2）推制血片时，两张玻片不要压得太紧，用力要均匀。

（3）用玻璃铅笔在血膜的两端画线起到防止染色液外溢的作用，不影响染色效果。

(4) 滴加瑞氏染液的量不宜太少，太少易挥发而形成颗粒；滴加缓冲液要混合均匀，否则会出现血片颜色深浅不一的现象。

(5) 冲洗时应将蒸馏水或清水直接向血膜上倾倒，使液体自血片边缘溢出，沉淀物从液面浮去，切不可先将染液倾去再冲洗，否则沉淀物附着于血膜表面而不易被冲掉。

(6) 染色良好的血涂片应呈樱桃红色，若呈淡紫色，表明染色时间过长；若呈红色，则表明染色时间过短。染色液偏碱时血片呈烟灰色；偏酸时血片呈鲜红色。

(三) 各类血细胞的形态特征

各种血细胞的形态特征（各种动物血细胞见图 2-4 至图 2-7）主要表现在细胞核及细胞质的特有性状上，并应注意细胞的大小。在同一张血片上对照比较，互相鉴别。

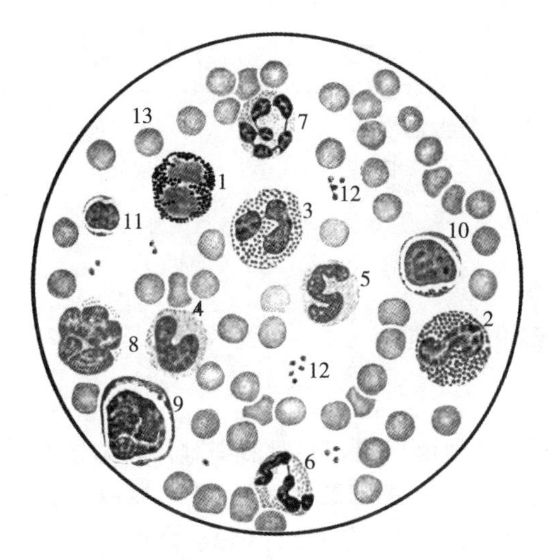

图 2-4 牛血涂片

1. 分叶型嗜碱性粒细胞 2. 杆状核型嗜酸性粒细胞 3. 分叶型嗜酸性粒细胞 4. 晚幼型中性粒细胞 5. 杆状核中性粒细胞 6、7. 分叶型中性粒细胞 8. 单核细胞 9. 大淋巴细胞 10. 中淋巴细胞 11. 小淋巴细胞 12. 血小板 13. 红细胞

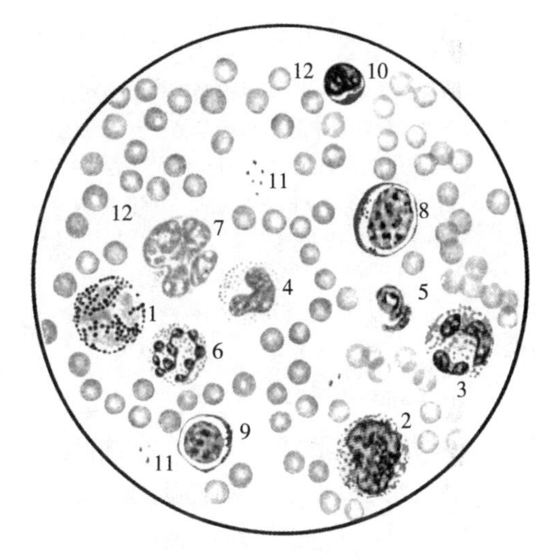

图 2-5 绵羊血涂片

1. 嗜碱性粒细胞 2. 杆状核型嗜酸性粒细胞 3. 分叶型嗜酸性粒细胞 4. 晚幼型中性粒细胞 5. 杆状核中性粒细胞 6. 分叶型中性粒细胞 7. 单核细胞 8. 大淋巴细胞 9. 中淋巴细胞 10. 小淋巴细胞 11. 血小板 12. 红细胞

嗜碱性粒细胞的细胞质中含有明显的紫色颗粒。中性粒细胞的细胞质中含有细小的淡玫瑰色颗粒。主要依其发育各阶段的细胞核特征又分为中幼细胞、晚幼细胞（原称幼年型）、杆状核细胞和分叶核细胞。中幼细胞的核圆形或椭圆形。晚期细胞的核为豆形、肾形。杆状核细胞的核粗细基本均匀，即便开始分裂，但其相连部分仍超过整体粗度的 3/4 以上，呈蹄铁型或 S 形。分叶核细胞的核分为 2～6 叶不等，各叶之间有细丝连接或截然分为几叶。

淋巴细胞的细胞核多为圆形或椭圆形，细胞质被染为天蓝色。

单核细胞体积大，核呈肾形、马蹄形、分叶或不正形，细胞质呈烟灰色或淡蓝色。

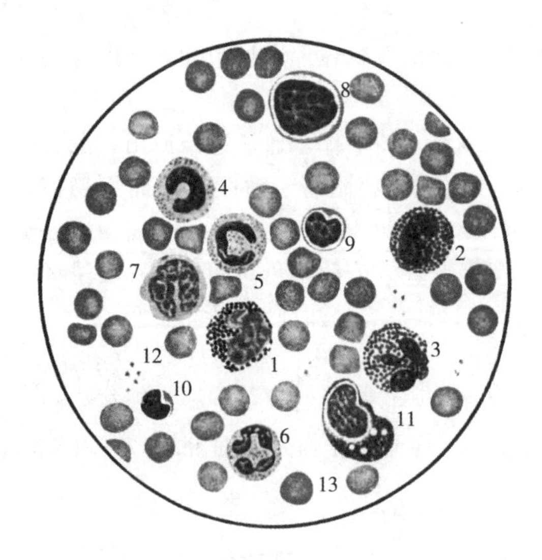

图 2-6 猪血涂片

1. 嗜碱性粒细胞 2. 晚幼型嗜酸性粒细胞
3. 分叶型嗜酸性粒细胞 4. 晚幼型中性粒细胞
5. 杆状核中性粒细胞 6. 分叶型中性粒细胞
7. 单核细胞 8 大淋巴细胞 9. 中淋巴细胞
10. 小淋巴细胞 11. 浆细胞 12. 血小板 13. 红细胞

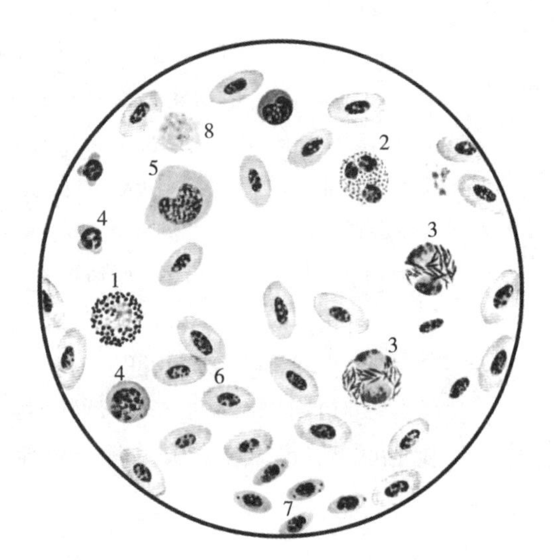

图 2-7 鸡血涂片

1. 嗜碱性粒细胞 2. 嗜酸性粒细胞
3. 中性粒细胞 4. 淋巴细胞 5. 单核细胞
6. 红细胞 7. 血小板 8. 核的残余

技能 4 血液细胞检验

（一）血液细胞检验项目

血液细胞检验分析仪用于兽医实验室定量分析血液细胞，并对白细胞计数结果进行白细胞分类。一般血液细胞检验仪器监测范围包括白细胞数目（WBC）、嗜碱性粒细胞数目（Bas）、中性粒细胞数目（Neu）、嗜酸性粒细胞数目（Eos）、淋巴细胞数目（Lym）、单核细胞数目（Mon）、异常淋巴细胞数目（ALY）、巨大未成熟细胞数目（LIC）、嗜碱性粒细胞百分比（Bas%）、中性粒细胞百分比（Neu%）、嗜酸性粒细胞百分比（Eos%）、淋巴细胞百分比（Lym%）、单核细胞百分比（Mon%）、异常淋巴细胞百分比（ALY%）、巨大未成熟细胞百分比（LIC%）、红细胞数目（RBC）、血红蛋白（HGB）、平均红细胞体积（MCV）、平均红细胞血红蛋白含量（MCH）、平均红细胞血红蛋白浓度（MCHC）、红细胞分布宽度变异系数（RDW-CV）、红细胞分布宽度标准差（RDW-SD）、血细胞比容（HCT）、血小板数目（PLT）、平均血小板体积（MPV）、血小板分布宽度（PDW）、血小板压积（PCT）以及红细胞分布直方图（RBC Histogram）、血小板分布直方图（PLT Histogram）、嗜碱性粒细胞散点图（BAS Scattergram）、四分群散点图（Diff Scattergram）等。

（二）血液细胞检验分析仪操作

血液细胞检验分析仪以五分类血液细胞分析仪进行操作示范（图 2-8）。

1. 开机 开机启动过程结束后，操作者登录进入图 2-9 所示的主界面。点击主界面下的任意功能按钮，可进入相应的功能界面。

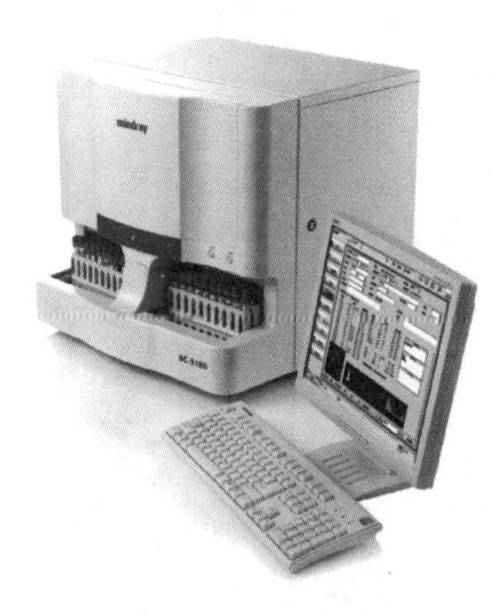

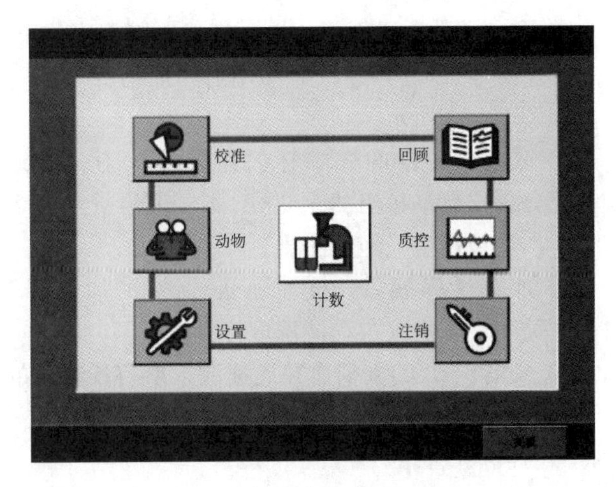

图 2-8 五分类血液细胞分析仪

图 2-9 细胞分析仪主界面

2. 点击进入功能界面

(1) 点击“计数”按钮，进入“计数”界面。标题区显示当前界面的名称。如图 2-10 中，显示“计数”，表示系统目前处于“计数”界面内。

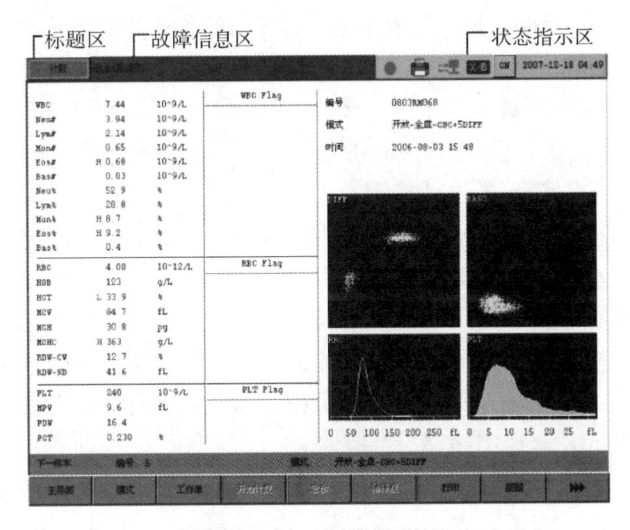

图 2-10 “计数”界面

(2) 动物类型类型选择。血液细胞分析检验仪有犬、猫、马、大鼠、小鼠、兔、猴、奶牛、猪、水牛、骆驼、绵羊、山羊和自定义动物等供操作者选择。操作者需根据检验的动物种类，在“动物”界面选择相应的动物类型。

3. 血液样本准备

(1) 全血液样本准备。

① 采用静脉血样本。

② 迅速将管中的静脉血与抗凝剂 DETA - K_2（用量为每毫升静脉血 1.5～2.2 mg）充分混匀。

(2) 预稀释样本准备。

① 在“计数”界面下，按［模式］键将当前模式设置为预稀释模式。

② 按［稀释液］键，屏幕弹出“加稀释液”对话框，如图 2-11 所示。

③ 取一个干净的样本杯放在采样针下，按计数键，让分析仪自动排出的 1.6 mL 稀释液沿管壁流入样本杯中，避免产生气泡或溅出。

④ 加完稀释液后，按［确认］键，“加稀释液”对话框关闭，分析仪自动清洗取样针。

加稀释液
在采样针下放置好样本杯， 按计数键加稀释液，按 ［确认］键返回。

图 2-11 加稀释液

⑤ 采集 5 μL 的末梢血并迅速注入盛有稀释液的样本杯中混匀。

(3) 全血样本分析。按［菜单］键选择“计数”，进入“计数”界面，按［模式］键将当前模式设置为“全血”模式。

(4) 录入样本信息。分析仪可对即将分析的样本提供“下一样本信息录入”和“当前样本信息编辑”两种样本信息录入方式。

① 下一样本信息录入。在“计数”界面，如外接条码扫描仪，将条码扫描仪对准条形码扫描，扫描成功后，扫描仪将发出“嘀”声提示输入完成。此时，下一样本“编号”栏内将显示相应的编号。

② 下一样本信息编辑。如无连接扫描仪，则按［F1］键进入“下一样本信息编辑”对话框。

输入样本编号（在“编号”框中，输入下一样本编号）→选择动物性别（选择“性别”下拉列表框，在“性别”下拉列表中选择当前分析动物的性别）→输入主人姓名（选择“主人名”栏，通过外接键盘输入主人姓名。按［F9］键进入或退出汉字状态，在汉字状态下，按［F8］键在全拼和五笔输入法之间进行切换。如输入有误可执行删除）→输入动物名（选择“动物名”栏，通过外接键盘输入动物名。按［F9］键进入或退出汉字状态，在汉字状态下，按［F8］键在全拼和五笔输入法之间进行切换。如输入有误可执行删除）→输入动物年龄（分析仪针对不同年龄段的动物，提供三种年龄输入方式：按岁输入、按月输入及按天输入，操作者可以根据动物的年龄阶段任选一种输入方式）→退出编辑。

输入完成后，点击“确认”，保存输入的内容并返回“计数”界面，样本信息将会显示在“下一样本”区内；点击“取消”，不保存输入的内容返回到“计数”界面。

如果输入完成后按［菜单］键，界面弹出对话框，点击“确认”，保存输入的内容并返回“计数”界面，样本信息将会显示在“当前样本”区内；点击“取消”，不保存输入的内容返回到“计数”界面。

4. 血液样本分析步骤

(1) 确认状态指示区的计数状态为“就绪”，工作模式为“全血”。

(2) 将准备好的全血样本放到采样针下，使采样针可吸入混匀后的样本。

(3) 按计数键，启动样本分析过程。此时，状态指示区的计数状态为“运行”。

(4) 采样针自动吸入 13 μL 样本后蜂鸣器响。在采样针抬起后，操作者可移开样本，采样针将吸入的样本加入计数池中。分析仪自动执行样本分析，并在屏幕上显示分析进程。

(5) 分析完成后，采样针复位，并为下一次样本分析做好准备，分析得到的结果将显示在屏幕的分析结果区。同时，下一样本的编号自动加一。

(6) 如果自动打印设置为"开"，分析仪将自动按照设置的方式打印分析报告。

(7) 按照此过程进行其余样本分析。

5. 分析结果的保存 分析仪可以自动保存分析结果。当样本结果数量达到储存上限（10 000）时，新得到的样本分析结果将自动覆盖最旧的样本分析结果。

6. 参数报警

(1) 在参数名称右侧显示"H"或"L"，表示得到的分析结果超过预先设定的参数参考值范围。

(2) 分析结果显示为"***"，表示数据无效或超过显示范围（参数的显示范围参见表 2-1)。

表 2-1 分析结果显示范围

参数	显示范围
WBC（10^9 个/L）	0.0～499.9
RBC（10^{12}个/L）	0.00～29.99
HGB（g/L）	0.0～350.0
MCV（fL）	0.0～250.0
PLT（10^9/L）	0～3 999

（三）血液细胞检验诊断建立

1. 血沉（ESR）

(1) 血沉正常参考值。各种动物血沉正常值见表 2-2。

表 2-2 各种动物血沉正常值（mm/h）

动物	奶牛	黄牛	绵羊	山羊	猪	兔	犬	猫	鸡
血沉	0.96～1.44	9	0	0	1～1.4	1.5～2.5	5～25	39～55	0.5～0.6

(2) 诊断建立。

① 血沉增快。

各种贫血：因红细胞减少，血浆回流产生的阻逆力也随之减小，红细胞下沉力大于血浆阻逆力，故其血沉加快。

急性全身性传染病：因致病微生物作用，机体产生抗体，血液中球蛋白增多，球蛋白带有正电荷，使得血沉加快。

各种急性局部炎症：因局部组织受到破坏，血中 α 球蛋白增多，纤维蛋白质增多，由于两者都带有正电荷，故使血沉加快。

创伤、手术、烧伤、骨折等：因细胞受到损伤，血液中纤维蛋白原增多，红细胞容易形成钱串状，故使血沉加快。

某些毒物中毒：因毒物破坏了红细胞，红细胞总数下降，红细胞数与其周围血浆失去了相互平衡关系，故其血沉加快。

肾炎、肾病：血浆白蛋白流失过多，使得血沉加快。

妊娠：妊娠后期营养消耗增大，造成贫血，使得血沉加快。

② 血沉减慢。

脱水：如犬、猫腹泻、呕吐、大出汗、吞咽困难、微循环障碍等，红细胞数相对增多，造成血沉减慢。

严重的肝病：肝细胞和肝组织受到严重破坏后，纤维蛋白原减少，红细胞不易形成钱串状，因而血沉减慢。

黄疸：因胆酸盐的影响，使得血沉减慢。

心脏代偿性功能障碍：由于血液浓稠，红细胞相对增多，红细胞质相斥性增大，以致血沉减慢。

红细胞形态异常：红细胞的大小、厚薄及形状不规则，红细胞不易形成钱串状。以致血沉减慢。

(3) 血沉测定与疾病预后推断。

推断潜在的病理过程：血沉增快而无明显症状，表示体内的疾病依然存在，或者尚在发展中。

了解疾病的进展程度：炎症处于发展期，血沉增快；炎症处于稳定期，血沉趋于正常；炎症处于消退期，血沉恢复正常。

用于疾病的鉴别诊断：如良性肿瘤，血沉基本正常；恶性肿瘤，则血沉增快。

2. 血细胞比容

(1) 血细胞比容正常参考值。各种动物血细胞比容正常值见表 2-3。

表 2-3 各种动物血细胞比容正常参考值（%）

动物	奶牛	黄牛	绵羊	山羊	猪	兔	犬	猫	鸡
血细胞比容	32.9～44.3	35.7～45.9	24～45	29～38	32～50	39.8～41.5	37～55	24～45	35

(2) 建立诊断。

病理性增高：见于各种因脱水引起的血液浓缩的疾病，如急性胃肠炎、渗出性胸膜炎和腹膜炎、咽炎、呕吐、肠便秘等。因血细胞比容的增高数值与脱水程度成正比，所以，根据这一指标的变化可判断补液的实际效果。根据实际经验，一般当血细胞比容每超出正常值最高限的一小格（1%），每日应补液 800～1 000 mL。如果病情继续恶化，可视实际情况给予增补。

血细胞比容的降低：主要见于各种贫血、溶血性贫血等。

3. 血红蛋白（HGB）

(1) 血红蛋白含量正常参考值。各种动物血红蛋白含量正常参考值见表 2-4。

表 2-4 各种动物血红蛋白含量正常参考值（%）

动物	奶牛	黄牛	绵羊	山羊	猪	兔	犬	猫	鸡
血红蛋白含量参考值	56～74	56～74	54～80	45～81	32～50	50	70	60	56～74

(2) 建立诊断。血红蛋白含量增多见于机体脱水而血液浓缩的各种疾病，如腹泻、呕吐、大出汗、多尿等，也见于肠便秘及某些中毒病；真性红细胞增多以及心肺性疾病时由于代偿作用所致的红细胞增多，血红蛋白也相应增高。血红蛋白减少，见于各种贫血、血孢子虫病、急性钩端螺旋体病、胃肠寄生虫病及毒物中毒。

4. 红细胞（RBC）

(1) 红细胞正常参考值。动物红细胞正常参考值见表2-5。

表2-5 各种动物红细胞正常参考值（$\times 10^6$个/mm^3）

动物	奶牛	黄牛	绵羊	山羊	猪	兔	犬	猫	鸡
红细胞参考值	6～8.2	5.36～7.94	8～15	8～17	5～8	6.7±0.62	6～9	5～10	6～8.2

(2) 建立诊断。

相对性红细胞增多：血浆量减少，血液浓缩引起的。常见于下痢、呕吐、饮水不足等。

绝对性红细胞增多：是红细胞增生所致。常见于充血性心力衰竭、慢性肺泡气肿、肺肿瘤等。

红细胞数和血红蛋白量减少，常见于各种类型贫血。

红细胞形态异常：红细胞大小不均，中央区苍白，大的红细胞增多，见于营养不良性贫血。中央淡染区扩大，小的红细胞特别多，见于缺铁性贫血。红细胞呈梨形、星状，见于重症贫血。呈钱串状，见于炎症和肿瘤性疾病。体积变小、着色暗，缺乏中央凹陷，见于自身免疫性和同族免疫性溶血性贫血。红细胞内含有蓝黑色大小不一的颗粒，是铅中毒的特征性表现。

5. 白细胞（WBC）

(1) 白细胞正常参考值。各种动物白细胞的正常值见表2-6。

表2-6 各种动物白细胞数正常参考值（$\times 10^3$个/mm^3）

动物	奶牛	黄牛	绵羊	山羊	猪	兔	犬	猫	鸡
白细胞参考值	8.54～8.56	8.81～8.85	4～12	4～13	10～22	8	9～10	12	8.54～8.56

(2) 建立诊断。白细胞增多见于细菌和真菌感染、炎症、白血病、肿瘤、急性出血性疾病以及注射异源蛋白之后。白细胞减少见于某些病毒性传染病、长期使用某些药物或一时用量过大（如磺胺类药物、氨基比林等）、动物的濒死期、某些血液原虫病、营养衰竭症。

6. 白细胞分类（DC）

(1) 动物白细胞分类与正常参考值。健康动物各类白细胞数的百分比见表2-7。

表2-7 健康动物各类白细胞数的百分比（%）

动物种类		嗜碱性粒细胞	嗜酸性粒细胞	中性粒细胞		淋巴细胞	大单核细胞
				杆核型	分叶型		
马	平均数	0.5	4.5	4.0	53.5	34.5	2.5
	变动范围	0～0.6	1.0～9.5	2～10	45～68	20～49	1.5～8.0

（续）

动物种类		嗜碱性粒细胞	嗜酸性粒细胞	中性粒细胞		淋巴细胞	大单核细胞
				杆核型	分叶型		
牛	平均数	0.5	4.0	3.0	33.0	57.0	2.0
	变动范围	0～2.0	1.0～8.0	1.0～8.0	28～53	42～71	0.5～6.0
绵羊	平均数	0.5	5.0	1.5	32.5	58.0	2.0
	变动范围	0～1.0	1.0～9.0	0.5～6.0	26～52	37～65	1.0～6.0
山羊	平均数	0.1	6.0	1.0	34.0	57.4	1.5
	变动范围	0～0.2	3.0～12.0	0.5～5.0	29～38	50～63.5	1.0～2.2
猪	平均数	0.5	2.5	5.5	31.5	55.5	3.5
	变动范围	0～1.0	0～5.8	3.0～7.0	28～45	40～70	2.0～6.0
兔	平均数	4.0	1.5	1.5	30.0	58.0	4.0
	变动范围	2.0～8.0	0.5～2.0	0～6.0	21～40	46～78	1～12.5
鸡	平均数	4.0	12.0	1.0	25.0	52.0	6.0
	变动范围	2.0～7.0	0～2.4	0～2.2	10～40	34～82	0～12
犬	平均数	稀少	4.0	1.5	68.5	20.0	5.2
	变动范围	稀少	2～10	0～3	60～77	12～30	3～10
猫	平均数	稀少	5.5	1.5	55.0	32.0	3.0
	变动范围	稀少	2～12	0～3	35～75	20～55	1～4

（2）建立诊断。中性粒细胞增多，见于某些传染病、急性化脓性疾病、急性炎症及严重外伤感染。中性粒细胞核的分叶增多，且分叶核型的百分比增大，称为核型右移，见于重症贫血和严重的化脓性疾病。中性粒细胞减少，见于病毒性疾病及各种疾病的重危期，也可见于造血机能抑制或衰竭。嗜酸性粒细胞增多，见于某些寄生虫病（如肝片吸虫、球虫、旋毛虫感染）、过敏性疾病、湿疹及疥癣。嗜酸性粒细胞减少，见于毒血症、尿毒症、严重创伤、中毒、饥饿及过劳。大手术后5～8 h，嗜酸性粒细胞常消失，2～4 d后又往往急剧增多，预后转良好。淋巴细胞增多，见于某些慢性传染病（如结核病、布鲁氏菌病）、急性传染病的恢复期、某些病毒性疾病（如猪瘟、流感）及血孢子虫病。淋巴细胞减少，多发生在急性细菌性传染病初期，或因中性粒细胞增多而相对减少；放射性损伤时，淋巴细胞也急剧减少。单核细胞增多，见于某些原虫性疾病（如梨形虫病、锥虫病）及某些病毒性疾病（如马传染性贫血）。

技能5　血液生化检验

（一）血液生化常规检验项目

1. 肝功能　白蛋白（ALB）、总蛋白（TP）、总胆红素（TB）、总胆汁酸（TBA）、直接胆红素（DB）、天冬氨酸转氨酶（AST）、丙氨酸转氨酶（ALT）、γ-谷氨酰转肽酶（γ-GT）、胆碱酯酶（CHE）、碱性磷酸酶（AKP）。

2. 肾功能　尿素氮（BUN）、肌酐（Cr）、尿酸（UA）。

3. 心脏功能 乳酸脱氢酶（LDH）、血钾（K）、血钙（Ca）、肌酸激酶（CK-NAC）。

4. 血糖血脂 葡萄糖（GLU-OX）、甘油三酯（TG）、酮体、胆固醇（CHOL）、果酸胺（FMN）、高密度脂蛋白胆固醇（HDC-C）、低密度脂蛋白胆固醇（LDC-C）。

5. 电解质 钠（Na）、氯（Cl）、碳酸氢盐、镁（Mg）、无机磷（P）、钙（Ca）。

6. 胰腺功能 淀粉酶（AMY）。

7. 内分泌功能 碱性磷酸酶（AKP）、肌酸激酶（CK-NAC）、葡萄糖（GLU-OX）。

8. 其他 胆固醇（CHOL）、钙（Ca）、磷（P）、钠（Na）、钾（K）、镁（Mg）。

（二）生化分析仪的血液生化指标检测操作

以干式生化分析仪检测为例，操作程序见图2-12、图2-13。

（1）采集0.5 mL全血或者0.3 mL血浆或血清。

（2）在触摸屏上选择“检测样本”，依次输入动物信息（病历号、病畜名、畜别、性别、年龄）以及医生姓名，选择下一步。

（3）根据检测项目选择“生化检测（Catalyst Dx）”，并选择“执行”。

（4）选择“Pending”中动物名后选择“select”。

（5）选择样本“whole blood（全血）、plasma（血浆）、serum（血清）、urine（尿液）、other（其他）”。

（6）是否稀释：Automated（自动稀释）、Manual（手动稀释）、Nono（不稀释）。

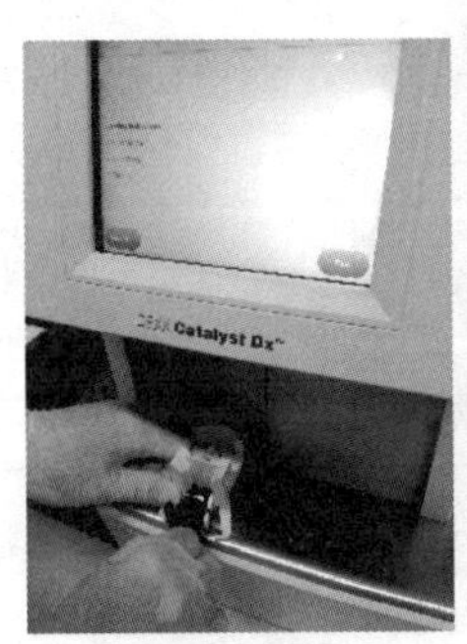

放入新试剂片

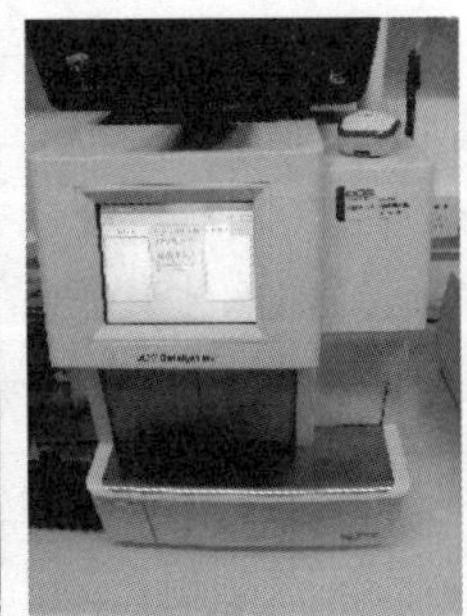

初始界面

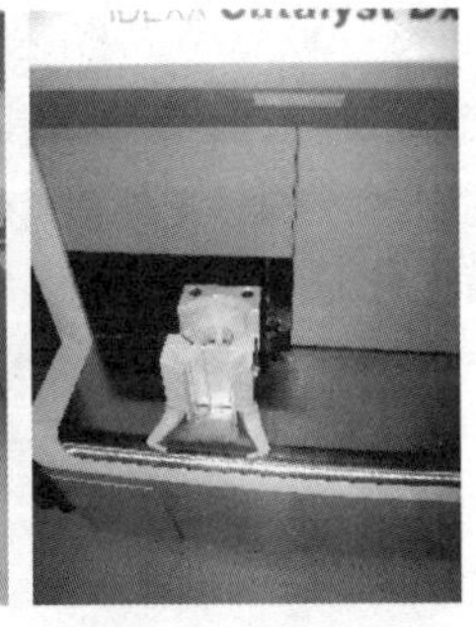

开启维护门与样本放置盒

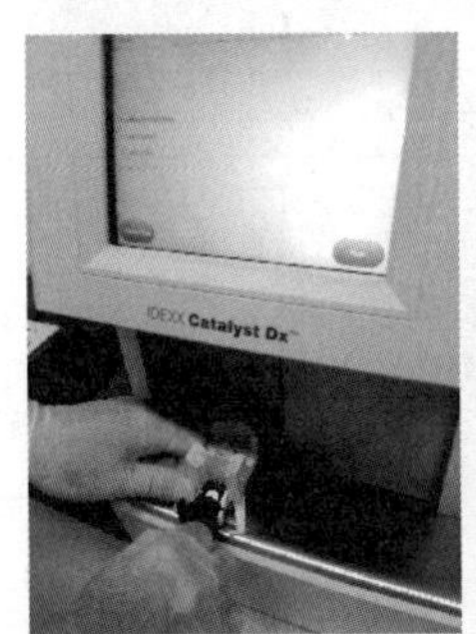

将试剂片放入样本放置盒（注意放入样本放置盒前，需打开其手把）

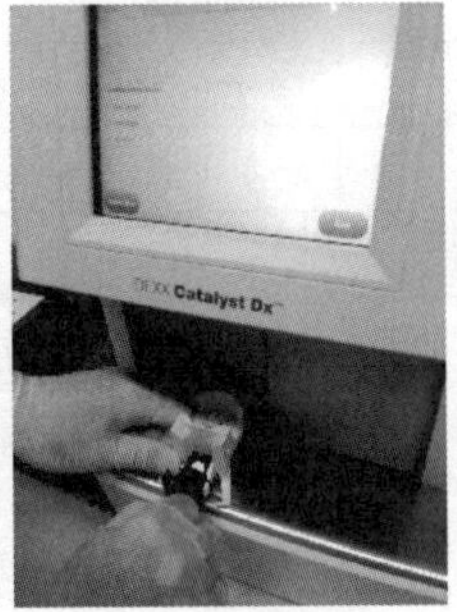

将手把向后拉，使黑色套夹与试剂片分离

将样本放入样本放置盒内的全血分离杯（仅限全血）或样本杯（血浆、血清）

图2-12 全自动生化分析仪检测操作程序

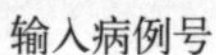
输入病例号

初始界面

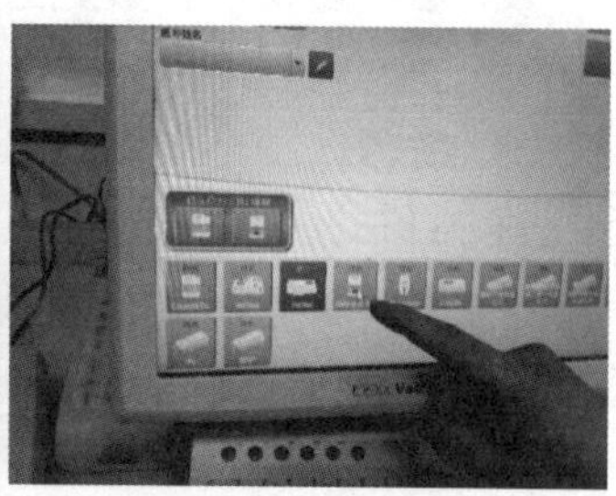
确认仪器后，点击执行

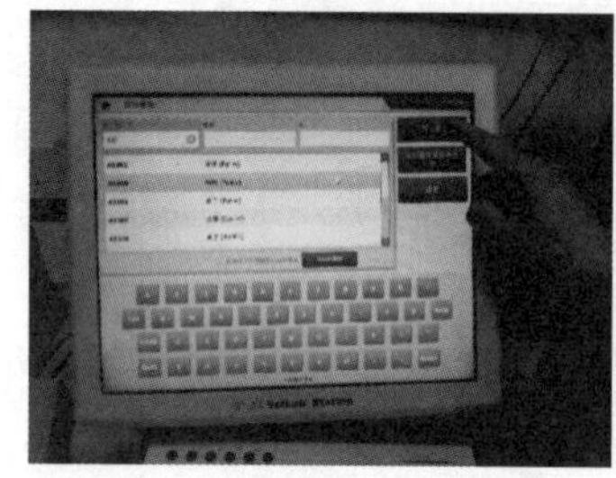
新建病例，需完整键入星号所需内容

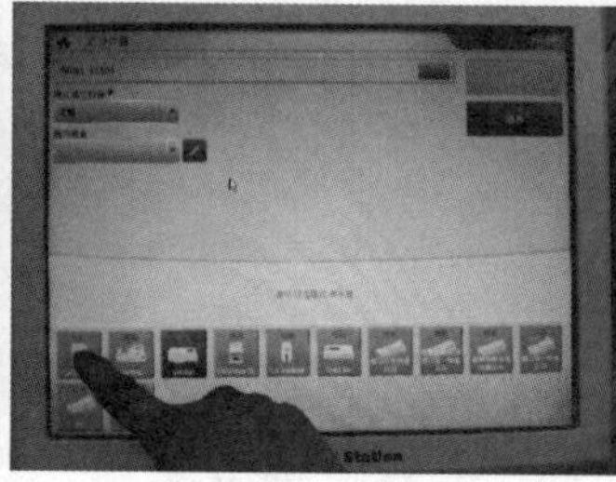
选择检测仪器图标
（绿色为正常待机状态）

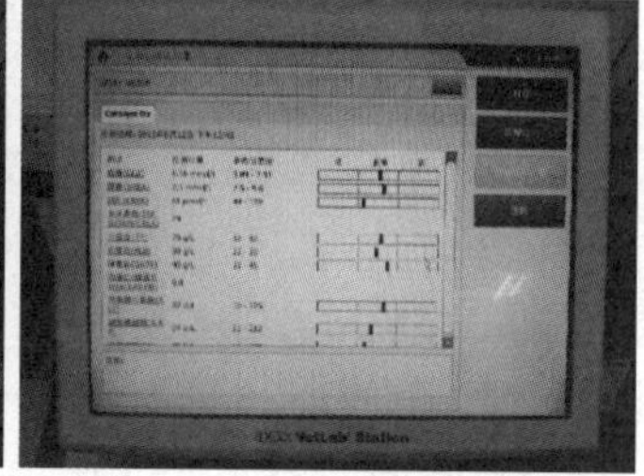
仪器检测完毕，打印界面

图 2-13　自动生化分析仪检测信息工作站

（7）所有选择完成后，点击“NEXT”。这时一侧门会打开，放入待检样本。一次可进行一个样本的1～12项检测，22项检测自由组合，适合检测的不同需要。

（8）选择“RUN”，等待结果。可在6 min内自动完成一个样本的12项检测。

（9）检测完成后，手动退出离心杯，选择“Tools”，选中“Remove Sample”。

（三）动物生化检测分析诊断建立

1. 犬、猫生化正常参考值　犬、猫血液生化正常参考值见表2-8。

表2-8　犬、猫血液生化常规检验项目及正常值

检验项目	单位	参考值	
		犬	猫
钾（K）	mmol/L	3.8～5.8	3.8～4.6
钠（Na）	mmol/L	138～156	147～156
氯（Cl）	mmol/L	104～116	110～123
丙氨酸转氨酶（ALT/GPT）	U/L	4～66	1～66
天冬氨酸氨转氨酶（AST/GOT）	U/L	8～38	0～20
总蛋白（TP）	g/L	54～78	58～78
白蛋白（ALB）	g/L	24～38	26～41
白蛋白/球蛋白（A/G）		（0.74～1.6）：1	（0.5～2.2）：1
总胆红素（TB）	μmol/L	2～15	2～10
直接胆红素（DB）	μmol/L	2～5	0～2
乳酸脱氢酶（LDH）	U/L	100	63～273
酸性磷酸酶（ACP）	U/L	0～4.2	0.31～2.1

（续）

检验项目	单位	参考值	
		犬	猫
碱性磷酸酶（ALP）	U/L	0～80	2.2～37.8
γ-谷氨酸转肽酶（γ-GT）	U/L	1.2～6.4	1.3～5.1
尿素氮（BUN）	mmol/L	1.8～10.4	5.4～13.6
肌酐（Cr）	μmol/L	60～110	62～190
尿酸（UA）	μmol/L	4.11～8.2	6.8～9.8
血糖（GLU）	mmol/L	3.3～6.7	3.9～7.5
二氧化碳（CO_2）	mmol/L	20～30	15～30
钙（Ca）	mmol/L	2.57～2.97	2.09～2.74
磷（P）	mmol/L	0.81～1.87	1.23～2.07
淀粉酶（AMY）	SU/L	185～700	502～1 843
肌酸激酶（CK-NAC）	U/L	60～359	95～1 294
丙酮酸激酶（PK）	U/L	38～78	50～100
镁（Mg）	mmol/L	0.79～1.06	0.62～1.03
铁（Fe）	mmol/L	75～225	50～125
氯化物（Cl）	mEq/L	78～89	82～95
胆固醇（CHOL）	mmol/L	3.9～7.8	1.9～6.9
甘油三酯（TG）	mg/L	<1 200	<1 600
高密度脂蛋白（HDC-C）	mg/L	<480	<720
血氨（AMM）	μmol/L	8.9～46.5	7.8～42.1

2. 建立诊断

（1）*丙氨酸转氨酶*（ALT）。ALT是谷氨酸和丙酮酸之间的转氨酶，主要存在于肝、心脏和骨骼肌中。肝细胞或某些组织损伤或坏死，都会使血液中的丙氨酸转氨酶升高，临床上有很多疾病可引起转氨酶异常。ALT升高的原因很多，包括急性软组织损伤及严重的创伤、剧烈运动或运动过度、感染性疾病（如肺炎、结核病等）、心脏疾病（如心力衰竭、心肌炎等）、胆囊炎、应用一些药物等非肝因素。所以临床生化检查见到ALT的轻度增高不应只怀疑肝问题，要综合考虑动物病情并全面分析化验单。

ALT主要大量存在于肝细胞的细胞质中，其浓度是血清的1 000～3 000倍。故肝细胞的轻度损伤就可使其升高，极其敏感，1%的肝细胞损伤可造成ALT升高一倍。所以可以说只要肝有轻微损伤就能引起ALT的明显变化，而因黄疸怀疑早期及中期的肝病，没有ALT的升高是不成立的。但ALT的降低目前未证明其有临床意义。

（2）*天冬氨酸转氨酶*（AST）。AST存在各组织细胞中，肌肉组织中含量很高，其中心肌细胞中的含量明显高于肝细胞，所以AST伴随肌酸激酶（CK）的明显升高常提示骨骼肌损伤或心脏疾病。此外，能引起ALT升高的非肝因素均能引起AST升高，大量食用脂肪也能引起 AST 升高。

肝内的 AST 有两种同工酶，分别存在于肝细胞胞质内（sAST）和肝细胞线粒体内（mAST）。所以当肝轻度损伤时，肝细胞只是细胞质破裂，细胞质中的 ALT 和 sAST 都进入血液，引起血清 ALT 及 AST 同时基本等比例升高。而当肝有严重损伤时，细胞线粒体破裂，mAST 释放入血，此时血清中 AST 值为 sAST 与 mAST 的总和，故 AST 升高的比例要高于 ALT，升高的比例越高，提示肝损伤的程度越重。

（3）*总胆红素*（TB）。TB 是直接胆红素和间接胆红素的总和，正常血清中的胆红素基本由来源于衰老的红细胞破碎后产生出来的血红蛋白衍化而成，在肝内经葡萄糖醛酸化的称为直接胆红素，未在肝内经葡萄糖醛酸化的称为间接胆红素。总胆红素升高的原因包括溶血性疾病、微生物感染引起间接胆红素过多，来不及被肝转化为直接胆红素和胆汁，引起单纯因间接胆红素升高导致直接胆红素升高。肝病时，胆红素不能转化为胆汁，或因肝细胞肿胀而导致肝内胆汁淤积引起直接胆红素和间接胆红素同时升高造成肝性黄疸。发生胆囊炎、胆总管阻塞时，胆汁排入十二指肠障碍而引起阻塞性黄疸。

因犬、猫被毛长度及皮肤颜色不同，临床一般通过眼结膜、瞬膜和口腔黏膜的颜色观察来判断黄疸。一般 30 mmol/L 以下的黄疸不宜用肉眼察觉，称为隐性黄疸。怀疑隐性黄疸时，可通过尿液化验来进行判断。当发生轻度溶血时，肝将间接胆红素转化成直接胆红素的能力可在一定范围增强，所以这时血清胆红素水平不会上升。但在发生中、重度溶血时，大量红细胞破碎导致进入血清中的间接胆红素过多，肝来不及转化而导致血清总胆红素水平轻中度升高。犬埃利希氏体感染、支原体感染，猫传染性腹膜炎也能引起肝前性黄疸。

肝性黄疸时直接胆红素和间接胆红素均升高。当怀疑发生肝性黄疸时，要结合 ALT、AST、ALP 指标及各项临床症状做出诊断。犬、猫的肝疾病有一半以上的病例是不引起黄疸的。肝性黄疸时总胆红素的高低在一定程度上与肝病的严重程度成正比，当总胆红素值显示为重度黄疸时，如果 ALT、AST 值升高不多被称为胆酶分离。胆酶分离的原因是肝细胞严重受损，间接胆红素不能被转化，胆汁大量在肝内淤积，而具有活性的肝细胞数量很少，受损后释放的酶也相应减少，往往提示极严重的肝损伤、肝硬化中晚期以及肝衰竭。

梗阻性黄疸是指肝细胞具备将间接胆红素结合为直接胆红素及产生胆汁的能力，但胆汁排出受阻，所以直接胆红素升高，间接胆红素正常或轻度升高。胆结石、寄生虫、肝肿瘤、胆囊肿瘤、胰腺肿瘤造成的胆管阻塞及压迫是主要病因。此时，ALT 一般轻度升高，AST 轻度升高或正常，ALP 明显升高。总胆红素降低一般提示缺铁性贫血、缺锌或仪器误差。

（4）*乳酸脱氢酶*（LDH）。LDH 是一种糖酵解酶，几乎存在于所有组织细胞的细胞质内，催化乳酸和丙酮酸的相互转换。在无氧酵解时，催化丙酮酸接受由 3-磷酸甘油醛脱氢酶形成的氢，形成乳酸。LDH 由 5 种同工酶组成，同工酶分布有明显的组织特异性，因此可根据其组织特异性来协助诊断疾病，目前国内兽医临床上还未开展利用电泳法或酶联免疫法测定同工酶。由于 LDH 几乎存在于所有细胞中，且在机体组织中的活性普遍很高，所以血清 LDH 的增高对任何单一组织或器官都是非特异的，无明确诊断意义。

(5) 碱性磷酸酶（ALP）。ALP由6种同工酶组成，广泛存在于机体各组织中，肝、肾、骨骼、肠道、胎盘及某些肿瘤组织内都存在，但主要存在于肝和骨骼中。在犬、猫幼龄阶段的骨骼发育期、骨折愈合期、妊娠期均可引起ALP轻度的生理性增高。骨软化症、佝偻病、骨质疏松、骨肿瘤、肝脓肿、肝硬化、肝肿瘤、甲亢时ALP轻至中度增高。肝外胆道阻塞、胆囊疾病、胆汁淤积型肝炎时肝细胞过度产生ALP，经淋巴道和肝窦进入血液，同时由于胆汁排泄障碍，反流入血，引起血清ALP明显升高。

在犬、猫临床上，ALP升高所提示的临床意义不完全相同。在犬提示肝疾病、库兴氏综合征、糖皮质激素或抗癫痫药物使用。在猫提示糖尿病、胆管炎、胆管性肝炎、肝脂变、甲亢等。在犬甲状腺机能减退时，ALP可能轻度下降。

(6) 肌酸激酶（CK-NAC）。肌酸激酶可在体内催化肌酸和磷酸肌酸之间的相互转化，广泛存在于心肌和骨骼肌中，脑、胃肠道、前列腺、肺等组织中也有分布。肌酸激酶有三种同工酶。人医用肌酸激酶同工酶的浓度来诊断心肌疾病，但在兽医临床尚未开展。在兽医临床，肌酸激酶明显升高主要提示心肌、骨骼肌或脑组织的病变。

(7) γ-谷氨酰转肽酶（γ-GT）。γ-GT是将其他氨基酸转化为谷氨酸的酶，广泛分布在机体各组织中，但在肾、胰腺、肝中分布得较多。γ-GT轻中度升高提示各种情况的肝炎、脂肪肝、胰腺炎（犬）、胰腺癌、糖皮质激素或巴比妥类药物的使用。γ-GT重度升高提示胆囊炎、胆道阻塞、胆汁淤积性肝炎引起的阻塞性黄疸，原发和继发性肝癌。γ-GT高于正常值4倍以上时要考虑肝癌或严重的肝胆感染，尤其是犬。

(8) 总蛋白（TP）。TP是指肝产生的白蛋白和含量极少的纤维蛋白原、α球蛋白、β球蛋白、凝血酶原、凝血因子，浆细胞产生的γ球蛋白共同组成的复杂混合物。TP的升高常见于各种原因引起的脱水、中毒、休克、慢性感染、淋巴肉瘤、浆细胞瘤等。TP降低主要见于各种原因引起的白蛋白下降。

(9) 白蛋白（ALB）。ALB是机体维持血浆胶体渗透压的主要力量，它能转运胆红素、长链脂肪酸、胆汁酸盐、前列腺素、类固醇和部分药物及重金属离子，还具有一定的球蛋白保护作用。ALB升高主要见于急性重度脱水和休克，但这在临床上并不常见，因为ALB的升高引起血浆胶体渗透压升高，扩容的血浆ALB数值降为正常。ALB降低分为两种原因，一是为合成不足，长期饥饿、营养不良、肠道吸收不良等原因引起的原料不足或严重的肝病导致的ALB产生不足或停止；二是过度流失，肾小球病变、肾病、蛋白丢失性肠病、大量炎症性胸腹腔渗出均能导致ALB的丢失性降低。

(10) 球蛋白（GLOB）。机体球蛋白包括α球蛋白、β球蛋白及γ球蛋白，且以γ球蛋白为主，另两种球蛋白的含量极低。因为纤维蛋白原、凝血酶原和凝血因子所占的比重太小，所以兽医临床上血清球蛋白的数值是TP减去ALB所得。球蛋白的升高在犬常见于全身性慢性感染，如全身性脓皮症、艾利希氏体、心丝虫病、蠕形螨感染、慢性跳蚤过敏等；还可见于淋巴肉瘤、浆细胞瘤、多发性骨髓瘤等高蛋白血症及自身免疫病。在猫较为常见，机体携带非自限性病毒时均能引球蛋白同程度的升高，球蛋白降低一般不会出现在猫。在成年犬可能与慢性失血、蛋白丢失性肠病、重度肝病及肾病有关，但后两者不常见。

（11）白蛋白与球蛋白之比（A/G）。TP高与A/G低是由于球蛋白偏高，原因有慢性炎症、免疫性疾病、多发性骨髓瘤、红斑狼疮等。TP低与A/G低是由于白蛋白偏低，见于肾病、营养不良等能够引起白蛋白流失的疾病。如果A/G低并且白蛋白低，球蛋白高的话，提示严重肝病，如严重肝脓肿、肝脂变（猫）、中重度的肝纤维化、肝癌晚期。

（12）尿素氮（BUN）。BUN是机体内氨在肝中代谢产生的，主要通过肾排出体外。BUN升高临床上称为氮质血症，分为肾前性、肾中性、肾后性三种。肾前性见于充血性心力衰竭，高热，休克，消化道出血，脱水，严重感染，糖尿病酮症酸中毒，严重的肌肉损伤，应用糖皮质激素或四环素，阿蒂森氏症，高蛋白饮食，肝肾综合征等因素；肾中性常见于急性肾炎、慢性间质性肾炎、严重肾盂肾炎、先天性多囊肾和肾肿瘤等肾疾病引起的肾功能障碍；肾后性见于各种原因导致的尿路梗阻使肾小球滤过压降低，常见于尿道结石、难产、便秘、前列腺肿瘤、盆腔肿瘤、双侧输尿管结石等因素。血中BUN降低常见于过量摄入水分、蛋白质摄入过少、应用促蛋白合成的同化激素、妊娠晚期及严重的肝病。

（13）肌酐（Cr）。肌酐是机体肌肉代谢的产物。在肌肉中，肌酸主要通过不可逆的非酶脱水反应缓缓地形成肌酐，再释放到血液中，随尿排泄。因此血中肌酐的量与体内肌肉总量关系密切，不易受饮食影响。肌酐是小分子物质，可通过肾小球滤过，在肾小管内很少吸收，每日体内产生的肌酐，几乎全部随尿排出，正常时一般不受尿量影响。肌酐升高的主要原因为肾功能不全，当肾功能下降至正常的1/4～1/3时血肌酐开始上升。在严重感染、剧烈运动、生长激素过盛、糖尿病、维生素C的大量使用时也可引起血中肌酐升高。肌酐的降低见于妊娠晚期、严重的肌营养不良、重度的充血性心脏衰竭、应用雄性激素或噻嗪类利尿药等。

（14）血钙（Ca）。血钙以离子钙和结合钙两种形式存在，血浆钙中只有离子钙才直接起生理作用。离子钙具有降低神经肌肉应激性的作用，当离子钙过低时神经肌肉应激性升高，可发生手足搐搦；过高时可使神经、肌肉兴奋性降低，表现为乏力、呕吐、对外界刺激漠然、腱反射减弱，严重时可出现精神障碍、木僵和昏迷。另外高钙血症时，心肌兴奋性、传导性降低，高钙血症还会对肾产生损害。血清钙大于4.5 mmol/L可发生高钙血症危象，宠物易死于心脏骤停、坏死性胰腺炎和肾衰等。

高血钙常见于维生素D中毒，补钙过量、原发性甲亢、肾衰引起的继发性甲状旁腺亢进、高蛋白血症、芽生菌病、体温过低、淋巴肉瘤（犬）、大量进食植物（猫）。低血钙常见于妊娠及哺乳期、幼龄宠物快速生长期、低蛋白血症、肾衰竭、甲亢（猫）、急性坏死性胰腺炎、甲状旁腺机能减退等。

（15）血磷（P）。血磷主要是指血中的无机磷，以无机磷酸盐的形式存在。血浆中钙与磷的浓度保持着一定的比例关系。高血磷可引起厌食、骨骼异常及疼痛、血管及软组织钙化、诱发甲状旁腺机能亢进等问题。血磷常见的升高原因有肾衰竭、维生素D摄入过多、快速生长期、甲状旁腺机能减退、溶骨性疾病。低血磷可引起宠物贫血、无力、惊厥，常见原因有碱中毒、糖尿病酮症酸中毒治疗时胰岛素过量，静脉使用葡萄糖过量、产后瘫痪、甲状旁腺机能亢进、维生素D缺乏。

(16) 血糖(GLU)。血糖升高的原因有糖尿病、紧张(猫)、肾衰竭、库兴氏综合征、甲亢、孕激素过多、生长激素过多、药物(葡萄糖、糖皮质激素、孕激素、甲状腺素)等引起。血糖下降的原因有小型幼龄宠物的消化道疾病(常引起癫痫)、饥饿、严重的败血症、肝功能不全、阿蒂森氏症、垂体机能减退、胰岛素治疗过量。

(17) 淀粉酶(AMY)。血清淀粉酶主要来源于胰腺,另外近端十二指肠、肺、子宫、泌乳期的乳腺等器官也有少量分泌。血清淀粉酶在急性胰腺炎及慢性胰腺炎的急性发作胰腺损伤期升高至2~3倍(主要在犬),肾衰竭、胰腺囊肿、胰腺肿瘤时中度升高,肝疾病及胃肠道疾病(如肠梗阻、肠管坏死、便秘、胃肠穿孔、腹膜炎等),应用噻嗪类、糖皮质激素及羟乙基淀粉也可引起血清淀粉酶升高。血清淀粉酶的下降无重要的临床意义,有报道见于重症糖尿病、严重的肝疾病、胰腺肿瘤的术后。

(18) 脂肪酶(LIPA)。血清脂肪酶的升高主要见于急性胰腺炎、胰腺癌。急性胰腺炎时血清淀粉酶升高持续的时间较短,而脂肪酶升高持续时间很长,故临床诊断意义较大。肠梗阻、十二指肠穿孔、胆总管阻塞也能引起血清脂肪酶升高。

(19) 总胆固醇(CHOL)。胆固醇广泛存在于动物体内,尤以脑及神经组织中最为丰富,在肾、脾、皮肤、肝和胆汁中含量也高,是机体组织细胞不可缺少的重要物质,不仅参与形成细胞膜,而且是合成胆汁酸、维生素D以及甾体激素的原料。血清胆固醇升高可见于糖尿病、单纯的阻塞性黄疸、肥胖、高脂肪饮食、甲状腺机能减退、库兴氏综合征、肾病综合征等疾病。血清胆固醇降低可见于严重的营养不良、恶性肿瘤、肝细胞严重受损、蛋白丢失性肠病等情况。

(20) 甘油三酯(TG)。血清甘油三酯升高常见于测定样本出现脂血、黄疸、溶血。提示的疾病有糖尿病、甲状腺机能减退(犬)、肾病综合征、阻塞性黄疸、妊娠、急性胰腺炎等。肥胖导致的高甘油三酯可引起胰腺炎、加重肝病,如引起动脉狭窄导致血栓可导致心梗、脑梗、失明、肾衰竭等后果。

血清甘油三酯下降的原因有甲亢、阿蒂森氏症、严重的肝病、极度营养不良、胆汁分泌不足、肠道吸收障碍等。

(21) 血氨(AMM)。体内组织各种氨基酸分解代谢产生的氨以及由肠管吸收进来的氨进入血液,形成血氨。肝功能衰竭时,肝合成尿素能力下降,或因门静脉短路,肠道产氨增多直接进入体循环,使血氨增高,引发肝性脑病。严重的上消化道出血及尿毒症时也可见血氨升高。血氨降低见于低蛋白饮食或严重的贫血。

技能6 血气检测

(一) 血气检测项目

酸碱度(pH)、氧分压[$p(O_2)$]、氧饱和度[$s(O_2)$]、二氧化碳分压[$p(CO_2)$]、二氧化碳总量(tCO_2)、二氧化碳结合力(CO_2-CP)、实际碳酸氢根(AB)、标准碳酸氢根(SB)、缓冲碱(BB)、血浆阴离子间隙(AG)。

(二) 血气检测操作

1. 上机前准备和注意事项(图2-14)

(1) 确认机器所有检测项目均为“Pass”,3个月内做过“HbCC”校正(血红素校正片),气瓶气体不低于4%,知道待测宠物的最新体温。

（2）开机，打开电源，预热。

（3）刷条形码。主屏幕显示“Open Cover and Wipe Cassette Insert Cassette”。

（4）打开包装并擦拭测试片。

（5）放入测试片、盖上盖子。

（6）主屏幕显示“Calibrating XXX Please wait”。

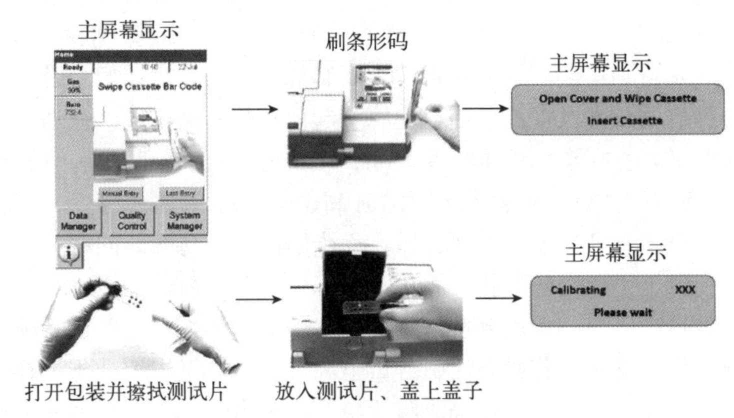

图 2-14 样本上机检测操作

2. 放入试剂片的注意事项 一定要在见到“请您放入试剂片”的提示才可以放入试剂片。如果撕开了试剂片的铝箔膜包装，一定要尽快完成测试，如果超过 1 h，还没有进行检测，该试剂片不可以继续使用。放入试剂片前务必仔细地将试剂片上的保护液擦拭干净。放入过机器的试剂片，一旦盖子盖上，听到蠕动泵转动的声音后，无论是否加入过样本，该试剂片不能再继续使用。

3. 输入病畜数据（图 2-15）

（1）VetStat 画面—输入病畜数据，选择种别、性别，输入所需的病畜数据。

（2）选“STAT”（急件），“New Patient”（新病畜）或“Last Patient”（复诊病畜）。

（3）输入病畜年龄。请以年或月为单位输入病畜年龄，但不能两者兼用。

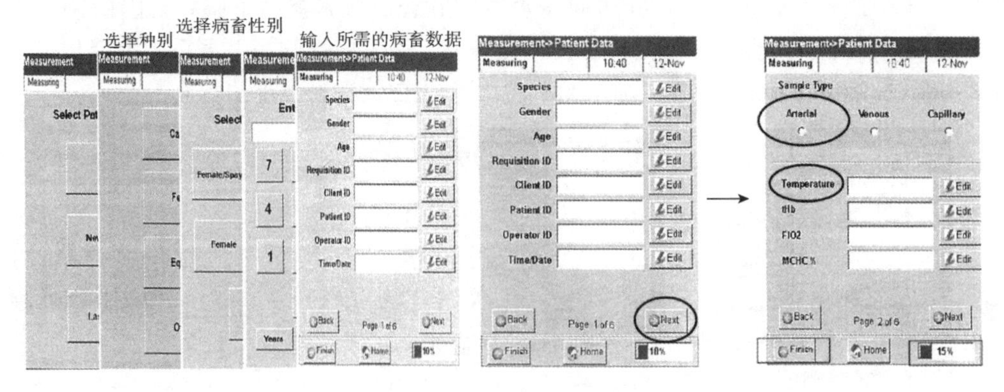

图 2-15 输入病畜数据

4. 温度校正 pH＝p*K*a＋lg［salt］/［acid］；pH＝6.1＋lg［HCO_3^-］/0.3*p*（CO_2）［pH 由 HCO_3^- 浓度和 *p*（CO_2）计算而来］（图 2-16）。

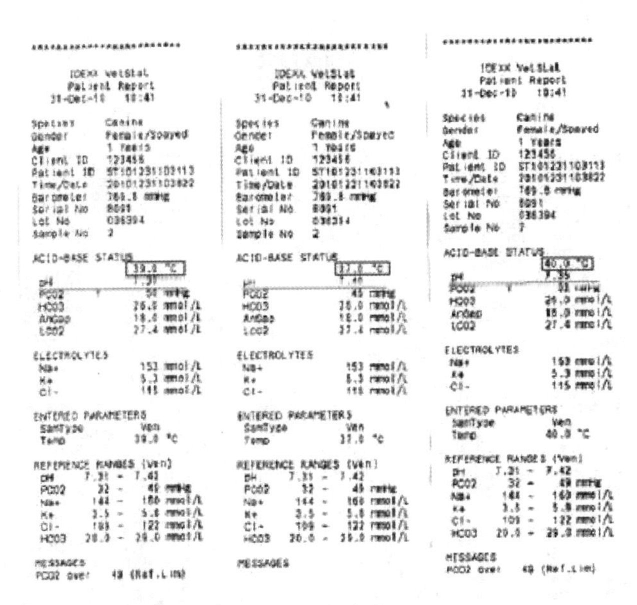

图 2-16 温度校正

5. 检测样本操作（图 2-17）

（1）放入样本。主屏幕显示“Mix and Place the Sample”（插入样本），按“OK”，自动吸取样本。

（2）查看报告。测试后，按“UP”查看报告，或按“HOME”回到主屏幕。

（3）输入病畜数据。测试时间约 120 s，测试结果会自动打印。

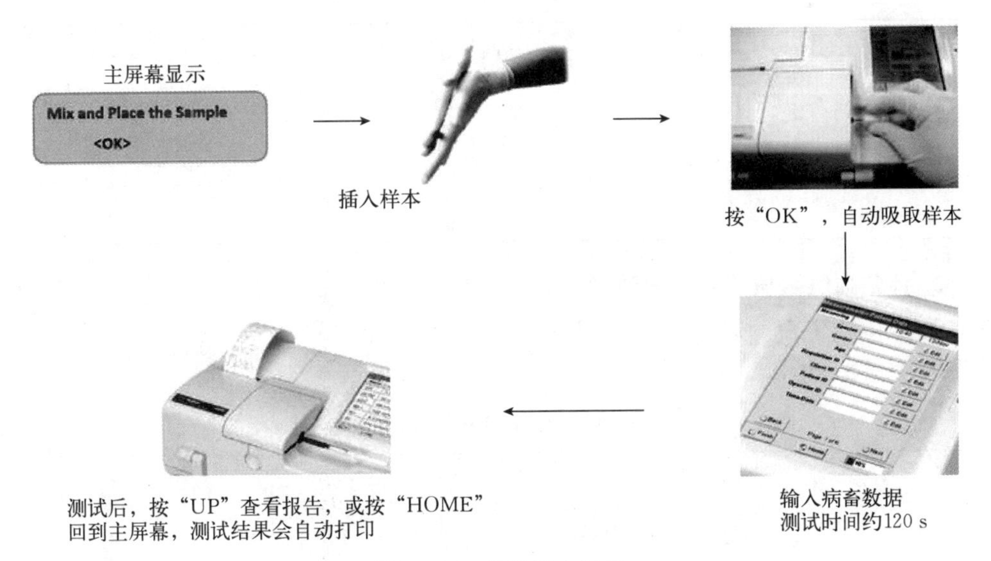

图 2-17 检测样本操作

（4）放入样本注意事项。信号 Calibration 的进度条表示为完成 100%，信号灯不再闪烁，变为绿色听到 3 声提示音，蠕动泵转动的声音消失。必须同时满足上述 4 个条件才能放入样本。必须先放入样本，再点击“OK”。

6. 检测报告（图 2－18）

检测报告

```
        IDEXX VetStat
        Patient Report
    22-Feb-06    13:42

Species        Canine
Gender         Female/Spayed
Age            1 Years
Requisition    MARY
Client ID      888
Time/Date      220208133807
Barometer      756.8 mmHg
Serial No      1306
Lot No         537391
Sample No      6

ACID-BASE STATUS
                      37.0 °C
 pH          ↑        7.51
 PCO2        ↓          35 mmHg
 HCO3                 25.8 mmol/L
 AnGap                23.3 mmol/L
 tCO2                 26.6 mmol/L

ELECTROLYTES
 Na+                   153 mmol/L
 K+                    4.7 mmol/L
 Cl-         ↓         109 mmol/L

ENTERED PARAMETERS
 Temp                 37.0 °C

REFERENCE RANGES
 pH       7.44 -  7.36
 PCO2       44 -    36 mmHg
 Na+       160 -   144 mmol/L
 K+        5.8 -   3.5 mmol/L
 Cl-       122 -   109 mmol/L
 HCO3     26.0 -  24.0 mmol/L

MESSAGES
pH    over 7.44 (Ref.Lim)
PCO2 under   36 (Ref.Lim)
Cl-  under  109 (Ref.Lim)
```

```
        IDEXX VetStat
        Patient Report
    22-Feb-06    13:58

Species        Canine
Time/Date      220208135530
Barometer      756.8 mmHg
Serial No      1306
Lot No         537391
Sample No      7

ACID-BASE STATUS
                      37.0 °C
 pH          ↑        7.74
 PCO2        ↓          19 mmHg
 HCO3        ↓        23.2 mmol/L
 AnGap                25.0 mmol/L
 tCO2                 23.8 mmol/L

ELECTROLYTES
 Na+         ↑         168 mmol/L
 K+          ↑         6.1 mmol/L
 Cl-         ↑         126 mmol/L

ENTERED PARAMETERS
 Temp                 37.0 °C

REFERENCE RANGES
 pH       7.44 -  7.36
 PCO2       44 -    36 mmHg
 Na+       160 -   144 mmol/L
 K+        5.8 -   3.5 mmol/L
 Cl-       122 -   109 mmol/L
 HCO3     26.0 -  24.0 mmol/L

MESSAGES
pH    over 7.44 (Ref.Lim)
PCO2 under   36 (Ref.Lim)
Na+  over   160 (Ref.Lim)
K+   over   5.8 (Ref.Lim)
Cl-  over   122 (Ref.Lim)
```

图 2－18　检测报告

（三）血气分析方法

1. 犬、猫正常血气参考值（表 2－9）

表 2－9　犬、猫正常血气参考值

	pH	p（CO_2）/kPa	[HCO_3^-]/(mmol/L)	p（O_2）/kPa
犬动脉血	7.36～7.44	4.79～5.85	18～26	≈13.3
犬静脉血	7.32～7.40	4.39～6.65	18～26	
猫动脉血	7.36～7.44	3.72～4.26	17～22	≈13.3
猫静脉血	7.28～7.41	4.39～5.99	18～23	

2. 评估血气数值的内在一致性　根据 $[H^+]=24\times pa(CO_2)/[HCO_3^-]$ 公式评估血气数值的内在一致性，如果 pH 和 [H^+] 数值不一致，该血气检测结果可能是错误的（表 2－10）。

表 2－10　pH 和 [H^+] 数值变化

pH	估测 [H^+]/(mmol/L)	pH	估测 [H^+]/(mmol/L)	pH	估测 [H^+]/(mmol/L)
7.00	100	7.25	56	7.50	32
7.05	89	7.30	50	7.55	28
7.10	79	7.35	45	7.60	25
7.15	71	7.40	40	7.65	22
7.20	63	7.45	35		

3. 碱血症或酸血症存在与否判断 pH<7.35 酸血症，pH>7.45 碱血症。即使pH在正常范围（7.35～7.45），也可能存在酸中毒或碱中毒，此时需要核对 $pa(CO_2)$、$[HCO_3^-]$ 和阴离子间隙。

4. 判断pH改变的方向与 $pa(CO_2)$ 改变方向的关系 在原发呼吸障碍时，pH和$pa(CO_2)$改变方向相反；在原发代谢障碍时，pH和$pa(CO_2)$改变方向相同（表2-11）。

表2-11 pH改变的方向与 $pa(CO_2)$ 改变方向关系

		pH	$pa(CO_2)$
酸中毒	呼吸性	↓	↑
酸中毒	代谢性	↓	↓
碱中毒	呼吸性	↑	↓
碱中毒	代谢性	↑	↑

5. pH校正 通常情况下，代偿反应不能使pH恢复正常（7.35～7.45）。如果观察到的代偿程度与预期代偿反应不符，很可能存在一种以上的酸碱异常（表2-12）。

表2-12 酸碱异常与校正

异常	预期代偿反应	校正因子
代谢性酸中毒	$pa(CO_2)=(1.5\times[HCO_3^-])+8$	±2
急性呼吸性酸中毒	$[HCO_3^-]$ 升高$=24+[pa(CO_2)-40]/10$	
慢性呼吸性酸中毒（3～5 d）	$[HCO_3^-]$ 升高$=24+[pa(CO_2)-40]/3$	
代谢性碱中毒	$pa(CO_2)$ 升高$=21+0.7\times\Delta[HCO_3^-]$	±1.5
急性呼吸性碱中毒	$[HCO_3^-]$ 下降$=24-\Delta pa(CO_2)/5$	
慢性呼吸性碱中毒	$[HCO_3^-]$ 下降$=24-\Delta pa(CO_2)/2$	

6. 如果存在代谢性酸中毒，计算阴离子间隙

$$AG=[Na^+]-\{[Cl^-]+[HCO_3^-]\}=12\pm2$$

正常的阴离子间隙约为12 mEq/L。对于低白蛋白血症动物，阴离子间隙正常值低于12 mEq/L。低白蛋白血症患者血浆白蛋白浓度每下降10 mg/L，阴离子间隙“正常值”下降约2.5 mEq/L（如血浆白蛋白为20 mg/L阴离子间隙约为7 mEq/L）。如果阴离子间隙增加，在以下情况下应计算渗透压间隙，阴离子间隙升高不能用明显的原因（酮病、乳酸酸中毒、肾衰竭）解释应怀疑中毒。

7. ΔAG=测得的AG－正常的AG 预计的$[HCO_3^-]=\Delta AG$+测得的$[HCO_3^-]$，如果该数值小于22，表示还有酸中毒，如果该数值大于26，表示为代谢性碱中毒，如果在22～26之间说明是单纯性的酸碱平衡紊乱。

项目2 尿液检验

技能1 尿液样品的采集和保存

（一）尿液采集

1. 自然排尿 当动物自然排尿时，采集尿样以中段尿液是最好的，因为开始的尿流会机械性地将尿道口和阴道或阴茎包皮中的污物冲出来，使得尿液中含有较多的杂质而影响检验结果。

除自然排尿外，还可以采用某些方法诱导动物排尿，如轻轻抚摸母牛阴门附近的会阴部、某些耕（黄）牛在犁地前或牵至塘边饮水或令其进入池塘水中、闭塞公羊鼻孔几秒、令犬嗅闻其他犬的尿迹或氨水气味等，均有可能引起其排尿。

2. 压迫膀胱排尿 大动物（如牛）可以采用通过直肠压迫膀胱的方法采集尿液，小动物可通过体外压迫膀胱的方法采集尿液。如果动物的泌尿系统存在外伤，或膀胱本身有严重病变时，不宜采用此法。

3. 导尿 一般情况下，尽量避免用导尿的方法来采集尿样。如采用导尿法采集尿样，则应根据动物种类、性别、体躯大小而选用适当型号、类型（金属制、橡胶制或塑料制品）的导尿管。动物适当保定，必要时给以镇静药或解痉药（如静松灵）。术者手消毒后涂以润滑剂，尿道外口和会阴部应先用无刺激性消毒液（如0.1%高锰酸钾、0.1%新洁尔灭、0.02%呋喃西林或2%硼酸等）充分擦洗。导尿管插入时必须缓慢而避免粗暴，以免损伤尿道黏膜。

4. 膀胱穿刺 膀胱穿刺可避免损伤尿道口、阴道等，同时也避免了污染物进入尿液。但操作时应注意无菌，同时避免穿刺造成不必要的损伤。

5. 尿液采集注意事项

（1）最好用新鲜尿液做检样。

（2）采集尿液的容器应清洁、干燥，需进行化学、显微镜、微生物学检查的尿样应收集于洁净无杂质或灭菌容器内。容器上应贴有检验标签。

（3）注意避免异物混入尿样中。

（4）采集尿液后应及时送验，以免细菌繁殖及细胞溶解，不能在强光或阳光下照射，避免某些化学物质（如尿胆原等）因光分解或氧化。

（二）尿液样品保存与送检

采集尿液后应立即送检或检验，如不能立即送验，最好置于冰箱内保存，一般在4℃冰箱可保存6～8 h。如尿样需放置较长时间（如12 h或24 h）或天气炎热时，可加适量防腐剂以防止尿液发酵分解，供细菌学检查的尿样中不可加入防腐剂，常用的防腐剂及其用量如下。

1. 甲醛溶液 一般用量为每升尿液中加入1～2 mL。因甲醛能凝固蛋白质而抑制细菌生长，对镜检物质（如细胞、管型等）可起到固定形态作用，但不适用于尿蛋白及尿糖等化学成分的检查。

2. 甲苯 一般用量为每升尿液中加5 mL，使尿液面形成薄膜，防止细菌繁殖，用于尿糖、尿蛋白定量测定。检验时吸取下层尿液。

3. 硼酸 用量为每升尿液中加2.5 g，对常规检验项目均无影响。

4. 麝香草酚 用量为每升尿液中加入2～3 g，但蛋白质检验时易出现假阳性反应。

技能2 尿液的物理学检查

（一）尿量

健康动物1 d的排尿量：牛9～12 L，绵羊、山羊0.5～1.0 L，猪2～4 L，犬

0.5～1.0 L，猫 0.1～0.2 L。尿量增加见于肾充血、肾萎缩、饲料中毒、犊牛发作性血色素尿症、急性热病的解热期、渗出液和漏出液等的吸收期及犬糖尿病；尿量减少见于肾淤血、急性肾炎、心脏机能不全、发热时渗出液和漏出液的潴留、下痢、发汗和呕吐。

（二）浑浊度

尿液浑浊度即透明度。将尿液盛于试管中，通过光线观察。牛和肉食动物的尿若变混浊，常见于肾和尿路疾病时，尿液中混入黏液、白细胞、上皮细胞、坏死组织或细菌的结果。尿液浑浊原因的鉴别方法如下（为确证尿液混浊原因，最好将尿沉渣进行显微镜检查）。

（1）尿液过滤后变透明时，表明含有细胞、管型及各种不溶性盐类。

（2）尿液加醋酸产生泡沫而透明时，表明含有碳酸盐；不产生泡沫而透明时，表明含有磷酸盐。

（3）尿液加热或加碱而透明时，表明含有尿酸盐；加热不透明而加稀盐酸透明时，表明含有草酸盐。

（4）尿液加入乙醚，振摇而透明时，表明为脂肪尿。

（5）尿液加 20%氢氧化钾或氢氧化钠而呈透明胶冻样时，表明混有脓汁。

（6）尿液经上述方法处理后仍不透明时，表明含有细菌。

（三）尿色

正常尿的尿色是由尿中尿胆素的浓度决定的。一般牛尿呈淡黄色，猪尿水样无色，犬尿呈鲜黄色。当尿量增加时，尿色变淡；尿量减少时，则尿色变浓。尿液变红而混浊，见于泌尿系统出血；尿色红而透明，见于溶血性疾病；尿色红褐色，见于肌红蛋白尿；尿色金黄而透明，见于犬的胆红素尿；尿色为乳白色，见于尿内含有大量的脓细胞和无机盐类。应注意内服或注射大黄、安替比林、芦荟、刚果红等药物时，可使尿色变红；台盼蓝和美蓝可使尿色变蓝；维生素 B_2 可使尿色变黄，切不可误认为是病理现象。

（四）气味

动物尿液中存在挥发性有机酸，因此具有特殊的气味。在病理状态下气味常发生改变，尿液有氨臭，见于膀胱炎或膀胱积尿；尿液有腐败臭，见于膀胱、尿道有溃疡、坏死或化脓性炎症；牛酮血病和产后瘫痪时，尿中含有大量酮体而有丙酮味。

（五）相对密度

采用比重计法。将尿振荡后放于容器内，如液面有泡沫，用乳头吸管或吸水纸除去，然后用温度计测尿温并做记录；将尿比重计小心浸入尿液中，不可与瓶壁相接触；待尿相对密度计稳定后，读取液面半月形面的最低点与比重计上相当的刻度，有些比重计是读取尿的半月面上角，即为尿的相对密度。

技能 3 尿沉渣显微镜检验

（一）尿沉渣标本的制作和镜检

1. 标本制作 取新鲜尿液 5～10 mL 于沉淀管内，1 000 r/min 离心沉淀 5～10 min；倾去或吸去上清液，留下 0.5 mL 尿液；摇动沉淀管，使沉淀物均匀地混悬于少量剩余尿中；用吸管吸取沉淀物置于载玻片上，加1滴5%鲁戈氏碘液（碘片5 g，碘化钾15 g，蒸馏水100 mL），盖上盖玻片即成。在加盖玻片时，先将盖玻片的一边接触尿液，然后慢慢放平，以防产生气泡。

2. 标本镜检 镜检时，将集光器降低，缩小光圈，使视野稍暗，以便发现无色而屈光力弱的成分（透明管型等）；先用低倍镜全面观察标本情况，找出需详细检查的区域后，再换高倍镜仔细辨认细胞成分和管型等。检查时，如遇尿内有大量盐类结晶遮盖视野而妨碍对其他物质的观察，可微加温或加化学药品，除去这类结晶后再镜检。

3. 结果报告 细胞成分按各个高倍视野内最少至最多的数值报告，管型及其他结晶成分按偶见、少量、中等量及多量报告，偶见是整个标本中仅见几个，少量是每个视野见到几个，中等量是每个视野数十个，多量是每个视野的大部甚至布满视野。

（二）无机沉渣检查

尿中无机沉渣是指各种盐类结晶和一些非结晶，且酸性尿和碱性尿的无机沉渣有所不同。

1. 碱性尿中的无机沉渣 见图2-19。

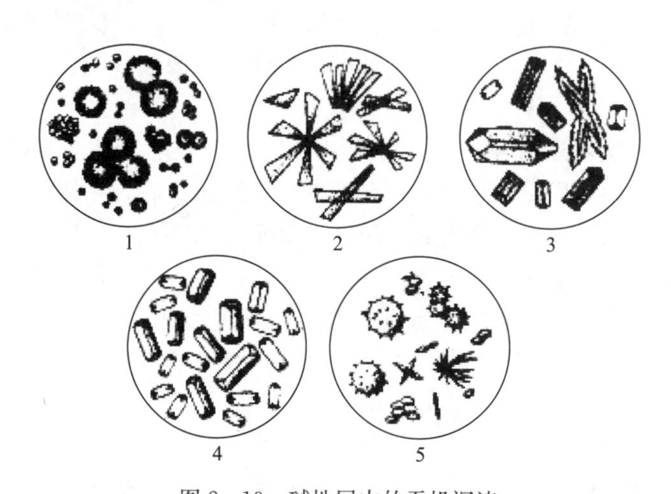

图2-19 碱性尿中的无机沉渣

1. 碳酸钙结晶 2. 磷酸钙结晶 3、4. 磷酸铵镁结晶 5. 尿酸铵结晶

2. 酸性尿中的无机沉渣 见图2-20。

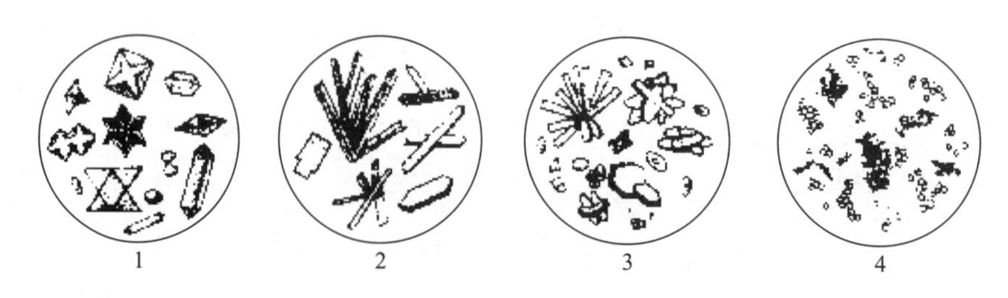

图2-20 酸性尿中的无机沉渣

1. 草酸钙结晶 2. 硫酸钙结晶 3. 尿酸结晶 4. 尿酸盐结晶

3. 尿中少见的特殊结晶 见图2-21。

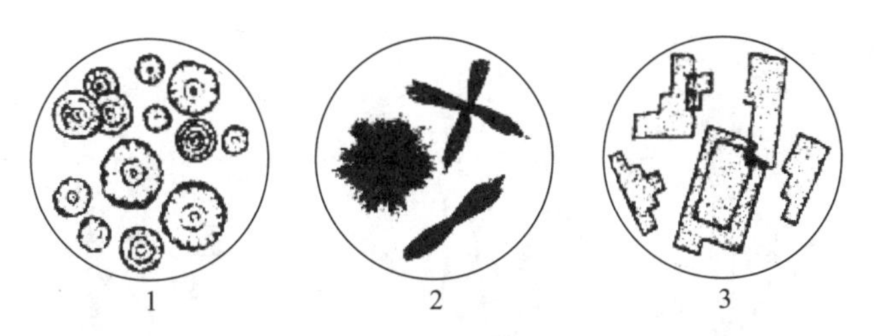

图 2-21 病畜尿中的特殊结晶

1. 酪氨酸结晶 2. 亮氨酸结晶 3. 胆固醇结晶

4. 尿中磺胺结晶 见图 2-22。

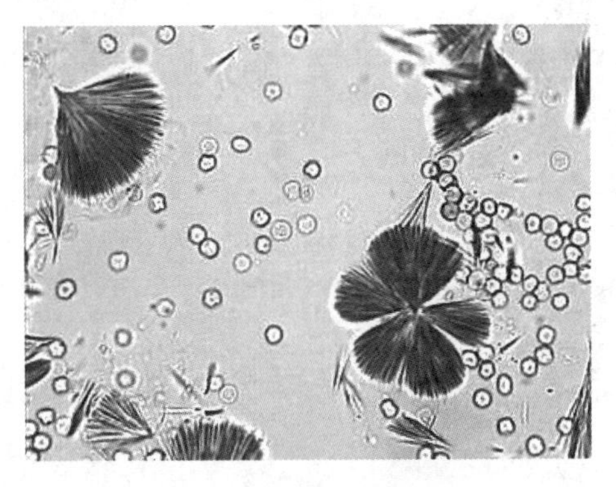

图 2-22 尿中磺胺结晶

(三) 有机沉渣检查

1. 血细胞 见图 2-23、图 2-24。

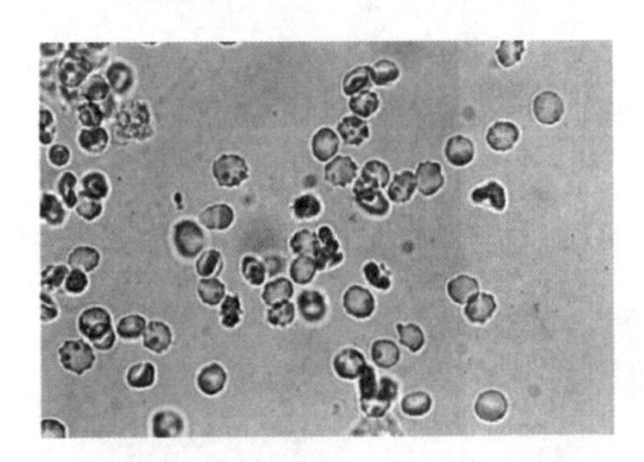

图 2-23 红细胞

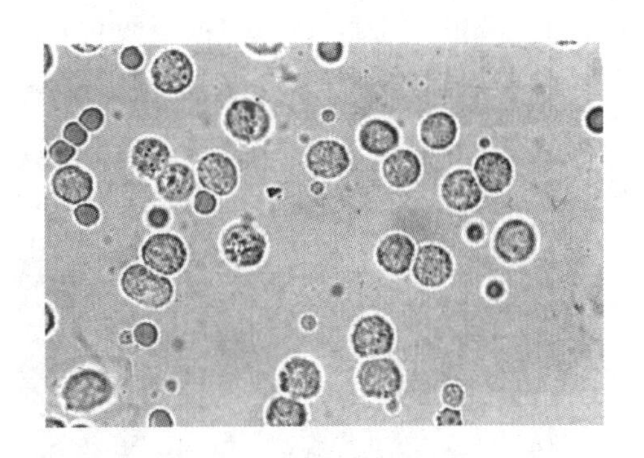

图 2-24 白细胞

2. 上皮细胞 见图 2-25。

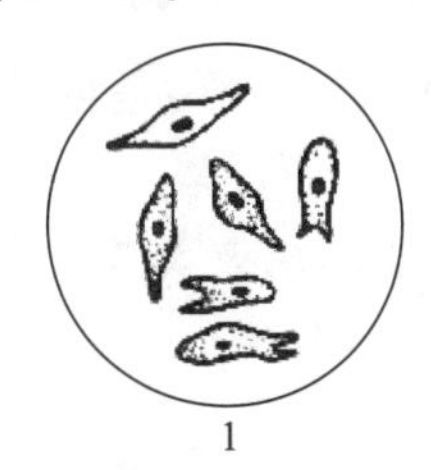

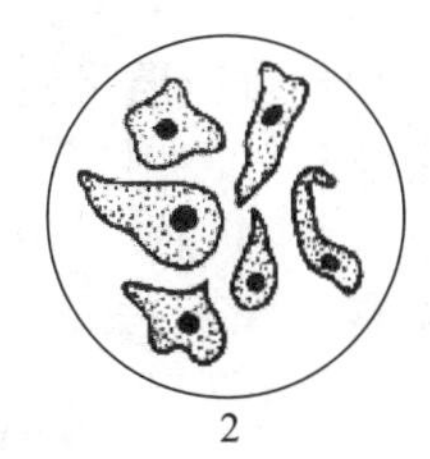

图 2-25 尿液中上皮细胞

1. 肾盂、输尿管上皮细胞 2. 膀胱上皮细胞

3. 管型（尿圆柱） 见图 2-26。

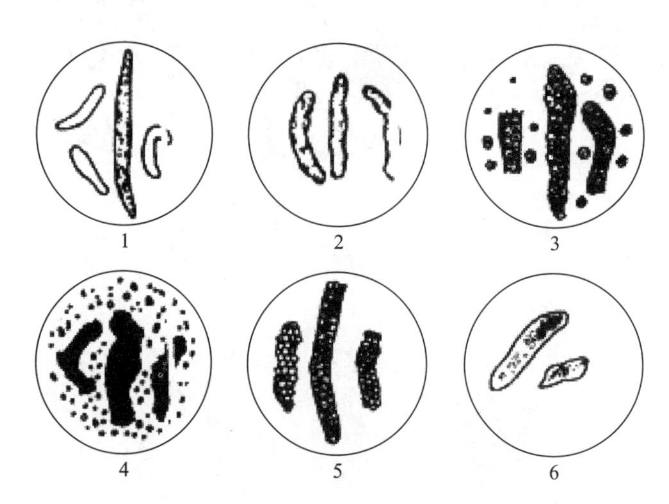

图 2-26 尿沉渣中的各种管型

1. 透明管型 2. 颗粒管型 3. 上皮管型 4. 红细胞管型 5. 白细胞管型 6. 血红蛋白管型

技能 4 尿液干化学分析仪分析检测

（一）尿液化学分析检测项目

尿酸碱度、尿蛋白质、尿糖、尿酮体、尿潜血、尿血红蛋白、尿肌红蛋白、尿胆红素、尿胆素原、尿亚硝酸盐、尿抗坏血酸等。

（二）尿液化学分析检测操作步骤（图 2-27）

（1）开机，仪器自检通过，预热 20 min。

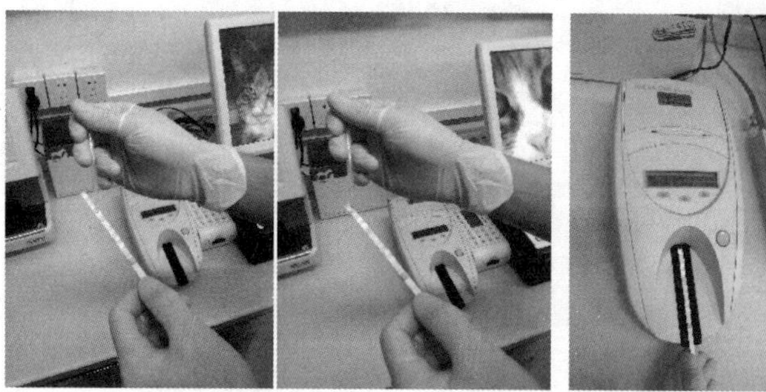
加样本

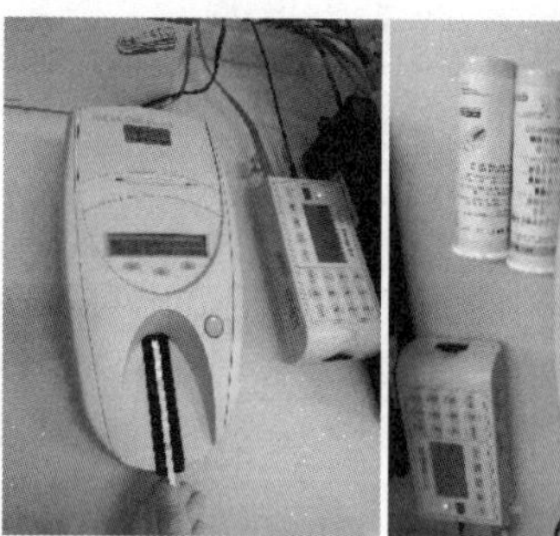
判读检测片，校正片

图 2-27 尿液干化学分析仪操作

（2）用标准灰度条对仪器进行质量检测，看试纸条是否与仪器设置相符。

（3）取尿液标本约 1/3 杯。

（4）按开始键，从 35 s 倒计时，开始加样，在吸水纸上将多余的尿液吸去。

（5）将试纸条放到测量位，自动测定并打印结果。

（6）操作注意事项。

① 掌握好加样和测试时间，多余尿样必须用纸巾吸取。

② 试纸条要放到载物台中央，并触及顶端。

③ 试纸条干燥存放，避免高温、光照、受潮。

④ 要定期做质控。

⑤ 每次使用完毕要清洗载物台和废液盒。

（三）尿液检验诊断的建立

1. 肾病类指标 酸碱度（pH）4.6～8.0、相对密度（SG）1.005～1.030、隐血阴性或红细胞（BLD、ERY）、蛋白质（PRO）阴性和颜色（COL）淡黄色至深黄色等，这些指标的改变可能提示有肾功能损害。

2. 糖尿病类指标 酸碱度（pH）、蛋白质、相对密度、糖（GLU）和酮体（KET）。这些指标的检测有助于诊断相关并发症和机体一些器官是否受到损害，如是否出现酮血症等。正常情况下，尿糖和酮体为阴性。

3. 泌尿系统感染类指标 白细胞（WBC）、隐血或红细胞、亚硝酸盐（NIT）、颜色和浊度（TUR）。当泌尿系统受到细菌感染时，尿中往往出现白细胞和红细胞，尿液颜色或浊度也发生改变，亚硝酸盐有时也会为阳性。化学检测尿白细胞和隐血或红细胞只起过筛作用，临床诊断以镜检结果为准。

4. 肾疾病

（1）尿素氮与 CRE 在诊断肾疾病时要联合判读。尿素氮单独升高或尿素氮升高明显大于肌酐的升高（尿素氮：肌酐>20：1）时，提示为肾前性尿毒症，肾脏没有发生病变。在肾后性尿毒症早期时，肌酐的升高往往要大于尿素氮的开高。肾源性升高是判断预后的重要因素。急性肾衰竭时，血清磷升高的幅度与治愈率成反比。慢性肾衰竭时，因为血清磷升高是影响食欲的主要因素，故 PHOS 不能很好地控制，宠物的营养就得不到保证。

（2）血钙的降低一般发生在急性肾衰竭或慢性肾衰竭的早期，慢性肾衰竭低钙提示应进行补充，也有一些肾病是高血钙的，但预后很差；碱性磷酸酶在肾衰竭继发甲旁亢时会较明显的升高，可作为监测指标；总蛋白升高提示脱水；淀粉酶在肾衰竭时因高胃酸分泌及肾排出量减少而轻中度升高；CO_2 结合力降低提示已发生代谢性酸中毒。

项目3 粪便检验

技能1 粪便物理学检验

（一）粪便颜色

粪便颜色因饲料种类、内服药物及病理情况而不同，鉴别要点见表 2-13。

表 2-13 粪便鉴别

颜色	饲料或药物	病理情况
黄褐色	谷草、大黄	含有未经改变的胆红素
黄绿色	青草	含有胆绿素或产色细菌
灰白色	白陶土	阻塞性黄疸、犊牛白痢、仔猪白痢
红色	高粱壳、红色甜菜、酚酞	后部肠管或肛门部出血
黑色	木炭末、铋或铁剂	前部肠管出血

（二）粪便气味

健康牛、羊的粪便无难闻的臭味，猪粪较臭。当消化不良及胃肠炎时，由于肠内容物的腐败发酵，粪便有酸臭或腐败臭，出血多时有腥臭味。

（三）粪便异常混合物

1. 黏液 正常粪便表面有极薄的黏液层。黏液量增多表示肠管有炎症或排粪迟滞，肠炎或肠阻塞时黏液往往覆盖整个粪球，并可形成较厚的胶冻样黏液层，类似剥脱的肠黏膜。

2. 假膜 随粪便排出的假膜是由纤维蛋白、上皮细胞和白细胞所组成，常为圆柱状。见于纤维素性或假膜性肠炎。

3. 脓汁 直肠内脓肿破溃时，粪便中混有脓汁。

4. 粗纤维及谷粒 消化不良及牙齿疾病时，粪便内含有多量粗纤维及未消化谷粒。

5. 血液 胃肠出血、炭疽、出血性肠炎、出血性败血症、猪瘟、犬瘟热及犬细小病毒肠炎及氟化物中毒，粪便中含有血液。但肉食动物食鲜肉或舔创伤后，粪便中因混有血红蛋白而呈红褐色，则不能视其为异常混合物。

6. 粪便中常见寄生虫 有蛔虫、绦虫体节及犬和猫的肝片吸虫。

技能 2 粪便化学检验

（一）酸碱度测定

草食动物的粪便为碱性，有的为中性或酸性；肉食及杂食动物喂一般混合性饲料时，粪便为弱碱性，有的为中性或酸性；但当肠内蛋白质腐败分解旺盛时，由于形成游离氨而使粪便呈强碱性反应，肠内发酵过程旺盛时，由于形成多量有机酸，粪便呈强酸性反应。

1. 试纸法 取粪便 2～3 g 于试管内，加中性蒸馏水 8～10 mL 混匀，用广范围试纸测定其 pH。

2. 试管法 取粪便 2～3 g 于试管内，加中性蒸馏水 4～5 倍，混匀。置 37 ℃温箱中 6～8 h，如上层液透明清亮，为酸性（粪便中磷酸盐和碳酸盐在酸性液中溶解）；如液体混浊，颜色变暗，为碱性（粪便中磷酸盐和碳酸盐类在碱性液中不溶解）。

（二）潜血试验

取粪便 2～3 g 于试管中，加蒸馏水 3～4 mL，搅拌，煮沸后冷却破坏粪便中的酶类；取洁净小试管 1 支，加 1%联苯胺冰醋酸溶液和 3%过氧化氢溶液的等量混合液 2～3 mL，取 1～2 滴冷却粪悬液，滴加于上述混合试剂上。如粪中含有血液，立即出现绿色或蓝色，不久变为乌红紫色。

结果判定：（＋＋＋＋）立即出现深蓝或深绿色；（＋＋＋）0.5 min 内出现深蓝或深绿色；（＋＋）0.5～1 min 出现深蓝或深绿色；（＋）1～2 min 出现浅蓝或浅绿色；（－）5 min 后不出现蓝色或绿色。

注意事项：氧化酶并非血液所特有，动物组织或植物中也有少量，部分微生物也产生相同的酶，所以粪便必须事先煮沸，以破坏这些酶类；被检动物在试验前 3～4 d 禁食肉类及含叶绿素的蔬菜、青草；肉食动物如未禁食肉类，则必须用粪便的醚提取液做试验（取粪便约 1 g，加冰醋酸搅成乳状，加乙醚，混合静置，取乙醚层）。

临床意义：阳性见于出血性胃肠炎，以及牛创伤性网胃炎和犬钩虫病。

（三）蛋白质检查

利用不同的蛋白质沉淀剂，测定粪中黏蛋白、血清蛋白或核蛋白，以判断肠道内炎性渗出的程度。

1. 检查操作 取粪便 3 g 于研钵中，加蒸馏水 100 mL，适当研磨，使成 3%粪便乳状液；取中试管 4 支，编号放在试管架上，按表 2－14 操作及判定结果。

表 2－14 蛋白质检查

项目	试管号			
	1	2	3	4
3%粪乳状液	15 mL	15 mL	15 mL	15 mL
试剂	20%醋酸液 2 mL	20%三氯醋酸液 2 mL	7%氯化汞溶液 2 mL	蒸馏水 2 mL
混合后静置 24 h，观察上清液透明度，与对照管比较				
阳性结果判定	透明：有黏蛋白 混浊：无渗出的血清蛋白	透明：有渗出的血清蛋白或核蛋白	透明：有渗出的血清蛋白或核蛋白 红棕色：有粪胆素 绿色：有胆红素	对照管

2. 临床意义 正常动物粪便中蛋白质含量极少，对一般蛋白沉淀剂不呈现明显反应；当胃肠有炎症时，粪便中有血清蛋白和核蛋白渗出，上述蛋白试验可呈现阳性反应。健康动物粪便中没有胆红素，仅有少量的粪胆素；在小肠炎症及溶血性黄疸时，粪便中可能出现胆红素，粪胆素也增多；阻塞性黄疸时，粪便中可能没有粪胆素。

技能 3 粪便显微镜检查

（一）标本的制备

取不同粪便层的粪便，混合后取少许置于洁净载玻片上或以竹签直接挑粪便中可疑部分置于载玻片上，加少量生理盐水或蒸馏水，涂成均匀薄层，以能透过书报字迹为宜。必要时可滴加醋酸液或选用 0.01%伊红氯化钠染液、稀碘液或苏丹Ⅲ染色。涂片制好后，加盖片，先用低倍镜观察全片，后用高倍镜鉴定（图 2－28）。

（二）饲料残渣检查

1. 植物细胞 粪便中常多量出现，形态多种多样，呈螺旋形、网状、花边形、多角形或其他形态。特点是在吹动标本时，易转动变形。植物细胞无临床意义，但可了解胃肠消化能力的强弱。

2. 淀粉颗粒 一般为大小不匀、一端较尖的圆形颗粒，也有圆形或多角形的，有同心层构造。用稀碘液染色后，未消化的淀粉颗粒呈蓝色，部分消化的呈棕红色。粪便中发现大量淀粉颗粒，表明消化机能障碍。

3. 脂肪球和脂肪酸结晶 脂肪滴为大小不等、正圆形的小球，有明显折光性，

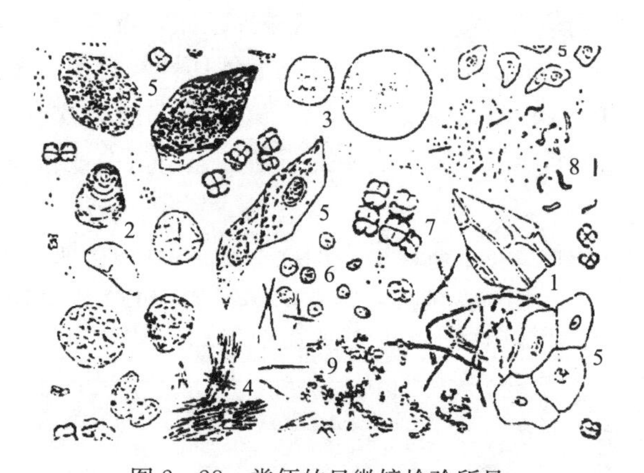

图 2-28　粪便的显微镜检验所见

1. 细胞　2. 淀粉颗粒　3. 脂肪球　4. 针状脂肪酸结晶
5. 植物细胞　6. 白细胞　7. 球菌　8. 杆菌　9. 真菌

特点为浮在液面、来回游动。脂肪酸结晶多呈针状，苏丹Ⅲ染色呈红色。粪便中见到大量脂肪球和脂肪酸结晶为摄入的脂肪不能完全分解和吸收（如肠炎）或胆汁及胰液分泌不足。肌肉纤维常呈带状，也有呈圆形、椭圆形或不正形的，有纵纹或横纹，断端常呈直角形，加醋酸后更为清晰，有的可看见核，多为黄色或黄褐色，在肉食动物粪中为正常成分。肌肉纤维过多时，可考虑胰液或肠液分泌障碍及肠蠕动增强。

（三）体细胞检查

1. 白细胞及脓细胞　白细胞的形态整齐，数量不多，且分散不成堆。脓细胞形态不整，构造不清晰，数量多而成堆。粪便中发现多量的白细胞及脓细胞，表明肠管有炎症或溃疡。

2. 吞噬细胞　比中性粒细胞大 3～4 倍，呈卵圆形、不规则叶状或伸出伪足呈变形虫样；胞核大，常偏于一侧，圆形，偶有肾形或不规则形；细胞质内可有空泡、颗粒，偶见有被吞噬的细菌、白细胞的残余物；细胞膜厚而明显。常与大量脓细胞同时出现，诊断意义与脓细胞相同。

3. 红细胞　粪便中发现大量形态正常的红细胞，可能为后部肠管出血；有少量散在、形态正常的红细胞，同时又有大量白细胞时，为肠管的炎症；若红细胞较白细胞多，且常堆集，部分有崩坏现象的，是肠管出血性疾患。

4. 上皮细胞　可见扁平上皮细胞和柱状上皮细胞。前者来自肛门附近，形态无显著变化；后者由各部肠壁而来，因部位和肠蠕动的强弱不同而形态有所改变。上皮细胞和粪便混合时一般不易被发现，多量出现且伴有多量黏液或脓细胞时均为病理状态，见于胃肠炎。

技能 4　粪便中寄生虫虫卵检查

（一）直接涂片检查法

在载玻片上滴一些甘油与水的等量混合液，再用牙签或火柴棍挑取少量粪便，加入其中，混匀，夹去较大或过多的粪渣，使玻片上留一层均匀粪液，以能透视书报字迹为宜。在粪便膜上覆以盖玻片，置显微镜下检查。检查时应按顺序查遍盖玻片下的所有部分。有时体内寄生虫不多，粪便中虫卵少，难以查出虫卵。

（二）集卵法

1. 沉淀法 取粪便 5 g，加清水 100 mL，搅匀，40～60 目筛过滤，滤液收集于三角烧瓶或烧杯中，静置沉淀 20～40 min，倾去上层液，保留沉渣，再加水混匀，再沉淀，如此反复操作直到上层液体透明后，吸取沉渣检查。此法特别适用于检查吸虫卵和棘头虫卵。

2. 漂浮法 适于检查线虫卵、绦虫卵和球虫卵囊。取粪便 10 g，加饱和食盐水 100 mL 混合，通过 60 目筛滤入烧杯中，静置 0.5 h，则虫卵上浮；用直径 5～10 mm 的铁丝圈，与液面平行接触以蘸取表面液膜，抖落于载玻片上检查。或者取粪便 1 g，加饱和食盐水 10 mL，混匀，筛滤，滤液注入试管中，补加饱和盐水溶液使试管充满，上覆以盖玻片，并使液体与盖玻片接触，其间不留气泡，直立 0.5 h 后，取下盖玻片，覆于载玻片上检查。在检查比重较大的猪后圆线虫虫卵时，则可先将猪粪便按沉淀法操作，取得沉渣后，在沉渣中加入饱和硫酸镁溶液进行漂浮，收集虫卵。

各种动物虫卵图示见图 2－29 至图 2－33。

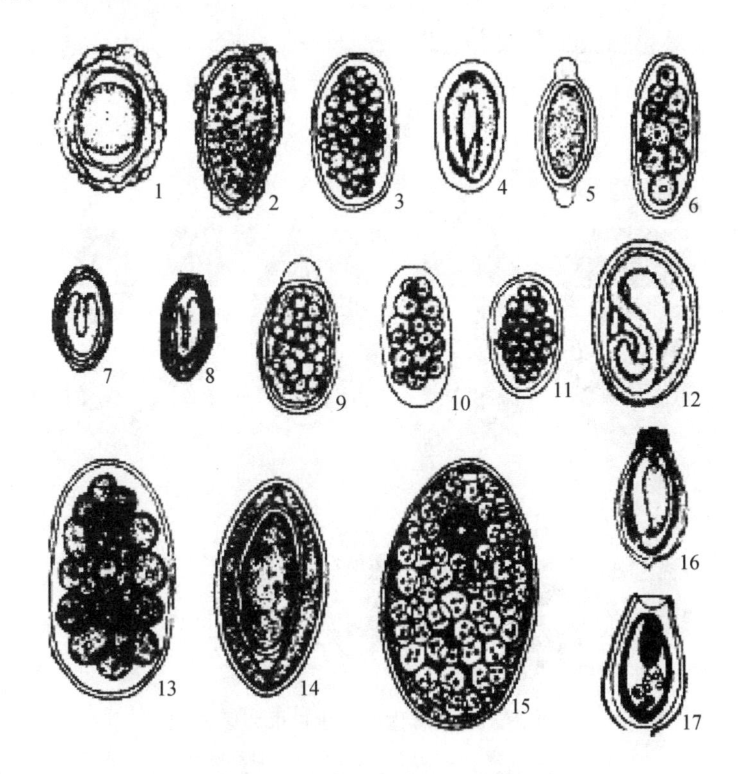

图 2－29 猪体内的寄生虫虫卵形态

1. 猪蛔虫卵 2. 猪蛔虫的未受精卵 3. 猪食道口线虫卵 4. 兰氏类圆线虫卵 5. 猪毛尾线虫卵 6. 红色猪圆线虫卵 7. 圆形似蛔线虫卵 8. 六翼泡首线虫卵 9. 刚棘颚口线虫卵 10. 球首线虫卵 11. 鲍杰线虫卵 12. 猪后圆线虫卵 13. 猪冠尾线虫卵 14. 蛭形巨吻棘头虫卵 15. 姜片吸虫卵 16. 华枝睾吸虫卵 17. 截形微口线虫卵

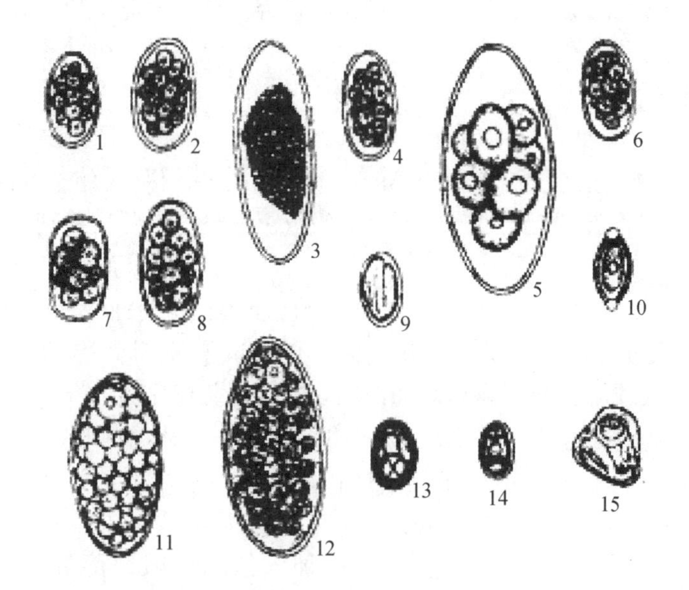

图 2-30　羊体内的寄生虫虫卵形态

1. 捻转血矛线虫卵　2. 奥斯特线虫卵　3. 马歇尔线虫卵
4. 毛圆线虫卵　5. 钝刺细颈线虫卵　6. 食道口线虫卵　7. 仰口线虫卵
8. 夏伯特线虫卵　9. 乳突类圆线虫卵　10. 毛首线虫卵　11. 肝片吸虫卵
12. 前后盘吸虫卵　13. 双腔吸虫卵　14. 胰阔盘吸虫卵
15. 莫尼茨绦虫卵

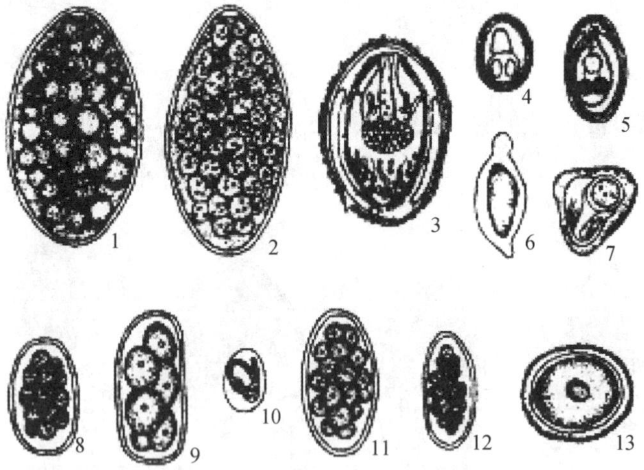

图 2-31　牛体内的寄生虫虫卵形态

1. 肝片吸虫卵　2. 前后盘吸虫卵　3. 日本血吸虫卵
4. 双腔吸虫卵　5. 胰阔盘吸虫卵　6. 鸟毕血吸虫卵
7. 莫尼茨绦虫卵　8. 食道口线虫卵　9. 仰口线虫卵
10. 吸吮线虫卵　11. 指形长刺线虫卵　12. 古柏线虫卵
13. 牛蛔虫卵

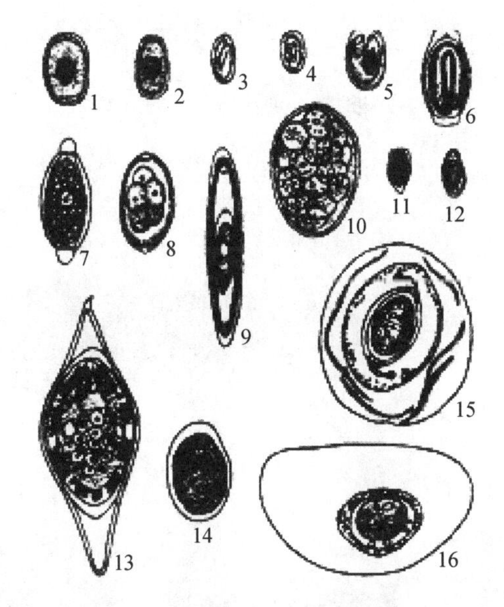

图 2-32 禽体内的寄生虫虫卵形态

1. 鸡蛔虫卵 2. 鸡异刺线虫卵 3. 鸡类圆线虫卵 4. 孟氏眼线虫卵 5. 旋华首线虫卵 6. 四棱线虫卵 7. 毛细线虫卵 8. 比翼线虫卵 9. 多型棘头虫卵 10. 卷棘口吸虫卵 11. 前殖吸虫卵 12. 次睾吸虫卵 13. 毛毕吸虫卵 14. 有轮赖利绦虫卵 15. 矛形剑带绦虫卵 16. 片形皱褶绦虫卵

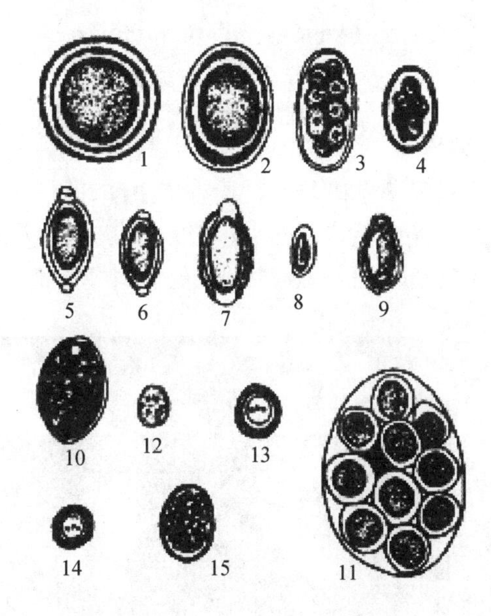

图 2-33 犬体内的寄生虫虫卵形态

1. 犬蛔虫卵 2. 狮弓蛔虫卵 3. 犬钩口线虫卵 4. 巴西钩虫卵 5. 犬毛首线虫卵 6. 毛细线虫卵 7. 肾膨结线虫卵 8. 血色食道线虫卵 9. 华枝睾吸虫卵 10. 棘隙吸虫卵 11. 犬复孔绦虫卵 12. 线中绦虫卵 13. 泡状带绦虫卵 14. 细粒棘球绦虫卵 15. 裂头绦虫卵

项目 4　皮肤疾病检验

技能 1　螨虫病检验

寄生于犬、猫等动物皮肤和耳内的螨有疥螨、背肛螨、蠕形螨、耳痒螨等，见图 2-34、图 2-35。

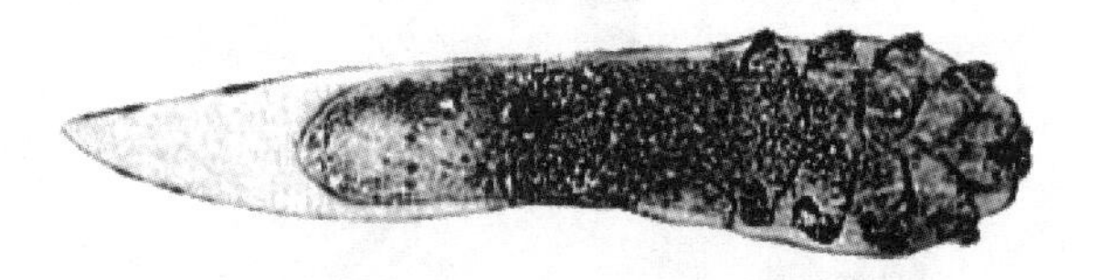

图 2-34　犬蠕形螨

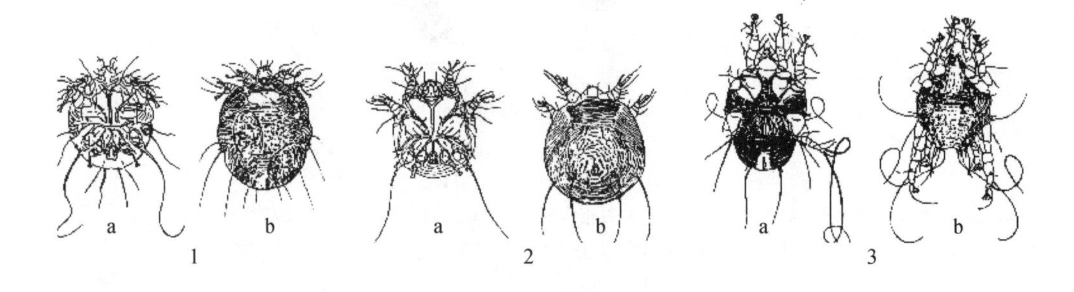

图 2-35　疥螨、背肛螨和耳痒螨
1. 疥螨　2. 背肛螨　3. 耳痒螨
a. 雌虫　b. 雄虫

犬、猫皮肤刮取螨虫的检查

(一) 病变皮肤刮取采样

在螨虫的检查中，病料采集正确与否是检查螨虫准确性的关键。刮取皮屑，在患病皮肤和健康皮肤交界处，先剪毛，用凸刃小刀，刀刃和皮肤面垂直，刮取皮屑，直到皮肤轻微出血，或用手挤压（图 2-36）刮取的病料置于消毒的小瓶或试管中。

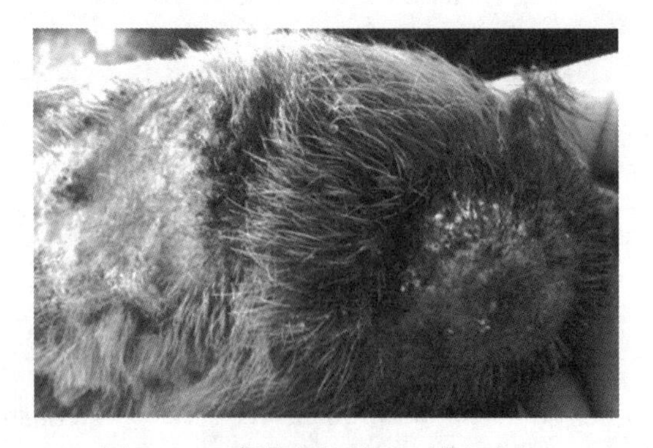

图 2-36　藏獒患部脱毛（螨虫感染）

1. 浅层刮取检验　此方法一般适用于大面积取样，用于检验螨虫，通常刮取肘部、耳缘、腹部等部位，最好选择感染严重的皮肤部位，刮取皮屑进行检验，刮取前应在刀片上或皮肤上滴上植物油，顺被毛生长方向进行刮取。这样检出率也只有50%。

2. 深层皮肤刮取检验 用来检验生长在毛囊中的蠕形螨，由于毛囊部位相当深，所以需要深层皮肤刮取物，用以取得有效样本，在刮取前可先用手捏挤皮肤，把蠕形螨由深部毛囊中挤到较表层，再刮取样本，一般容易采到虫体和卵。实验证明，在刮取前捏挤皮肤能使蠕形螨的检出率高于50%。同样使用带有植物油的刀片，顺毛发生长方向刮取，刮到微血管出血为止。在诊断蠕形螨刮取物检验结果时，除了找到蠕形螨之外，还需记下每个视野里成螨，幼虫和虫卵的相对数目，以及刮取部位，在患犬下次就诊时，必须要再进行皮肤深层刮取物检验，和上次检验结果对照，用于判断治疗效果。也可每月刮取一次，用于判断治疗效果。

（二）皮肤刮取物检验方法

1. 加热检查法 将病料置于培养皿中，在酒精灯上加热至27～40 ℃，将玻璃皿放于黑色衬景（黑纸、黑布或黑漆桌面等）上，用放大镜检查，或将玻璃皿置于低倍显微镜下检查，发现移动的虫体即可确诊（图2-37）。

2. 温水检查法 将病料浸入盛有45～60 ℃温水的玻璃皿中，或将病料浸入温水后放在37～40 ℃恒温箱内15～20 min，然后置于显微镜下检查，若见虫体从痂皮中爬出，浮于水面或沉于皿底即可确诊。

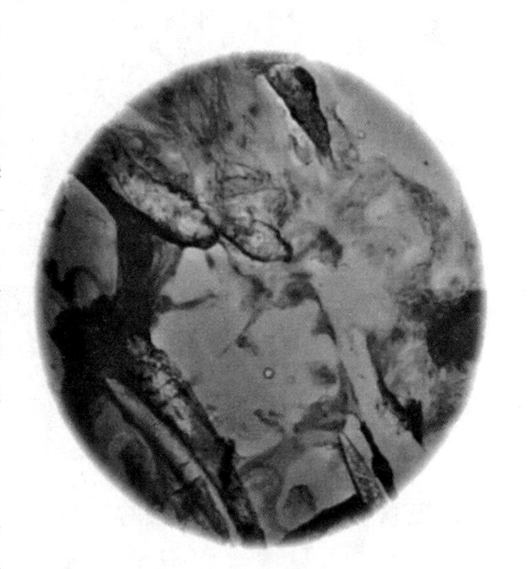

图2-37 犬蠕形螨

3. 煤油浸泡法 煤油的作用是使皮屑透明和螨体明显。将病料置于载玻片上，滴加数滴煤油后，加盖另一块载玻片，用手搓动两玻片，使皮屑粉碎且均匀分布，然后在显微镜或解剖镜下观察。

4. 皮屑溶解法 将病料浸入有10%氢氧化钠溶液的试管中，经1～2 h痂皮软化溶解，弃去上层液，用吸管吸取沉淀物，滴于洁净的载玻片上加盖玻片后镜检。为加速皮屑溶解，可将盛有病料的试管，在酒精灯上加热煮沸数分钟，然后，离心1～2 min后倒去上层液，吸取沉淀物制片镜检，观察螨虫或椭圆形淡黄色的薄壳虫卵。

技能2 真菌性皮肤病检验

（一）犬、猫真菌皮肤疾病

犬、猫皮肤疾病真菌有真菌犬小孢子菌、石膏样小孢子菌和石膏样毛癣菌。猫真菌性皮肤病多由犬小孢子菌（占98%）、石膏样小孢子菌和石膏样毛癣菌（各占1%）引起，犬皮肤真菌病也多由这三种真菌引起，它们分别占70%、20%和10%。

1. 犬小孢子菌病料检验 显微镜下可见圆形小孢子密集成群，围绕在毛杆上，皮屑中可见少量菌丝。在葡萄糖蛋白胨琼脂上培养，室温下5～10 d，菌落1.0 mm以上。取菌落镜检，可见直而有隔的菌丝和很多中央宽大、两端稍尖的纺锤形大分生孢子，壁厚，常有4～7个隔室，末端表面粗糙有刺。小分生孢子较少，为单细胞棒状，沿菌丝侧壁生长。有时可见球拍状、结节状和破梳状菌丝和厚壁孢子（图2-38）。犬皮肤小孢子菌病见图2-39。

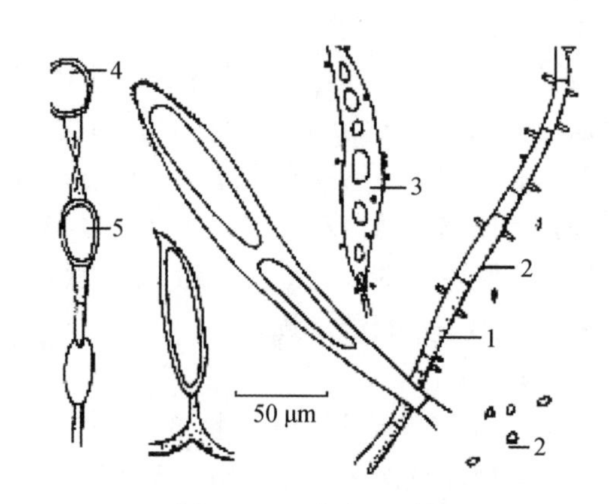

图2-38　犬小孢子菌

1. 菌丝　2. 小分生孢子　3. 大分生孢子　4. 球拍状菌丝　5. 厚壁孢子

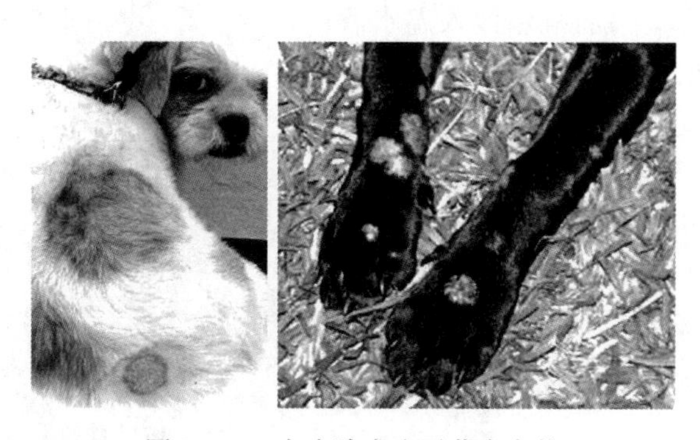

图2-39　犬皮肤小孢子菌病症状

2. 石膏样小孢子菌病料检验　显微镜下可见孢子呈链状排列或密集成群包绕毛干，在皮屑中可见菌丝和孢子（图2-40）。在葡萄糖蛋白胨琼脂上培养，室温下3～5 d出现菌落，中心呈小环样隆起，周围平坦，上覆白色绒毛样菌丝。菌落初为白色，渐变为淡黄色或棕黄色，中心色较深。取菌落镜检，可见有4～6个分隔的大分生孢子，呈纺锤状。菌丝较少。第一代培养物有时可见少量小分生孢子，呈单细胞棒状，沿菌丝壁生长。此外，有时可见球拍状、破梳状、结节状菌丝和厚壁孢子。

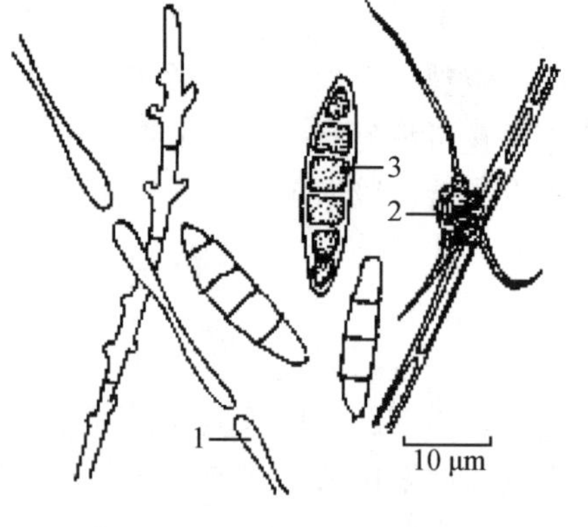

图2-40　石膏样小孢子菌

1. 球拍状菌丝　2. 结节菌丝　3. 大分生孢子

3. 石膏样毛癣菌（须毛癣菌）**病料检验**　在显微镜下皮屑中可见有分隔菌丝或结节菌丝，孢子排列成串（图2-41）。在葡萄糖蛋白胨琼脂上培养，25℃生长良好，有两种菌落出现。绒毛状菌落：表面有密短整齐的菌丝，呈雪白色，中央呈乳头状突起；镜检可见较细的分隔菌丝和大量洋梨状或棒状小分生孢子。偶见球拍状和结节状菌丝。粉末状菌落：表面为粉末样，较细，呈黄色，中央有少量白色菌丝团；镜检可见螺旋状、破梳状、球拍状和结节状菌丝，小分生孢子呈球状，聚集成葡萄状，有少量大分生孢子。

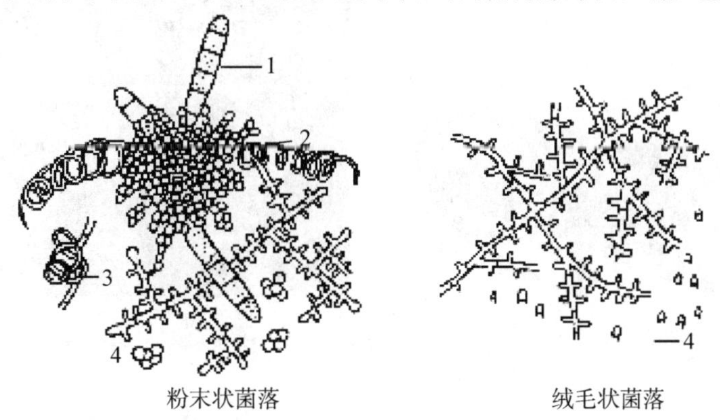

图2-41　石膏样毛癣菌
1. 大分生孢子　2. 螺旋菌丝　3. 结节菌丝　4. 小分生孢子

（二）真菌性皮肤病皮肤刮取物检验

1. 真菌显微镜检查

（1）氢氧化钾法。将标本置于在玻片上，加一滴10%氢氧化钾溶液，盖上盖玻片放置5～10 min或直接在火焰上快速通过2～3次微加热，轻压盖玻片驱逐气泡并将标本压薄后置于显微镜下检查。先在低倍镜下观察有无菌丝和孢子，然后用高倍镜观察孢子和菌丝的形态特征、大小和排列等。对于角质标本，必要时可在10%氢氧化钾溶液中，加入40%二甲亚砜，促进其溶解。真菌检查阳性有确诊作用，如阴性也不能排除真菌性皮肤病的诊断。

（2）乳酸酚棉蓝染色法。于洁净载玻片上，滴1～2滴乳酸酚棉蓝染色液，用解剖针从真菌菌落的边缘外取少量带有孢子的菌丝置于染色液中，再细心地将菌丝挑散开，然后小心地盖上盖玻片（加热或不加热），注意不要产生气泡。置显微镜下先用低倍镜观察，必要时再换高倍镜（图2-42）。

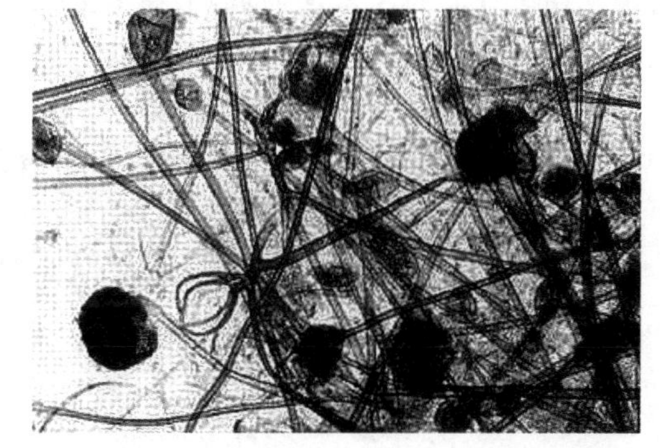

图2-42　皮肤真菌（乳酸酚棉蓝染色）

（3）革兰氏染色法。所有的真菌、放线菌均为革兰氏染色阳性，呈紫黑色。适用于酵母菌、孢子丝菌、组织胞浆菌、诺卡菌及放线菌等培养物的形态检查。

2. 真菌培养　常规的培养基是采用沙堡弱（sabouraud）培养基。将从病灶取来的鳞屑、毛或疱膜接种后，放入25～30 ℃恒温箱中培养。一般5 d左右即可见菌落生长，随后可进行菌种鉴定。如经3周培养无菌落生长，可报告培养阴性。

3. 滤过紫外线灯检查　滤过紫外线灯又称伍德（wood）灯，系紫外线通过含有氧化镍的玻璃装置。于暗室里可见到某些真菌在滤过紫外线灯照射下产生带色彩的荧光，这样可根据荧光的有无以及色彩不同，在临床上对浅部真菌病诊断提供参考（图2-43、图2-44）。

图2-43 伍德灯

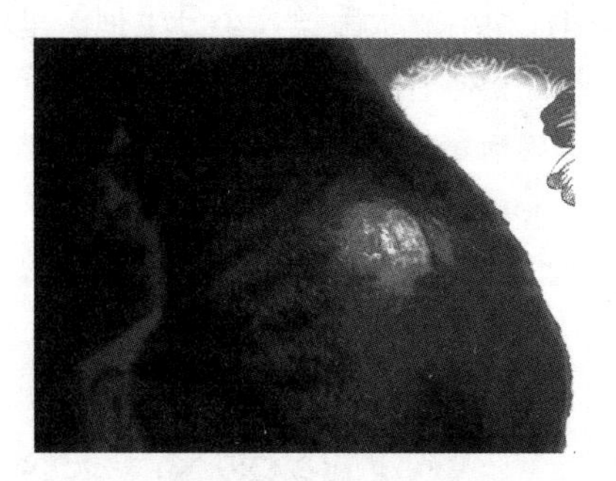

图2-44 伍德灯照射患部发出银色的光

项目5 穿刺液化验

技能1 胸腔、腹腔穿刺液的理化检验

正常情况下，胸腹腔含有少量液体，与浆液膜毛细血管的渗透压保持平衡。当血液内胶体渗透压降低、毛细血管内血压增高或毛细血管的内皮细胞受损，均可使胸腹腔内液体增多，这种因机械作用引起的液体积聚，称为漏出液，如肝、肾疾病，心功能不全及淋巴管梗阻等。因局部组织受损，炎症所致的积液，称为渗出液，这种液体中含有较多血细胞、上皮细胞和细菌等，按其性质可分为浆液性、纤维素性、出血性及化脓性等。

当漏出液或渗出液积聚于胸腹腔时，可无菌穿刺取得样本，为防止渗出液凝固，可预先在试管里加入3.8%枸橼酸钠溶液，约占标本总量的1/10。

（一）胸腔、腹腔穿刺液的物理学检验

1. 颜色与透明度 正常胸腔液、腹腔液为无色或微带黄色的透明液体。渗出液为黄、淡红或红黄色，混浊半透明；漏出液为稀薄、淡黄、透明的液体；血样液体，可能是出血性炎症或内脏破裂。

2. 凝固性 正常的胸腔液、腹腔液不凝固。渗出液含多量纤维蛋白原易凝固，漏出液一般不凝固。

3. 密度 测定方法同尿密度的测定。渗出液易凝固，应尽快用密度计测定其密度，或加入适当比例抗凝剂，防止凝固。如液体量较少，可用硫酸铜溶液测定密度。渗出液的相对密度在1.018以上，漏出液的相对密度在1.015以下。

（二）胸腔、腹腔穿刺液的化学检验

胸腔液、腹腔液的化学检验以蛋白质的测定为主，以鉴别渗出液与漏出液。

1. 李凡他（Rivalta）蛋白定性试验

（1）*原理*。渗出液中含多量浆液黏蛋白，为一种酸性糖蛋白，滴入稀释的冰醋酸溶液中，可产生白色絮状沉淀。

（2）*方法*。取100 mL量筒一只，加入蒸馏水至刻度，滴入1滴冰醋酸，搅拌混

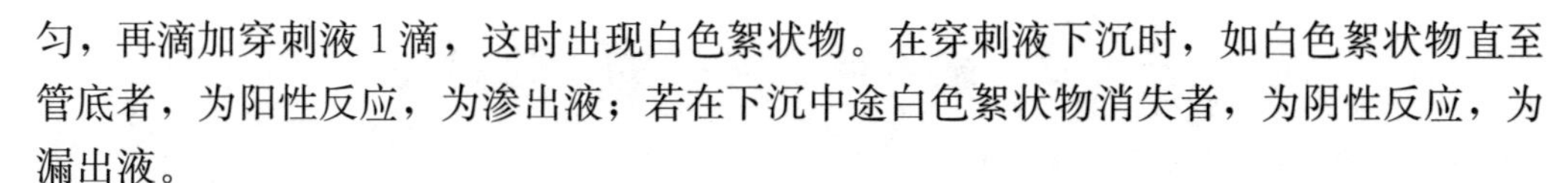

匀，再滴加穿刺液1滴，这时出现白色絮状物。在穿刺液下沉时，如白色絮状物直至管底者，为阳性反应，为渗出液；若在下沉中途白色絮状物消失者，为阴性反应，为漏出液。

2. 蛋白质定量 胸腔、腹腔穿刺液的蛋白质定量可用尿蛋白试纸法测定，但胸腔、腹腔穿刺液含蛋白质较多，穿刺液应稀释10倍后再进行测定。必要时，可用血液化学检验中血清总蛋白定量法测定。蛋白质含量在3%以上为渗出液，漏出液蛋白质含量常在3%以下。

（三）胸腔液、腹腔液的显微镜检验

1. 细胞计数 包括红细胞，白细胞和间皮细胞等，计数方法大致同血细胞计数。计数时，根据细胞多少，用生理盐水适当稀释。由于穿刺液中常含凝块或碎片，计数结果误差较大。

2. 白细胞分类计数 将新鲜穿刺液离心，弃上清液，将沉淀物置载玻片上涂片（为使沉淀更易附在玻片上，可在沉淀物中加入1滴血清），再用瑞氏染色法染色，镜检。如穿刺液较混浊，可直接涂片，染色镜检。

中性粒细胞大量增加见于急性化脓性疾病。淋巴细胞大量增加见于慢性胸膜炎、腹膜炎及肿瘤。嗜酸性粒细胞减少见于过敏性疾病及某些寄生虫病。漏出液中细胞较少，主要为间皮细胞或有少量淋巴细胞。渗出液与漏出液的鉴别见表2-15。

表2-15 渗出液与漏出液的鉴别

	渗出液	漏出液
颜色	淡黄、黄色、浅红、血色	无色，有时淡黄
透明度	混浊	透明
凝固性	自凝	不自凝
相对密度	>1.018	<1.015
黏蛋白检验	阳性	阴性
蛋白质	>3%	<3%
红细胞	有	无或少见
白细胞数	常>5×10^9个/L	<3×10^9个/L
白细胞分类	多量中性粒细胞	少量淋巴细胞及间质细胞
微生物	有病原菌	无

（四）临床意义

（1）胸、腹腔穿刺液检验主要是鉴别液体的性质，即是炎性渗出液还是漏出液。

（2）根据穿刺液的理化性质检验，可为疾病的确诊提供可靠的依据并判定预后。如胸膜疾病过程中，胸腔穿刺液由浆液性转变为脓性或腐败性时，多为预后不良。腹腔穿刺液中混有饲料碎片，见于胃、肠破裂。直肠检查时，如损伤直肠，可进行腹腔穿刺以鉴别是否穿孔；穿刺液呈淡红或血样，或呈黄绿色，混有粪渣，见于直肠穿孔；穿刺液有尿臭味，见于膀胱破裂。在马疝痛经过中，如腹腔穿刺液由淡黄色变为红色时，往往为继发肠变位。

技能2　脑脊髓穿刺液的理化检验

（一）脑脊髓穿刺液物理学检验

1. 颜色　正常脑脊髓液为无色清亮液体，放置10 h以上变为乳白色，如新鲜脑脊髓液颜色发生变化，即为异常。

（1）红色。见于穿刺时的损伤或出血性脑膜炎。

（2）黄色。见于严重黄疸、梨形虫病、弓形虫病、新生肿瘤、脓肿、脊髓腔阻塞及静脉注射黄色素之后。

（3）绿色。见于铜绿假单胞菌感染性脑膜炎。

（4）乳白色。见于化脓性脑膜炎。

2. 透明度　正常脑脊髓液为澄清透明液体，仅含极少的淋巴细胞和罕见的红细胞。当其中细胞、微生物或蛋白质增多时，出现混浊，见于病毒性脑膜炎、流行性乙型脑炎、结核性脑膜炎、化脓性脑膜炎、脑脊髓出血等。

3. 凝固性　正常脑脊髓液不含纤维蛋白原，不会凝固。当脑脊髓液中蛋白质和细胞增多时，会产生凝固，见于急性化脓性脑膜炎及结核性脑膜炎等。

4. 密度　用测定脑脊髓液的密度计测定。健康动物脑脊髓液相对密度为马1.000～1.007；牛1.006～1.008；羊1.006～1.008。相对密度增高见于化脓性脑膜炎及传染性脑脊髓膜炎。

5. 气味　正常脑脊髓穿刺液无臭无味，若新鲜脑脊髓液发臭腐败，见于化脓性脑脊髓炎；有尿臭味，见于尿毒症。

（二）脑脊髓穿刺液化学检验

1. pH　正常脑脊髓液pH为碱性，牛、马的pH为7.4～7.6；羊的pH为7.3～7.4。当脑脊髓液pH降低时，见于脑膜脑炎、麻痹性肌红蛋白尿及酸中毒。

2. 蛋白质　健康动物脑脊髓液中蛋白质量如表2-16。

（1）蛋白质定性（硫酸铵试验）。

（2）蛋白质定量（磺基水杨酸试验）。

表2-16　健康动物脑脊髓液中蛋白质量

动物种类	脑脊髓液总蛋白质量/%
马	29.7～40.0
牛	23.3～30.0
绵羊、山羊	20.0～25.0
骆驼	25.0～32.0

血脑屏障通透性增大时，脑脊髓液蛋白质增多，见于脑膜炎、脑炎、日射病和热射病、败血症及其他高热性疾病。

3. 葡萄糖　方法同尿中葡萄糖测定。健康动物脑脊髓液葡萄糖的含量见表2-17。

表 2-17 健康动物脑脊髓液葡萄糖含量

动物种类	脑脊髓液葡萄糖含量/%
马	54～58
牛	38.2～52.5
绵羊、山羊	39～62
骆驼	59～64

脑脊髓液的含糖量受血糖浓度的影响，并与动物年龄、品种、饲养状况及生理状态而有关。脑脊髓液含糖量增多见于高糖血症，病毒性脑炎、脑膜炎及脑肿瘤可见含糖量轻微增加；含糖量减少见于化脓性脑膜炎、低糖血症、衰竭症及血斑病。

4. 钠和氯 方法同血清中氯化物测定。正常脑脊髓液里钠和氯比血液里钠和氯水平稍高。氯化物增加见于尿毒症、食盐中毒；氯化物减少见于脑膜炎、低氯血症和低钠血症。

（三）脑脊髓液细胞学检验

脑脊髓液细胞学检查主要包括细胞计数和细胞分类计数，有助于疾病的诊断及预后和治疗方案的确定。脑脊髓液细胞数量不断增加，提示病情加重；细胞数量减少，提示病情趋向好转。

1. 细胞计数 脑脊髓液中细胞计数，必须在采集后立即进行，否则细胞会被破坏。细胞计数主要为白细胞的计数，方法同血细胞计数。正常脑脊髓液中无红细胞或仅几个，有少量白细胞（小于 5 个/μL）。如白细胞数量增加，见于脑脊髓炎、日射病、热射病、媾疫、牛恶性卡他热。

2. 细胞分类计数 当白细胞增多时，需进行分类计数，方法同胸腹腔积液时细胞分类计数。

（1）中性粒细胞增多。见于细菌性脑炎、细菌性脑膜炎、化脓性脑膜炎及脑出血。

（2）单核细胞增多。见于病毒性感染。

（3）嗜酸性粒细胞增多。见于某些寄生虫、隐球菌感染。

（4）肿瘤细胞。见于神经系统肿瘤。

职业技能考核

【理论考核】

1. 血液标本采集与血液样本处理技术的解剖生理学理论基础与操作注意事项。

2. 血液涂片制备与染色操作的注意事项。

3. 血液检验、尿液检验、粪便检验、皮肤疾病检验、穿刺液化验的生理学理论基础、检验的临床意义与检验注意事项。

【操作考核】

按照兽医化验室检验程序，对下列各项进行检验操作，对检查项目记录化验单，建立初步实验室诊断：

1. 禽类、猪、牛（羊)、犬（猫）血液标本采集。
2. 血液样本处理与血液的抗凝处理。
3. 血液涂片制备与染色。
4. 血液细胞检验与分析诊断。
5. 血液生化检验与分析诊断。
6. 血气检测与分析诊断。
7. 尿液样品的采集和保存。
8. 尿液的物理学检查。
9. 尿沉渣显微镜检验。
10. 尿液干化学分析仪分析检测与分析诊断。
11. 粪便物理学检验。
12. 粪便化学检验。
13. 粪便显微镜检查。
14. 粪便中寄生虫虫卵检查。
15. 螨虫病检验。
16. 真菌性皮肤病检验。
17. 胸腔与腹腔穿刺液理化检验与诊断分析。
18. 脑脊髓穿刺液的理化检验与诊断分析。

模块3

仪器诊断分析技术

<table>
<tr><td colspan="2">岗位</td><td>X线、B超、心电图、内窥镜等仪器诊断分析室</td></tr>
<tr><td colspan="2">岗位技术</td><td>动物疾病仪器诊断分析</td></tr>
<tr><td rowspan="3">岗位目标</td><td>应掌握理论</td><td>X线诊断、B型超声检查、心电图检查、内窥镜检查分析动物解剖学基础与诊断分析的临床适应证</td></tr>
<tr><td>应熟练技能</td><td>X线机设备识别与安全防护、X线透视检查、X线机的摄影检查、四肢骨与关节X线摄影检查、脊柱和骨盆X线摄影检查、胸部X线摄影检查、腹部X线摄影检查、X线造影检查、B型超声诊断仪器认识与声像图术语、妊娠超声诊断探查、腹部脏器超声诊断探查、心电图检测、心电图测量方法、心电图分析与报告、内窥镜的结构、消化道内窥镜检查、呼吸道内窥镜检查、直肠内窥镜检查操作</td></tr>
<tr><td>职业素养培养</td><td>具有爱岗敬业、强烈的责任心；形成认真仔细、实事求是的态度；养成规范的仪器操作、准确的结果判读、善于思考、科学分析的良好作风。具备注重安全防范意识</td></tr>
</table>

【思政故事】传承、创新发展的中兽医学家——于船

项目1　X线诊断

技能1　X线机设备识别与安全防护

（一）X线机设备识别

1. 固定式X线机　一般地，固定式X线机多性能较高，其组成结构包括机头，可使机头多方位移动的悬挂、支持和移动的装置，诊视台、摄影台、高压发生器及控制台等（图3-1）。固定式X线机需要安装在室内固定位置，机头可做上下、左右和前后的三维活动，摄影床也可做前后和左右运动，该结构便于动物摄片时的摆位。

X线检查在兽医临床应用

固定式X线机可进行大动物和小动物的透视和摄影检查。固定式X线机最大管电压为100～150 kV，管电流为100～500 mA。为克服动物活动造成的摄影失败或影像模糊，中型以上固定式X线机的曝光时间应能控制到0.01 s。中型以上的固定式X线机一般有两个焦点，即大、小焦点。有的固定式X线机还有影像增强器和电视设备，以方便透视和造影检查，保证了工作人员的安全。

2. 便携式X线机　便携式X线机包括X线机头、支架和小型控制台（图3-2），这些部件全部装在一个箱子中，使用时从箱中取出进行组装。携带式X线机方便搬运，适合流动检查和小规模兽医诊所使用，既可透视，也可拍片，可进行大动物的四肢下部摄影检查和小动物身体各部的检查，但胸部摄影效果较差。便携式X线机只配备一个简单的透视屏，其防护条件较差，只宜做短时间的透视。有的便携式X线机最大输出可达90 kV、10 mA，电子限时器在0.2～10.0 s可调。

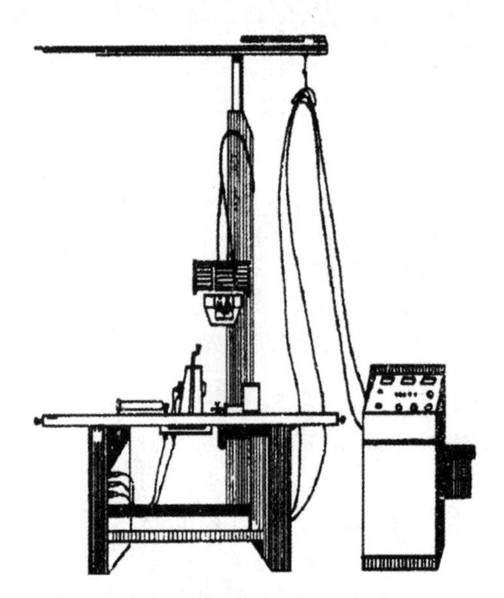

图3-1　固定式X线机

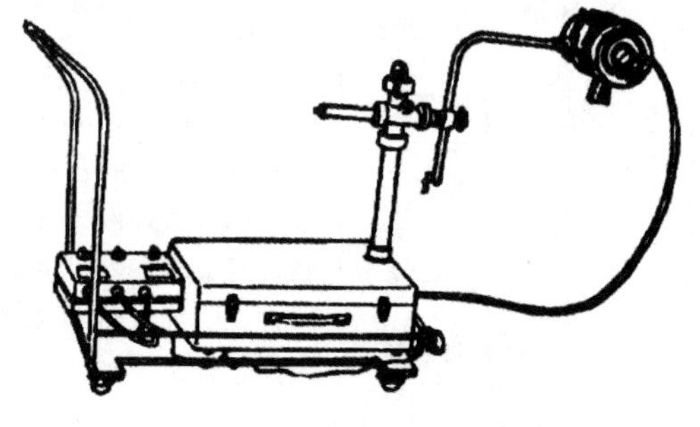

图3-2　携带式X线机

3. 移动式X线机　移动式X线机（图3-3）多为小型机器，机器底座安有3～4个轮子，可以将机器移至需要的地点。支持机头的支架有多个活动关节，可以屈伸，便于确定和调整投照方位。移动式X线机的管电压一般在90 kV左右，管电流有30 mA和50 mA等，电子限时器在0.1～6 s可调。

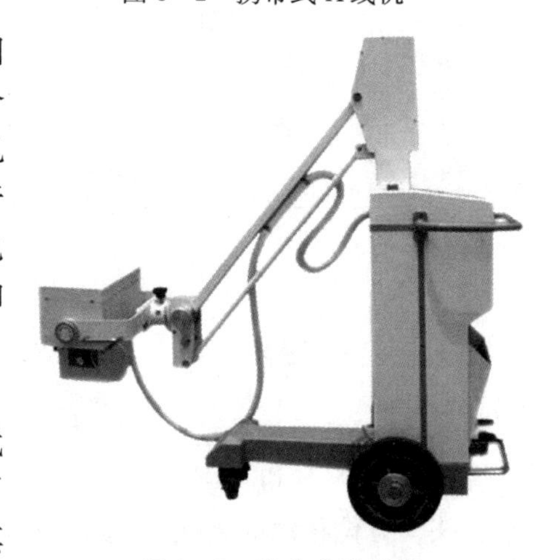

图3-3　移动式X线机

（二）X线安全防护

X线的发现在人类科学史上具有划时代意义，特别是对人类医学和动物医学做出了重大贡献。然而，X线是一把“双刃剑”，其所带来的辐射损伤无法避免和忽视。因此，临床工作中必须做好兽医工作者、被检动物和公众的X线辐射防护工作。

1. X线防护的目的　X线在本质上与无线电波、红外线和紫外线等一样同属电子辐射，具有物理特性（如穿透作用、电离作用）、化学特性和生物效应。其中，电离作用和生物效应是X线损伤和X线治疗的基础，也是X线防护的依据。

放射线对机体造成的损害随放射照射量的增加而增大，大量的放射线会造成被照射部位的组织损伤并致癌变，即使是小剂量的放射性照射，尤其是长时间的小剂量辐射蓄积也会诱发受照射器官组织发生癌变，并致使受照射的生殖细胞发生遗传缺陷。X线辐射防护的主要目的是防止发生有害的非随机性效应，并将随机性效应的发生率限制至可接受水平，以保证兽医工作者、被检动物、公众及其后代的健康和安全。

2. X线防护的具体措施

（1）机房的防护要求。机房需要较大空间，并有通风设备，尽量减少放射线对身体的影响。另外，机房墙壁应由一定厚度的砖、水泥或铅皮构成。

（2）兽医工作人员的防护。患病动物检查前，需对其具体情况予以评估，根据检查设备性能和工作条件制订方案，减少不必要的辐射。在不影响诊断效果的前提下，尽量增加X线管与被检动物和兽医工作者的距离，尽量缩短接触射线的时间，严禁无关人员进入曝光时的X线摄影室。进行X线检查时，工作人员不得将身体的任何部位暴露在原发X线之中，尽可能避免直接用手在透视下操作，例如骨折复位、异物定位及胃肠检查等。工作人员必须穿戴个人防护用具，如铅橡皮手套、铅围裙及铅玻璃眼镜等。

（3）被检动物的防护。临床执业兽医师应严格掌握X线检查的适应证，并确定最佳的摄影方案，实现辐射时间的正当化。积极运用屏蔽防护，如用铅皮作为防护用品遮盖被检动物的非受检部位，特别是性腺结构应避免射线的直接照射。临床工作中要对被检动物做好保定工作，保证检查过程顺利，避免不必要的重复扫描，对于骚动不安的动物，先行镇静后再检查。应避免对患病动物，特别是幼龄动物短期内进行反复多次检查及不必要的复查。应尽量避免对性成熟及发育期的动物作腹部照射，尽量控制照射次数，避免伤害生殖器官。

技能2　X线透视检查

透视检查是利用X线的摄影作用和荧光效应。由于动物机体每个部位的密度与厚度存在差异，对X线的吸收量也不同。当X射线经过动物机体后，其到达透视屏的射线量也不相同，在透视屏上激发产生的可见荧光有亮、暗差别，从而构成人眼可以识别的影像。

（一）透视检查适应证

透视检查时，X线穿过被检动物到达荧光屏上，产生被检动物的影像。检查者面对透视屏或电视屏幕进行观察，必要时可移动透视屏或被检动物，以便从各个位置和不同角度观察病变。通过透视还可观察到内部器官的动态影像，因此，透视技术是一种经济、方便、快速的X线技术，可应用于以下情况：

（1）确定病变范围和部位，为摄影进行前期定位。

（2）对外科手术进行帮助、指导、治疗效果判定和预后判定，如骨折整复、异物定位和取出。

（3）观察某些器官或系统的动态变化，如心脏、大血管的搏动，食管、小肠内造影时硫酸钡通过情况。

（4）评价膈运动和肺功能。

（5）对畜群进行检疫，如对猪气喘病进行普查。

（二）透视检查技术

1. 透视前准备

（1）检查者的准备。透视前，应先了解动物临床初步诊断结果及透视目的。检查者提前 10 min 进入暗室进行暗适应，如果检查者在透视前必须在日光或灯光下作业，可提前 15 min 佩戴红色眼睛，以使眼睛保持在暗环境中。

（2）被检动物的准备。去除被检动物一切影响 X 线透视的物质，如项圈、金属饰物、衣服、皮肤上的杂物等。将动物安全保定，必要时予以镇静剂，甚至进行麻醉。确实保定后，将荧光屏贴近动物体，对准被检部位，并与 X 线中心垂直。

2. 透视操作

（1）调节透视条件。管电流通常使用 2～3 mA，最高时亦不能超过 5 mA。管电压依被检部位厚度而定，以 50～70 kV 为宜。X 线焦点与透视屏的距离视具体情况而定，检查部位越厚，距离也应越长，一般在 50～100 cm。

（2）透视观察。透视时，先适当开大光门，对被检部作全面观察，注意有无异常，然后再缩小光门，分区观察，一旦发现疑似病变，则应缩小光门作重点深入观察。最后将光门开大复核一次，并与对称部位进行比较。

透视观察时间即 X 线的发射时间由检查者掌握，以间断曝光的形式进行。透视总时间越短越好，每个病例一般为 3～5 min。

（三）透视检查技术的优缺点

1. 透视检查的优点

（1）可以任意转动被检动物进行多角度透视观察。

（2）可观察运动器官的运动功能。

（3）操作简单、费用低廉。

（4）可以即时获得检查结果。

（5）可以在透视监护下进行诊断和治疗。

2. 透视检查的缺点

（1）细微病变和较厚部位观察不清。

（2）不能留下永久记录。

（3）被检动物接受的辐射剂量大。

技能 3　X 线机摄影检查

摄影检查是指将动物要检查的部位摄制成 X 线片，然后再对 X 线片上的影像进行分析的方法。X 线片上的空间分辨率较高，影像清晰，可观察到较细微的变化，身体较厚部位及厚度与密度差异较小部位的病变也可以显示。因此，诊断准确率较高。同时，X 线片可长期保存便于随时比较和复查参考。尽管摄影检查需要的器材多，费时较长，成本也较高，但其仍是兽医影像检查中最常用的一种方法。

（一）摄影检查技术

1. 摄影前准备　摄影前应了解摄影检查的目的和要求，以便决定摄影位置和所需胶片大小，于透视前准备。需要确实保定动物，并将动物体表影响 X 线穿透力的物质清除干净，防止在 X 线片上留下干扰的阴影。

2. 摄影操作步骤

（1）阅读检查单。仔细阅读检查单内容，认真核对被检动物种类、性别、年龄等信息，明确投照部位和检查目的。

（2）确定摄影位置。一般根据医嘱采用常规位置投照，如遇特殊病例，可根据被检动物情况加照其他位置，如切线、轴位等。

（3）测量体厚。测量被检动物投照部位的最厚处的厚度，以便查找和确定投照条件。

（4）选择胶片尺寸。根据投照方式、要求范围，应选择合适胶片尺寸。

（5）安放照片标记。诊断用X线片必须进行标记，以免发生混乱，同时也便于查找。标记应置于暗盒的适当部位，不可摆在诊断范围之内。

一张X线片的标记内容应包括X线片号码、摄片日期、投照体位，完整的标记还应包括医疗机构名称、畜主姓名、住址、畜别、品种、性别和年龄等，这些可在X线片的专用袋上记载。X线片的标记方法很多，常用的是铅字标记法和打印标记法。

（6）摆位置。对于中心线依照投照部位及检查目的，按标准位置摆好体位，尽量减轻被检动物的疼痛，根据要求将中心线对准被摄部位，并校对胶片位置是否包括要求投照的肢体范围。X线管、被检动物机体和片盒三者在一直线上，X线束的中心应在被检动物机体和片盒中央。

（7）选择曝光条件。根据投照部位、体厚、生理和机器条件，选择大小焦点、管电压（kV）、管电流（mA）、时间（s）和焦点到胶片的具体距离（FFD）。

（8）曝光。以上各步骤完成后，再校正控制台各曝光条件是否有错，然后选择动物安静不动时曝光。在曝光过程中，密切注意各仪表工作情况。

（9）记录。曝光结束后，操作者签名，特殊检查部位应做好记录，同时将曝光后的胶片送暗室内冲洗，晾干后剪角装套。

3. 胶片冲洗流程

（1）显影。显影时，将曝光后的X线片从暗盒中取出，然后选用和胶片尺寸相对应的洗片架，将胶片四角固定，先在清水内润湿1～2次，除去胶片上可能附着的气泡，再把胶片轻轻放入显影液内显影。

显影液是将胶片上的潜影转变为可见影的化学溶液，可把曝光的卤化银晶体转变成黑色的金属银。

可以采取边显影边观察的方法，也可以采取定时显影方法，但后者必须保持恒定的照射量，否则难以保证照片的密度一致。该过程中应注意显影液的新鲜程度、显影效果、显影时间的控制和显影液的搅动。通常以固定的温度、显影时间和搅动方式为好。

（2）漂洗。漂洗液是将显影液从胶片上洗去，以停止显影进程，防止显影液污染定影液。胶片进入显影液之后，凝胶内残留大量的显影液，如果把胶片直接放入定影液，碱性的显影液将中和酸性的定影液。通常，清洗液使用循环水，冲洗胶片10～20 s取出，滴去片上的水滴即行定影。

化学溶液（如醋酸和水）可用作另一种停止显影的方法，这种化学溶液称为停显液。自动冲洗时，清洗液或停显液是不必要的，因为滚轴会在胶片抵达定影槽前除去胶片上多余的显影液。

（3）定影。定影液的作用，一是除去胶片上未曝光的卤化银晶体；二是硬化凝胶层，使胶片烘干而表面未被破坏，这个过程称为定影。定影的作用就是将X线胶片上未曝光的卤化银溶去，而剩下完全由金属银颗粒组成的影像。

将漂洗后的胶片浸入定影液中，定影的标准温度和定影时间不像显影那样严格。通常，定影所需时间是显影时间的 2 倍，以确保凝胶最大程度的硬化。一般定影液的温度以 16～24 ℃为宜，定影时间为 15～30 min。

当胶片放入定影液中时，不要立即开灯，因为定影不充分的胶片，残存的溴化银仍能感光，若过早在灯下曝露，则会使影像发灰。

如连续洗片时，应按顺序排列，在晃动和观片时要避免划伤药膜及相互粘连。

(4) 流水冲洗。冲洗的目的是除去胶片表面的洗片用化学物质。定影后的乳剂膜表面和内部，残存着硫代硫酸钠和少量银的络合物。如不用水洗掉，残存的硫代硫酸钠则会与空气中的二氧化碳和水发生化学反应，分解出的硫与胶片上的金属银作用，形成棕黄色的硫化银，使影像变黄，失去保存价值。

手工洗片时，建议平均冲洗时间为 20～30 min，洗片时周期性搅动水或用流水冲洗。自动洗片时，洗片机的给水系统将环绕冲洗架和胶片按稳定速率流出温水。

(5) 干燥。胶片冲洗完毕后，可放入电热干片箱中快速干燥，也可放在晾片架上自然干燥，禁止在强烈的日光下暴晒和高温烘烤，以免乳剂膜熔化或卷曲。

胶片晾干的一个常见问题是水斑或其他干燥痕，通过使用称为表面张力降低剂(去污剂)的湿润剂可以加快干燥过程和避免一些伪影。

(二) 摄影检查技术的优缺点

1. 摄影检查的优点

(1) 图像清晰反衬度好。

(2) 细微病变和厚实部位观察清晰。

(3) 患病动物接受的辐射剂量较小。

(4) 有永久性记录，可供复查对比。

2. 摄影检查的缺点

(1) 不便于观察运动器官的运动功能。

(2) 技术复杂，费用较高。

(3) 获得结果所需时间较长。

(三) 摄影检查注意事项

(1) 摄影前，动物应禁食 12 h。

(2) 投照腹部、后部脊柱、骨盆和尿路等平片时，应事先做好肠道准备。

(3) 根据动物大小与拍摄部位大小，选择合适的暗盒和胶片，在暗室内进行装片。

技能 4　四肢骨与关节 X 线摄影检查

骨骼、关节及相邻软组织在临床上经常发病，常由外伤、炎症、肿瘤、营养代谢障碍等所致。对于骨和关节的检查，因 X 线检查技术方法简便，费用低廉，仍为常用和首选检查方法。

(一) 骨和关节的检查方法

骨骼中含有大量钙盐，是动物体中密度最高的组织，与其周围的软组织具有鲜明的天然对比。在骨的自身结构中，骨皮质和骨松质及骨髓腔也有明显的密度差异。因此，一般X线摄影能对骨与关节疾病进行诊断。但需指出的是，某些疾病在早期X线检查时可能表现阴性，随病情发展会逐渐表现出X线征象，故应进行定期复查，避免发生遗漏而导致误诊。

骨和关节X线摄影检查时需注意以下几点：

（1）任何部位都要拍摄正面、侧面两个方位的X线片，有些部位可能要加拍斜位、切线位或轴位以及关节伸展和屈曲位。

（2）摄影范围应包括骨骼周围的软组织。除拍摄病变部位外，还应包括邻近的一个关节。

（3）拍摄关节时，应设法使X线束的中心平行通过关节间隙。检查关节的稳定性及关节间隙的宽窄时，应在关节负重的情况下进行拍摄。

（4）两侧对称的骨关节，病变在一侧而症状不明显或经X线检查而结果可疑时，需摄取对侧相同部位的X线片进行比较。

（二）骨病变的基本X线表现

1. 骨密度改变 许多疾病可引起机体骨密度改变，因此，骨密度的改变是各种原因所致骨疾病的主要X线表现。

（1）骨密度降低。某些病理过程中出现骨基质分解加速或骨盐沉积减少、吸收增多，使骨组织量减少或单位体积骨组织内的骨盐含量减少，导致骨组织的X线密度下降。骨密度下降可呈广泛性发生或局限性发生。

① 广泛性骨密度降低。可见于某一整块骨骼，也可发生在全身骨骼。X线表现为广泛性骨密度下降，骨皮质变薄，骨小梁稀疏、粗糙紊乱或模糊不清。常见于老龄性全身骨质疏松、肾上腺皮质肿瘤、长期服用皮质类固醇及因钙磷代谢障碍所致的佝偻病或骨软化症。

② 局限性骨密度降低。只发生于骨的某一局部，常因骨组织被破坏，病理组织代替骨组织而形成，骨松质和骨密质均可发生破坏。常见的原因有感染、骨囊肿、肿瘤和肉芽肿等。X线表现为患部有单一或多发的局限性低密度区。形状规则、界限清楚的多为非侵袭性病变；无定型、蚕食样或弥散性边界不整的低密度区可能为侵袭性病变。此外，也可根据病变发展速度推断病因，如炎症的急性期或恶性肿瘤骨质破坏常较迅速，轮廓多不规则，边界模糊。炎症的慢性期或良性肿瘤则骨质破坏进展缓慢，边界清晰。骨质破坏是骨骼疾病的重要X线表现，临床上应观察破坏区的部位、数目、大小、形状、边界及邻近组织的反应等，进行综合分析，对病因诊断具有较大帮助。

（2）骨密度增高。某种病理过程造成骨组织内骨盐沉积增多或骨质增生而使骨组织的X线密度增高。X线表现为骨质密度增高，有时伴有骨骼增大，骨小梁增多增粗、密集，骨皮质增厚、致密，骨皮质与骨松质界限不清，长骨的骨髓腔变窄或消失。局限性骨密度增高可发生在骨破坏区的周围，这是机体对病变的一种修复反应。广泛性骨密度增高可见于犬全骨炎、犬肥大性骨病、羊骨质石化症及氟中毒等疾病。

2. 骨膜增生 正常骨膜在X线片上不显影，当骨膜受到刺激后，骨膜内层成骨细胞活动增加产生新生骨组织，发生骨膜骨化。骨化后的骨膜便呈现出X线可识别的阴影。骨膜增生多见于炎症、肿瘤、外伤、骨膜下血肿等。

骨膜增生的X线表现形状各异，这与病变的性质有一定关系。骨膜增生常见于以下类型：

（1）均质光滑型。骨膜骨化后形成的新骨形态厚而致密，边缘光滑，与骨皮质界限清楚。此为非侵袭性疾病或慢性疾病的表现，如慢性非感染性骨膜炎、骨折愈合、慢性骨髓炎。

（2）层面型或“洋葱型”。新生骨沿骨干逐层沉积，呈层片状，层次纹理清楚。当疾病呈间歇性反复发作，每次发作即出现一次沉积而形成。常见于反复创伤、细菌性骨髓炎、某些代谢性骨病等。

（3）不规则型或花边型。形成的新骨呈花边型沿骨干分布，边缘清楚，界限明显，常见于肥大性骨病和某些骨髓炎。

（4）放射型。骨膜骨化形成的新骨呈放射状从骨皮质发出，形如骨针或骨刺，密度不均，与骨皮质界限不清。该类型常表明疾病病程快且具侵袭性。见于恶性骨肿瘤或急性骨膜炎。

3. 骨质坏死 当骨组织局部的血液供应中断后，骨组织的代谢停止，失去血液供应的组织则发生坏死。坏死的骨质即为死骨。在骨坏死的早期尚无X线异常表现，随病程发展，肉芽组织长向死骨，死骨骨小梁表面有新骨形成，在肉芽脓液等衬托下X线片上死骨的密度增高且局限化。骨质坏死常发生于慢性化脓性骨膜炎，也见于骨缺血性坏死和骨折后。

4. 骨骼变形 骨骼变形常与骨骼大小改变并存，可发生在单一骨骼，也可同时发生于多处骨骼或全身骨骼。局部病变或全身性疾病均可引起骨骼变形。各种先天性骨发育不良可致先天性畸形；佝偻病、骨骺提前闭合或骺板延缓钙化、骨折畸形愈合等可引起长骨改变；骨皮质宽度改变、骨髓腔内骨质增生可致骨髓腔宽度改变；佝偻病、骨软症等导致干骺端膨胀；完全骨折可引起骨结构破坏性变形，骨肿瘤、骨囊肿、骨膜炎等疾病引起局灶性骨结构破坏性变形。

5. 骨病变的部位和轮廓 掌握某些骨病变的常发部位和病灶的轮廓特征，有助于推断病因和了解病性。如果骨病灶的边缘整齐、轮廓清晰，预示病变性质为良性或非侵袭性；如果骨病灶的边缘模糊不清，与健康组织界限不明显，表明病变发展迅速，且恶性、侵袭性病变概率更高。原发性骨肿瘤、血源性骨髓炎的易发部位为骨端或干骺端；骨软症、增生性骨发育不良的常发部位在骺板和干骺端；犬全骨炎、肥大性骨病、转移性骨肿瘤易发部位则在骨干。

（三）关节病变的基本X线表现

1. 关节外软组织阴影的变化

（1）关节肿胀。关节肿胀主要由关节发生炎症所致。由于关节积液或关节囊及其周围软组织充血、出血、水肿和炎性渗出，导致关节周围软组织肿胀。X线摄影可见关节外软组织阴影扩大、密度增高及组织结构不清。

（2）关节萎缩。关节外软组织萎缩可引起关节外软组织阴影缩小，密度降低。常见于关节废用，如长时间的骨折固定。

（3）软组织内异物。关节发生开放性损伤，软组织内进入异物，关节外软组织阴影出现气影或异物阴影。

(4) 出现骨性阴影。关节囊或关节韧带的撕脱性骨折以及肌肉、肌腱、韧带或关节囊在关节骨抵止点处的骨化，会使关节外软组织阴影内出现高密度的骨性阴影。

2. 关节间隙的变化

(1) 关节间隙增宽。由于炎症造成关节大量积液，可见关节囊膨隆、关节间隙增宽。见于各种积液性关节炎和关节病。

(2) 关节间隙变窄。关节发生退行性变化时，关节软骨变性、坏死和溶解，引起关节间隙变窄。见于化脓性关节炎的后期和变性性关节病等（图 3-4）。

(3) 关节间隙宽窄不均匀。当关节支持韧带如侧韧带发生断裂时，关节失去稳定性，关节则表现出一侧宽一侧窄的 X 线影像（图 3-5）。

(4) 关节间隙消失。多为关节发生骨性连接即关节骨性强直的 X 线表现。当关节明显被破坏后，关节骨端由骨组织连接导致骨性愈合。多见于急性化脓性关节炎愈合后、变性性关节疾病。

(5) 关节间隙内异物。发生关节内骨折时，骨折片游离于关节腔内，出现骨影；发生关节透创时，外界异物可进入关节腔，可见关节间隙内有异物阴影；当关节感染产气菌时，关节间隙内则出现气影。

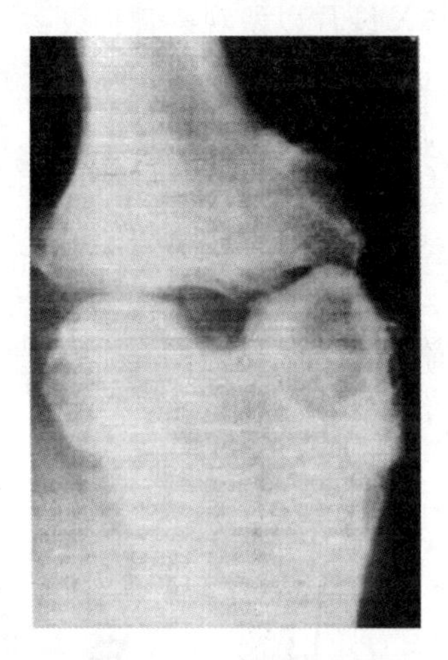

图 3-4 关节间隙变窄

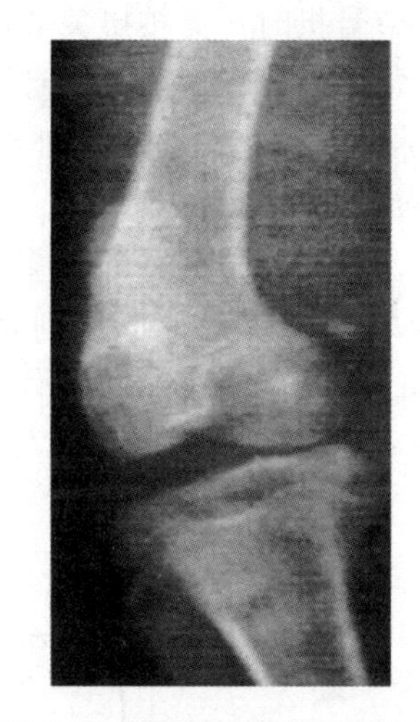

图 3-5 关节间隙宽窄不均匀

3. 关节面的变化

(1) 关节面不平滑。关节软骨及其下方的骨性关节面骨质被病理组织侵蚀、代替，导致关节破坏，关节面不平滑。疾病早期只破坏关节软骨时出现关节间隙变窄，骨性关节面受破坏后呈蚕食状毛糙不平或有明显缺损。见于化脓性关节炎后期、变性性关节病和犬类风湿关节炎等。

(2) 关节缘骨化。关节面周缘有新骨增生，形成关节唇或关节骨赘。见于变性性关节病、肌腱、韧带抵止点骨化。

(3) 关节骨囊肿。关节软骨下骨出现圆形或类圆形缺损区阴影，阴影边缘清晰，与关节腔相通或不相通，称为骨囊肿。常见于犬骨软骨病和关节病。

(4) 关节面断裂。关节面出现裂缝或关节骨有较大缺损。见于关节内骨折或骨端骨折。

4. 关节脱位 关节脱位是组成关节的骨骼脱离、错位。根据关节骨位置变化的程度分为全脱位和半脱位。关节脱位多为外伤性，也有先天性和病理性关节脱位。

(四) 常见骨骼疾病的 X 线表现

1. 骨折 骨的完整性或连续性中断称为骨折。动物长骨骨折最常见，其次为骨盆骨折、下颌骨骨折和脊椎骨骨折。骨折的检查、诊断和治疗主要依靠 X 线技术，X 线不仅可确定骨折的类型和程度，也可辅助骨折的复位固定和观察骨折的愈合过程。

(1) X 线检查技术。对骨折病例进行 X 线检查时，应避免加重骨折程度。要确保将患病部位保定确实后方可检查，疼痛严重病例，可对动物施行安定术或进行浅麻醉后再行检查。检查要点包括：

① X 线摄影范围应至少包括一个邻近的关节，以便确定骨折部位。

② 必须拍摄正、侧位，必要时还需加拍斜位等特定体位，或加拍健侧相同部位以对比 X 线片。

③ 设法使 X 线束中心线对准骨折线且与骨折线平行，X 线与骨折线垂直时可能显示不出骨折线。

④ 怀疑关节骨折时，需拍摄关节伸、屈位 X 线片以便观察骨折线。

⑤ 有些正常解剖结构或解剖变异易被误认为骨折，这些结构有滋养孔、骺板、籽骨分裂、韧带联合（桡尺骨、胫腓骨、掌骨间韧带联合）。

(2) 骨折的基本 X 线表现。

① 骨折线。骨骼断裂后，断面多不整齐，X 线片上呈不规则的透明线，称为骨折线。骨皮质显示明显，在骨松质则表现为骨小梁中断、扭曲、错位。

② 骨变形。骨折后由于断端移位可使骨骼变形。X 线可见的移位种类有分离移位、水平移位、重叠移位、成角移位和旋转移位等（图 3-6）。

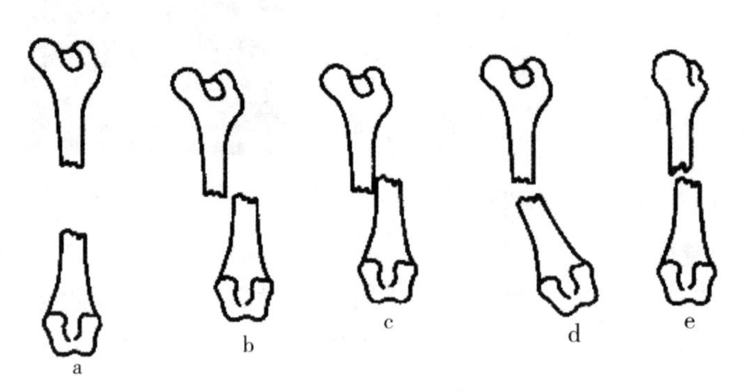

图 3-6 骨折移位类型示意

a. 分离移位 b. 水平移位 c. 重叠移位 d. 成角移位 e. 旋转移位

③ 软组织肿胀。外伤性骨折常伴有骨折部软组织损伤肿胀，X 线影像密度增高，层次不清。

2. 化脓性骨髓炎 化脓性骨髓炎是骨组织（包括骨、骨膜和骨髓）的化脓性炎症。骨髓炎的感染途径有三种，即开放性骨折伤口、附近软组织或关节病灶蔓延和血源性感染。外源性骨髓炎可发生在机体任何部位的骨组织；血源性骨髓炎则主要发生在长骨的干骺端且病变常呈多发性。

炎症早期仅见软组织肿胀，经 7～10 d 可见骨骼变化，骨松质出现局限性骨质疏松，继续发展则出现多数分散不规则的骨质破坏区，骨小梁模糊、消失，破坏区边缘模糊，区内可见有密度较高的死骨阴影。由于骨膜下脓肿的刺激，骨皮质周围出现骨膜增生，表现为一层密度不高的新生骨与骨干平行。

慢性化脓性骨髓炎时，骨破坏区界限清楚，破坏区周围骨质增生反应明显，死骨阴影仍可见。

骨髓炎的病理过程随病原、感染途径、动物种类、发病部位、机体反应及治疗情况不同而不相同。骨质破坏与骨质增生可相继出现、交错出现或单独出现。因此，上述 X 线表现在有的病例不可能全部表现出来。犬、猫急性骨髓炎 X 线与骨肿瘤 X 线表现相似，故应进行鉴别诊断。

3. 骨肿瘤 骨肿瘤是骨组织受肿瘤细胞的侵害，引起骨质破坏、吸收或增生硬化等一系列病理变化的一种骨骼疾病。X 线检查不仅能准确显示出肿瘤的部位、大小、邻近骨骼和软组织的改变，对多数病例还可初步判断肿瘤的性质、原发性或转移性，也可为确定治疗方案和预后判断提供有价值的信息，因此对于诊断骨肿瘤具有重要意义。

（1）恶性肿瘤的 X 线表现。恶性肿瘤生长快，破坏性强，较早出现肿瘤转移。肿瘤常位于长骨的干骺端，通常不累及关节或越过关节累及其他各骨。肿瘤灶周围软组织阴影增厚、浓密，有时可见肿瘤性软组织块阴影。

① 肿瘤浸润性生长。在肿瘤灶和正常骨之间有一块界限不清的过渡区；骨皮质被破坏；不同程度的骨质增生，新生骨可伴随肿瘤生长侵入周围软组织。

② 骨膜浸润性骨化。肿瘤灶处及邻近骨膜多呈放射状、花边状骨化，是恶性骨肿瘤最常见的骨膜骨化。

③ 肿瘤的晚期多发生肺转移，胸部 X 线片上可见多量、大小不等、分布范围较广的球形高密度阴影（图 3-7）。

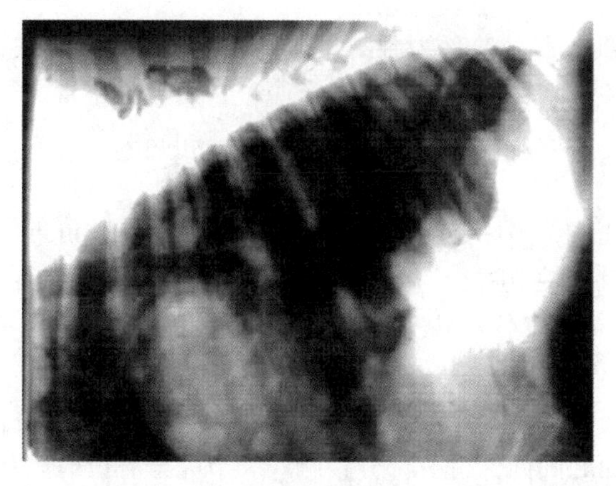

图 3-7 骨恶性肿瘤截肢后 2 个月胸片（胸片显示肺野内多个大小不等、圆球形的肿瘤）

（2）良性肿瘤的X线表现。良性肿瘤的发生一般无明显的品种、年龄和部位的好发性，肿瘤生长缓慢，可引起病理性骨折。良性肿瘤单发或多发，但不发生转移。肿瘤灶不侵袭周围软组织，故无炎性肿胀，仅因肿瘤推移而突出。肿瘤灶骨质密度降低或增高，范围小界限清晰。邻近骨皮质膨胀或受压变薄，但骨皮质不中断。

4. 缺血性股骨头坏死 缺血性股骨头坏死是以股骨头骨骺缺血性坏死为特征的一种综合征。常发生于小型犬，一般发病年龄在3～10月龄，5～8月龄发病率最高。可单侧发病也可双侧同时发病。本病最初X线表现不明显，但随病情发展可见不同X线特征。早期阶段，股骨头骨骺出现不规则的骨溶解吸收区域，呈现散在的点状或斑块状低密度区。随病情发展，则出现骨骺变形、股骨颈变厚、关节腔增宽（图3-8）。严重病例可见股骨头塌陷和骨折碎裂，同时伴有继发性变性性骨关节炎。

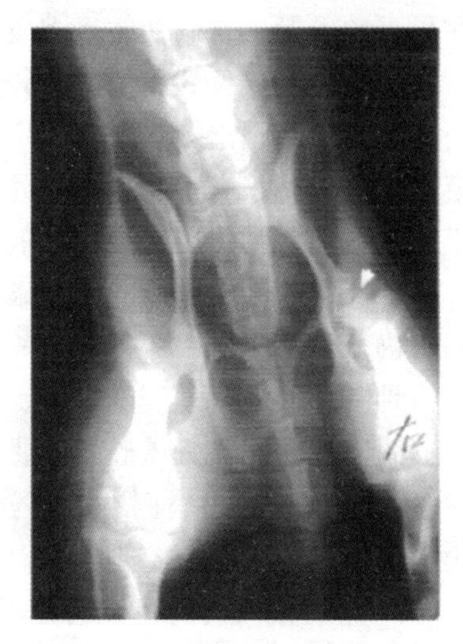

图3-8 股骨头坏死（部分股骨头溶解吸收）

（五）常见关节疾病的X线表现

1. 关节扭伤 关节扭伤是关节在突然受到间接外力的作用下，关节过度伸屈或扭转，使关节超出了生理活动范围而发生的关节损伤。

（1）X线检查技术。为了显示有无关节韧带、骨和关节软骨损伤，可拍摄患关节在强迫负重下的X线片，还应拍摄患关节在伸、屈、收、展、旋及拉开等状态下的X线片，必要时可施行关节造影进行检查。

（2）X线表现。在关节扭伤后立即拍片的病例，可见患关节周围软组织阴影密度增高、增大。可能发现关节周围撕脱性骨折、碎片骨折、关节内骨折，严重者可见关节脱位或半脱位。侧韧带断裂者，还可见关节间隙宽窄不均。慢性病例，关节周围可能呈现骨赘或广泛性骨化的致密阴影，关节面可能呈现变性性关节病变的X线表现。

2. 关节脱位 关节脱位又称为脱臼，是关节各骨的关节面失去正常的对合关系。部分失去正常对合关系者称为半脱位或不全脱位。关节脱位常突然发生，有的间隙发生或继发某些疾病。本病多发生于马、牛的髋关节和膝关节，犬、猫的肘关节、髋关节和膝关节。

（1）X线检查技术。当怀疑患部不全脱位时，应在患肢负重情况下进行X线摄影检查，必要时摄取对侧关节进行对照。读片时，应注意判断关节脱位的类型与程度，对于外伤性关节脱位更应仔细观察有无同时发生撕脱性骨折、碎片骨折和关节内骨折。

（2）关节脱位的主要X线表现。关节不全脱位时，表现为关节间隙宽窄不一或关节骨移位，但关节面之间尚保持有部分接触；关节完全脱位时，相对应的关节面完全分离移位，无接触；先天性关节脱位可能有关节或骨发育不良的X线表现；外伤性关节脱位常有关节周围软组织肿胀、撕脱性骨折、碎片性骨折或关节内骨折的X线表现；病理性关节脱位可见原发性关节疾病的X线表现，如化脓性关节炎、变性性关节疾病和发育不良性关节疾病等；关节脱位后整复不良病例，可继发关节骨端失用性骨质疏松或变性性关节疾病的表现（图3-9）。

（3）常见的四肢关节脱位X线表现。

① 犬髋关节脱位。可因外伤引起，也可因髋关节本身发育异常造成。X线投照需做腹背位和侧位2个方位，可见股骨头自髋臼内脱出，脱出方向有前内、前外、上方、内方或后方。由外伤引起的脱位其脱出方向多为前外方，完全脱出。常伴发髋臼、股骨头或大转子的撕脱性骨折（图3-10）。

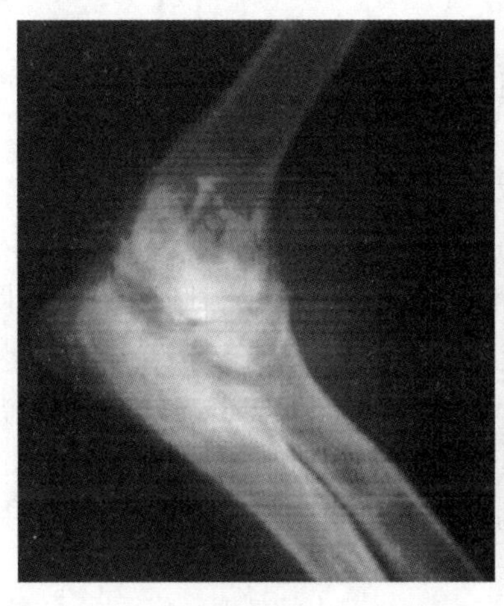

图3-9 肘关节脱位继发变性性关节疾病

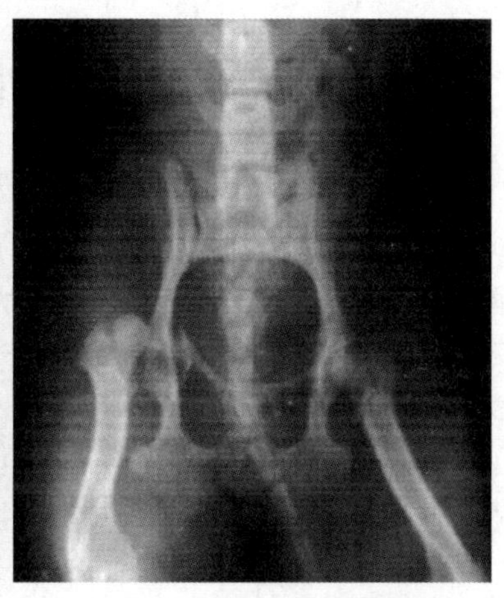

图3-10 髋关节前外方脱位

② 犬髌骨脱位。常发生于小型犬，多由膝关节发育异常所致。可见后肢弯曲（膝内翻），常见内侧脱位。侧位投照时显示髌骨与股骨踝重叠；正位投照可见髌骨位于内侧或外侧（图3-11）；水平投照时可显示滑车沟的深度及脱出髌骨的位置；对于髌骨半脱位X线片可能不表现异常。

③ 犬肘关节脱位。肘关节完全脱位多由外力作用所致，常为后脱位。尺骨和桡骨端同时向肱骨后方脱位，尺骨鹰嘴半月切迹脱离肱骨滑车。也有侧方脱位，桡、尺骨向外侧移位。肘关节脱位常伴发骨折，关节囊及韧带严重损伤，还可并发血管和神经损伤。

3. 犬髋关节发育不良 犬髋关节发育不良是一种由多种病因导致的复合性疾病，疾病的特征为髋臼变浅、股骨头变形、髋关节半脱位及变性性关节炎。可发生于各品种的犬，但大型犬发病率较高，其中德国牧羊犬发病率最高，且具有遗传性。

（1）X线检查技术。髋关节摄影体位多采用腹背位，前肢前拉固定，后肢充分伸展、后拉。两膝内旋使两股骨平行，膝盖骨正位于滑车沟上方。将躯干两侧垫住防止身体转动。X线束中心指向两髋关节连线的中点，投照范围应包括骨盆、股骨和膝盖骨。如摆位正确，成像后可见双侧髂骨翼等宽；骨盆口接近圆形；两闭孔大小相等；双侧股骨平行、膝盖骨位于股骨远端上方中央（图3-12）。

图 3-11 髌骨内侧脱位

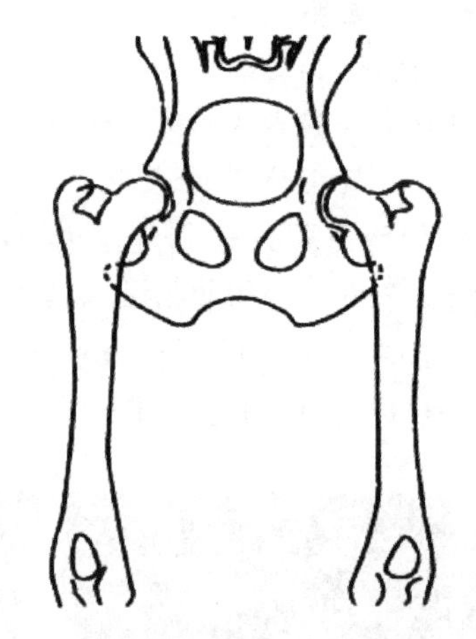

图 3-12 犬髋关节腹背位投照所示范围

（2）正常髋关节 X 线解剖结构。关节间隙的前上 1/3 部分应等宽；至少有 1/2 股骨头位于髋臼内；股骨头外形为圆形且平滑，股骨头窝为一扁圆区域；股骨颈平滑、无增生变化；股骨颈倾角约 130°（图 3-13）。

（3）髋关节发育不良的 X 线表现。髋臼变浅、股骨头扁平、关节间隙增宽；髋臼与股骨头关节软骨下骨质硬化，影像密度升高；髋臼缘骨质增生，呈唇样突起；股骨颈骨质增生，倾角改变，呈髋内翻或髋外翻；髋关节半脱位或脱位（图 3-14）。

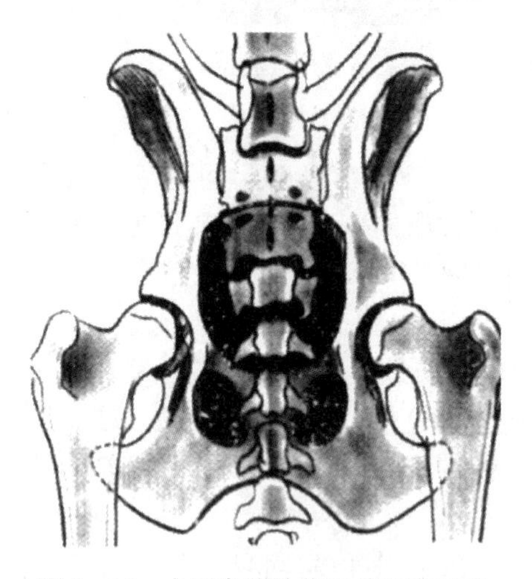

图 3-13 犬正常髋关节 X 线征象示意

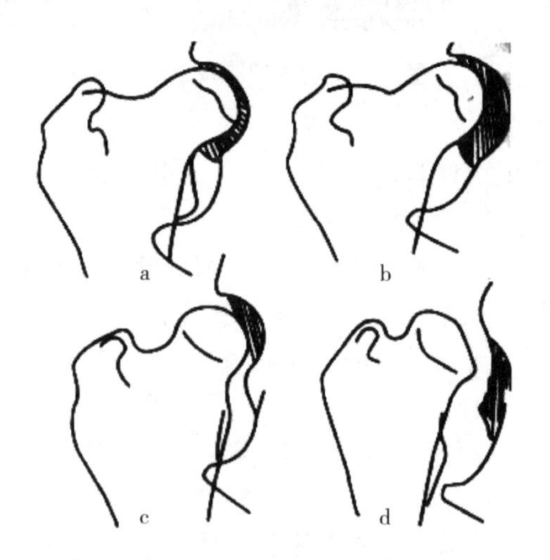

图 3-14 髋关节发育不良各种示意

a. 正常 b. 半脱位 c. 髋臼浅、半脱位 d. 股骨头扁、脱位

技能 5 脊柱和骨盆 X 线摄影检查

脊柱 X 线检查的目的是评价单肢、双肢或四肢麻痹，前肢或后肢轻瘫，共济失调，脊柱疼痛，僵硬和脊柱畸形等。脊柱 X 线检查时要求动物位置准确，以免发生运动性模糊，因此，常需将动物麻醉。疑似脊椎骨折或脱位的动物，可不麻醉而进行脊椎 X 线检查，避免发生进一步损伤。

(一) 小动物脊柱和骨盆X线投照

1. 脊椎投照

(1) 脊椎侧位投照。动物取侧卧保定，将动物的鼻部轻微抬高，支垫下颌部，使头部与检查床平行(图3-15)。为避免颈部中段下弯，可在第4至第7颈椎之间用泡沫类的X线可透性材料支撑颈部。前肢同样做适度支撑，以免胸部扭转(图3-16)。颈部在侧位投照时，在自然状态下，既不伸展也不弯曲。前肢向后牵引，以减少与后颈段的重叠。体型小的犬和猫进行颈椎侧位投照时，X线中心对准颈中部即可。X线照片应包括颅后部和前几节胸椎。体型大的犬进行颈椎侧位投照时，可分成两段拍摄，X线中心分别对准C2～C3、C5～C6椎间隙。

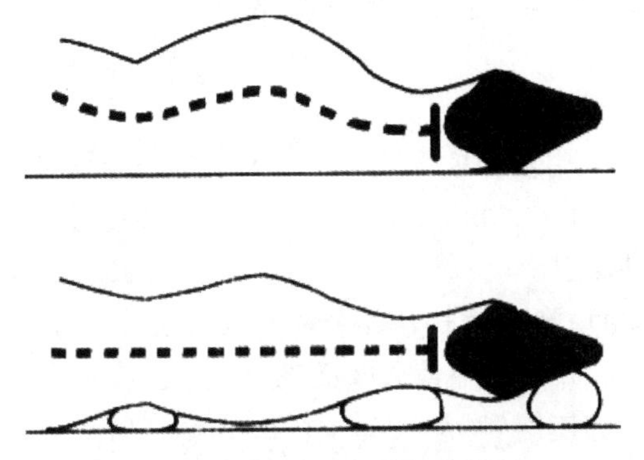

图3-15 犬脊柱侧位投照支撑

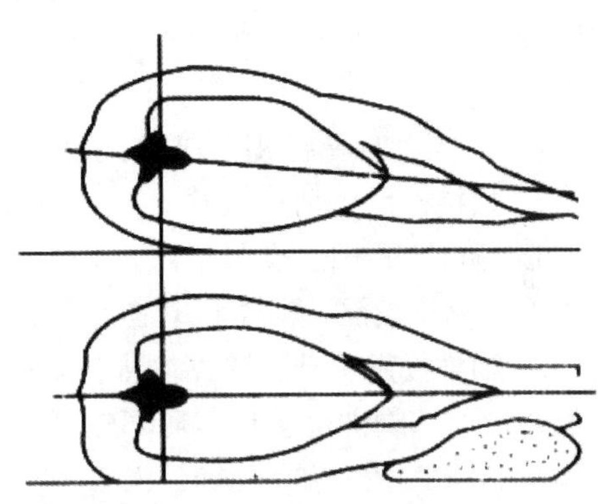

图3-16 犬脊柱侧位投照四肢支撑

(2) 脊椎腹背位投照。动物取仰卧保定，颈胸成一条直线。动物躯体不可向左、右侧倾斜，X线中心对准颈中部。体型大的犬进行脊椎腹背位投照时，可分成前、后段拍摄，以免前段颈椎曝光过度、后段颈椎曝光不足。

2. 胸椎投照

(1) 胸椎侧位投照。动物取侧卧保定，胸骨部略微抬高，使椎体平行。如前3节胸椎侧位投照，则向后牵引前肢，以免与肩胛骨重叠。如第3节后的胸椎侧位投照，则向前牵引前肢(图3-17)。X线中心对准可疑部位。若进行常规检查，则可以T6～T7椎间隙为中心。

(2) 胸椎腹背位投照。动物取仰卧保定，前肢向前牵引，置于颈旁。可做必要的辅助支撑，使脊柱成一条直线(图3-18)。体型大的犬进行胸椎腹背位投照时，可做适度(约5°)倾斜，以避免与胸骨重叠。X线中心对准T6～T7椎间隙。

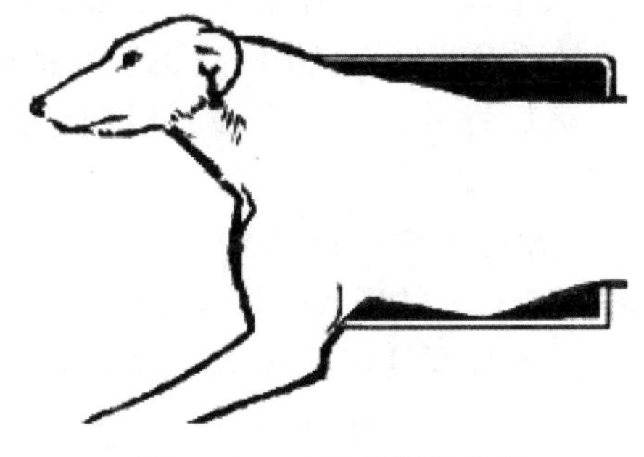

图3-17 犬胸椎侧位投照

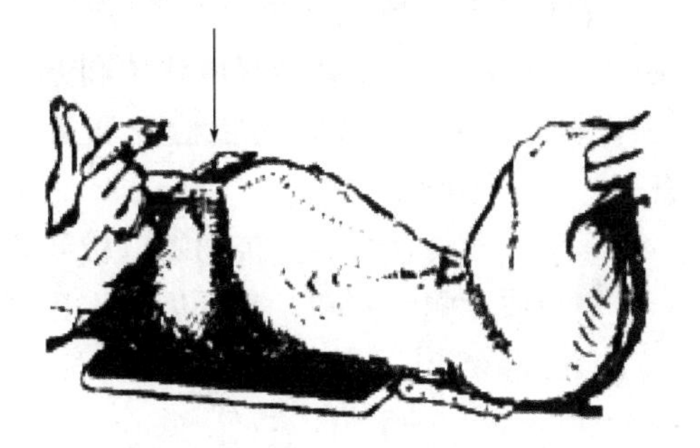

图3-18 犬胸椎腹背位投照

3. 腰椎投照

（1）腰椎侧位投照。动物取侧卧保定，胸骨部略微抬高，使椎体平行。在两后肢之间，可用泡沫类的X线可透性材料适度支撑。确定曝光条件时，应以最后部分为准，以免曝光不足。常规检查时，X线中心可分别对准胸腰椎间隙、L3～L4椎间隙。

（2）腰椎腹背位投照。动物取仰卧保定，X线中心对准L3～L4椎间隙。

4. 荐骨、骨盆和前段尾椎投照

（1）荐骨、骨盆和前段尾椎侧位投照。动物取侧卧保定，在两后肢之间，可用泡沫类的X线可透性材料适度支撑，以避免脊柱扭转。X线中心对准荐骨中部。

（2）荐骨、骨盆和前段尾椎背位投照。动物取仰卧保定，后肢向后伸展，可做必要的辅助支撑，使脊柱成一条直线。骨盆两侧对称，长轴勿倾斜。X线中心对准荐骨中部。

（二）大动物脊柱和骨盆X线投照

1. 颈椎投照　动物取站立或侧卧保定，通常需分成3段拍摄，X线中心分别对准C2、C4和C6颈椎。投照条件为75～90 kV、15～40 mAs、FFD 75 cm。必要时，可做颈椎腹背位投照，但需将动物麻醉、仰卧保定。

2. 胸椎投照　动物取站立保定。因大动物胸椎较长，需分别拍摄2张或3张X线照片。前部胸椎由于具有局部较厚的软组织并与肩胛骨重叠而难以显示。投照条件为80～90 kV、20～30 mAs、FFD 100 cm。如使用150～200 kV、1 000～2 000 mA大功率X线机，配合8∶1滤线器和高速屏等，可以85 kV、200 mAs、FFD150 cm的投照条件，进行马胸椎站立侧位投照。

3. 腰椎投照　可借助于人工气腹造影、直肠暗盒配合高速增高屏，进行牛腰椎侧位投照。人工注气量4 000～8 000 mL。投照条件为80～90 kV、25～40 mAs、FFD 100 cm。如使用150～200 kV、1 000～1 250 mA大功率X线机，配合8∶1滤线器、高速屏和超速胶片等，可以高达120 kV、250 mAs、FFD150 cm的投照条件，进行马腰椎站立侧位投照。亦可使用有柄直肠暗盒配高速屏，进行牛局部腰椎背腹位垂直投照，投照条件为80～85 kV、4～6 mAs、FFD 50 cm。

4. 荐椎投照　荐椎腹背位投照，需使用大型、超大型X线机。马全身麻醉，仰卧保定，两后肢向侧方张开。配合12∶1滤线器、高速屏等，投照条件为120～150 kV、250～400 mAs、FFD 130 cm。

（三）常见脊柱疾病的X线表现

1. 脊椎骨折与脱位　脊椎骨折与脱位多发于犬后段胸腰椎和第1～2颈椎。阅读X线片时，应注意有无脊椎轻度移位和方向改变、压缩性骨折、椎间隙狭窄、棘突或横突骨折以及游离骨碎片等。检查和搬运时应确保脊柱稳定。犬最好以侧位进行检查。

（1）椎体骨折。可波及椎间隙，椎间隙狭窄或增宽。脊柱异常成角，椎体的外侧缘、腹侧缘或背侧缘中断。与邻近脊椎比较，椎体或椎弓的形状、大小发生改变。

（2）骨骺分离。主要见于幼龄犬。分离的椎体骨骺通常向腹侧移位，骨骺线增宽。

（3）棘突骨折。多发生于胸腰椎。常呈多发性棘突横骨折。

（4）横突骨折。常为一侧多发性骨折，合并腹部或胸部损伤。

（5）寰枢椎半脱位。通常为齿状突缺陷的先天性疾病，多见于小型犬。也可由外伤使齿状突骨折所致。X线显示寰椎背侧椎弓与枢椎棘突之间距离明显变宽，齿状突不存在或发生骨折。

2. 椎间盘疾病 椎间盘硬化是组成椎间盘的髓核和纤维环发生钙化的一种退行性疾病。多发于1岁以上软骨营养障碍的患犬。临床症状不明显，X线显示单个或多个椎间隙高度致密的钙化影。

椎间盘突出是犬的一种重要脊柱疾病，常由于外力作用于退化变性的椎间盘，导致椎间盘纤维环撕裂、髓核突出进入椎管，造成脊髓、脊神经或神经根压迫并出现相应的临床症状。以腊肠犬、比格犬、西班牙可卡犬、北京犬和小型贵宾犬多发。发病部位多见于后段胸椎和前端腰椎。

X线平片显示椎间隙狭窄，椎间孔形状与大小改变，椎管中有椎间盘脱出的致密阴影。椎间隙呈楔状，背侧端较腹侧段狭窄。在临床上，20%～30%的椎间盘突出在X线平片上不显示任何异常。

技能6 胸部X线摄影检查

胸部具有良好的自然对比，具备X线检查的有利条件。很多肺部病变可借助于X线检查显示其部位、形状及大小，诊断效果明显，因而应用最广，已经成为诊断胸部疾病首选和必不可少的检查方法。胸部X线检查不仅对呼吸系统疾病诊断有特别价值，而且对循环系统、消化系统（胸部食管）的某些疾病的诊断也有一定帮助。

（一）胸部摄影检查技术

胸部X线检查对于体型较小的动物或小动物比较方便，可进行正、侧位检查，对病变的发现率和诊断的准确性都比较高。大动物只能取站立姿势进行侧位检查，会导致重叠影像、清晰度差的问题，在应用上受到一定限制。

1. 胸部摄影的技术要求 由于动物进行呼吸运动而胸部始终处于运动状态，为避免呼吸运动影响胸片的清晰度，动物拍摄胸片只能在瞬间完成，摄影的曝光时间应在0.04 s内完成。一般中型机器的管电流可达200 mA，曝光时间可短至0.04 s以下。

滤线器可减少散射线在胶片上产生的雾影，动物胸厚超过15 cm时应使用滤线器；若疑似动物胸腔积液或肺实变时，应将胸厚标准降低为11 cm。

2. 常规摄影体位 小动物胸部摄影时，标准位置在左、右侧位和背腹位。侧位投照时，应将疑似病变侧靠近胶片。拍摄侧位片时，动物取侧卧姿势，用透射线软垫将胸骨垫高使之与胸椎平行。颈部自然伸展，前肢向前牵拉以充分暴露心前区域，X线中心对准第4肋间。拍摄背腹位时，动物取腹卧姿势，前肢稍向前拉，肘头向外侧转位，背腹位能较准确地表现出心脏位置。除标准位置外，还可根据临床诊断需要拍摄站立或直立姿势的水平侧位、直立背腹位或腹背位及背腹斜位片。

大动物一般行站立姿势下的水平侧位投照，摄影时应注意将胶片中心、被照部位中心及X线中心束对准在一条直线上。对大动物拍摄胸片，应使用滤线器、尽量在吸气终末曝光，投照条件要力求准确。动物的胸廓较大，一般需要分区进行拍摄，但阅片时应拼接起来观察。

（二）胸部常见病变的X线表现

1. 支气管炎的X线表现 支气管炎是支气管黏膜表层或深层的炎症。X线检查的目的主要是为了进行鉴别诊断，但支气管炎在X线片上缺乏明显表现。急性支气管炎时，肺组织和支气管密度未发生明显改变，有时可见肺纹理增重现象。慢性支气管炎时，由于炎症长期作用，肺纹理增粗、紊乱或肺门扩大，肺纹理增重，呈现粗乱的条索状阴影。严重的慢性支气管炎，可见大支气管壁明显增厚，密度增高，管腔变窄，内壁粗糙不平；在透亮的肺野和支气管内空气的衬托下，显示两条平行的粗线条状的致密阴影，呈现明显的"双轨征"现象；增厚的支气管外壁也表现粗糙不整；若炎症蔓延至细支气管和肺泡壁，则可呈现不规则的网状阴影。

2. 支气管扩张的X线表现 支气管扩张是一种慢性支气管疾病，引起支气管内腔的局限性扩大。支气管扩张可两侧弥漫存在，也可局限于一侧肺、一叶肺或一个肺段。支气管扩张常难以确定病变，为准确诊断，必须进行支气管造影检查。造影可确定支气管扩张的部位、范围和类型（图3-19）。造影表现为支气管腔粗细不均、失去正常时由粗渐细的移行状态，有时远侧较近侧粗糙，柱状支气管扩张的管径，在大动物有时可达1 cm，甚至更粗；囊状扩张，表现为末端呈多个扩张的囊，对比剂部分充盈囊腔，在囊内形成液平面；混合型扩张，表现为柱状和囊状扩张混合存在。

3. 肺气肿的X线表现 肺气肿X线表现为肺野透明度显著增高，显示为非常透亮的区域，膈肌后移，且活动性减弱。气肿区的纹理特别清晰，并较疏散。吸气和呼气时肺野的透明度变化不大。小动物发生广泛性肺气肿时，背腹位上可见胸廓呈筒状，肋间隙变宽，膈肌位置降低，呼吸动作明显减弱。

4. 肺水肿的X线表现 肺水肿是由于液体从毛细血管渗透至肺间质或肺泡内导致。病理学上将肺水肿分为间质性肺水肿和肺泡性肺水肿两类。临床上往往两者同时存在而以其中一类为主。

肺泡性水肿的X线表现主要是腺泡状增密阴影，代表一组肺泡为渗出液体所填充。但在多数病例，这些阴影相互融合而成为片状不规则的模糊阴影，可见于一侧或两侧肺野的任何部位，但以围绕两肺门的两肺野的内、中带较常见。若水肿范围较广，则往往显示为均匀密实的阴影，中间可见含气的支气管阴影（图3-20）。

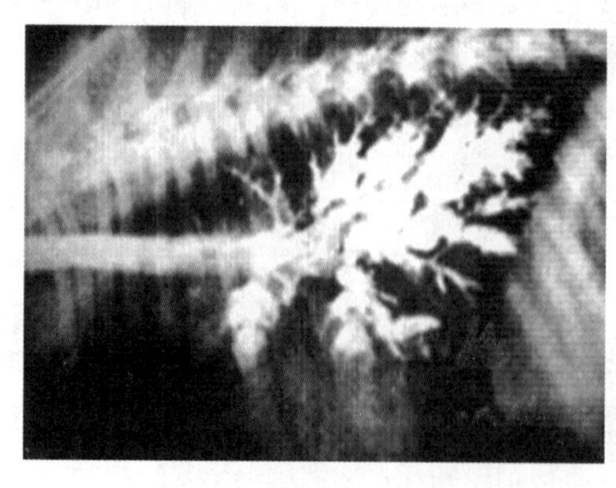

图3-19 犬支气管扩张（支气管造影侧位显示较广泛囊状支气管扩张）

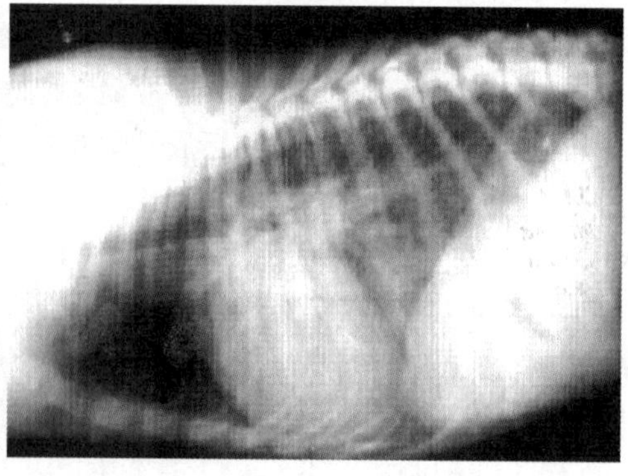

图3-20 犬肺水肿（可见椎膈三角区肺门周围片状模糊阴影）

间质性肺水肿X线表现较为特殊。肺血管周围的渗出液可使血管纹理和肺门阴影变得模糊。小叶间隔中的积液可使间隔增宽，形成小叶间隔线。

5. 小叶性肺炎的X线表现 小叶性肺炎是指肺小叶或小叶群的炎症。因病变常从支气管或细支气管开始，之后再向邻近的肺小叶群蔓延，故也称支气管肺炎。

小叶性肺炎的X线表现，在透亮的肺野中可见多发的大小不等的点状、片状或云絮状渗出性阴影，多发生于肺心叶和膈叶，多呈弥漫性分布，或沿肺纹理的走向散在肺野。支气管和血管周围间质的病变，常表现为肺纹理增多、增粗和模糊。小叶性肺炎的密度不均，中央浓密，边缘模糊，与正常的肺组织无清晰分界（图3-21）。大量的小叶性病灶可融合成大片浓密阴影，称为融合性支气管肺炎（图3-22）。

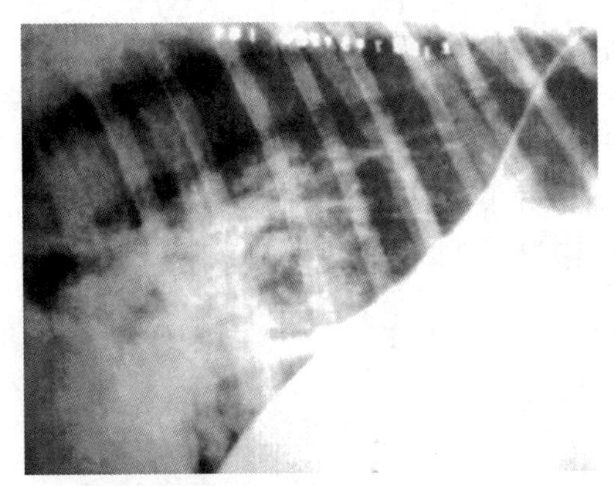

图3-21 马小叶性肺炎（左侧位示心膈角部及其上方肺野较广泛性不均匀渗出阴影）

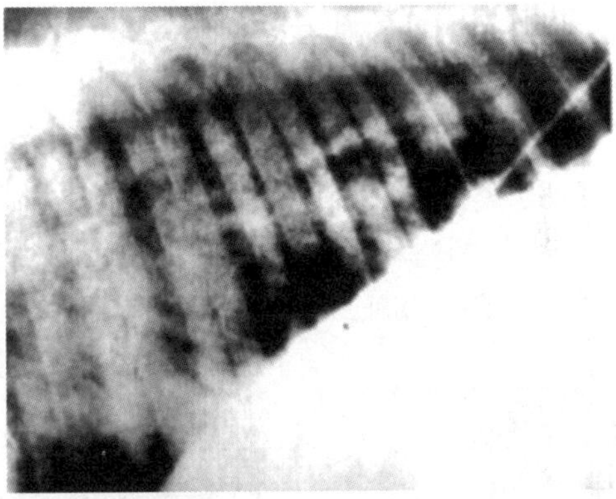

图3-22 驴融合性支气管肺炎（左侧位示范围较广的云絮状渗出性阴影，沿支气管走向分布，在肺门区呈融合状态）

6. 大叶性肺炎的X线表现 大叶性肺炎是指整个肺叶或肺大叶的一段发生的急性炎症。以肺泡内充满大量纤维蛋白性渗出物为特征，又称为格鲁布性肺炎。本病的病理过程非常典型，且呈明显阶段性，因此在其病理经过的各个阶段具有较典型的X线表现。

（1）大叶性肺炎充血期的X线表现。即发病数小时至一昼夜间，此期一般无明显的X线征象。有时仅可见病变部肺纹理稍有增加、增重或增粗，肺部的透亮度稍降低。

（2）大叶性肺炎肝变期的X线表现。X线检查呈现大片浓密阴影，密度均匀一致，可见三角形、扇形或其他不规则大片状形态，与肺叶的解剖结构或肺段的分布完全吻合，其边缘一般较整齐。

（3）大叶性肺炎消散期的X线表现。大叶性肺炎一般在发病两周内即可消散和吸收，称为消散期。由于吸收的先后差异，X线表现常不一致。吸收初期可见原来的肺叶内阴影由大片浓密、均质逐渐变为疏松透亮淡薄，范围明显缩小。而后显示为弥散性的大小不等、不规则的斑片状阴影，最后变淡，逐渐消失。

犬大叶性肺炎也较常见，以一侧性多见，但有时病变部相当广泛，可占据一侧肺，甚至占据整个肺野，呈均质致密阴影。

7. 心脏增大的X线表现 心脏增大时指整个心脏体积增大，是心脏疾病的重要征象，包括心壁肥厚和心腔扩张，二者常同时发生，但X线检查很难区分心脏肥厚和心脏扩张。心脏X线摄影多采用右侧卧位或背腹位的投照体位。

（1）全心增大的X线表现。正、侧位X线片均见心脏变圆，心脏明显占据胸腔的绝大部分。在侧位片上可见心脏轮廓与胸壁几乎相接触，心脏后移（图3-23）。

（2）左心房增大的X线表现。左心房位于左支气管腹侧，侧位片上由于左心房增大而使左主支气管向背侧偏移，同时心脏的后背部也增大（图3-24）。背腹位片上，心脏占据胸腔的2/3～3/4宽。

（3）右心房增大的X线表现。右心房增大的侧位片征象具有诊断意义。气管末端向背侧弯曲，若左心房未增大，则气管隆嵴位置不变。心脏的前背部增大（图3-25）。背腹位观，可见心脏右前区突出，气管向左偏移。右心房增大常与右心室增大同时发生。

（4）左心室增大的X线表现。心脏变得长、高，气管向背侧偏移。气管向背侧偏移可见于整段胸部气管，气管与胸部脊柱所形成的角度变小或消失。心脏后界变得凸圆（图3-26）。正位片上显示心脏的左后区域增大，心脏轮廓与左侧胸壁和横膈距离缩短，心尖部变圆。

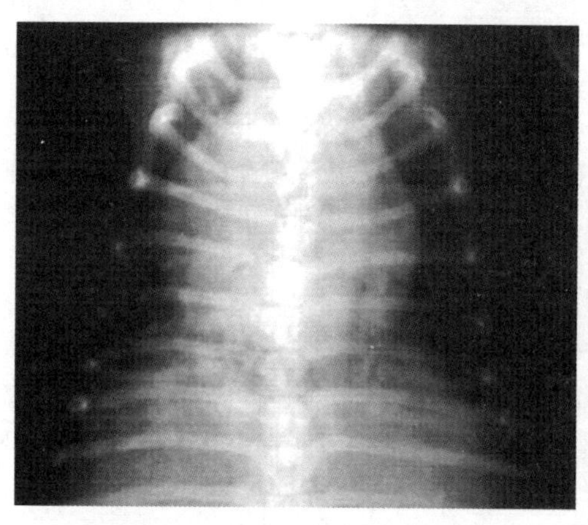

图3-23 全心扩张（正位）

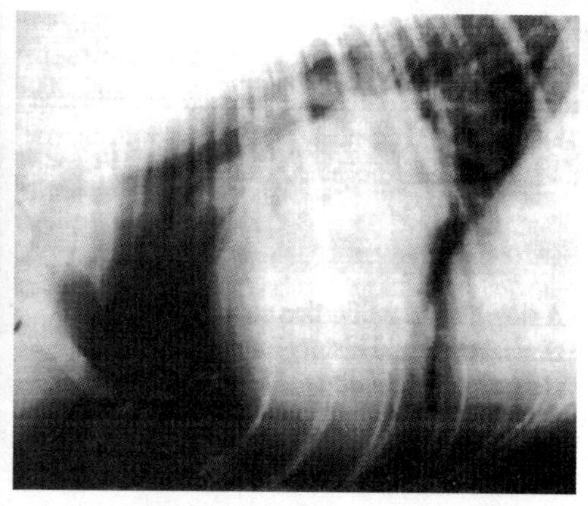

图3-24 左心房增大

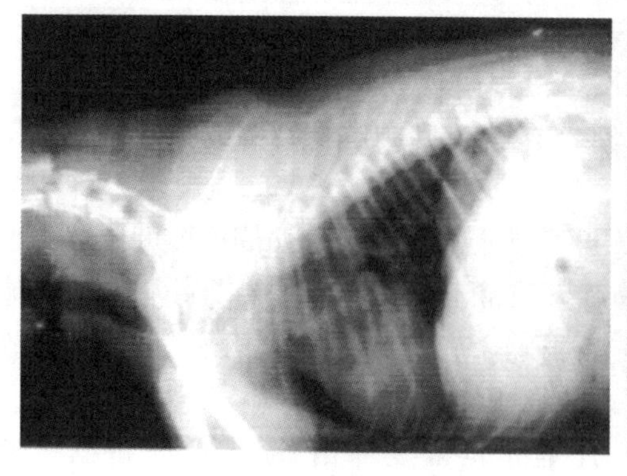

图3-25 右心房增大

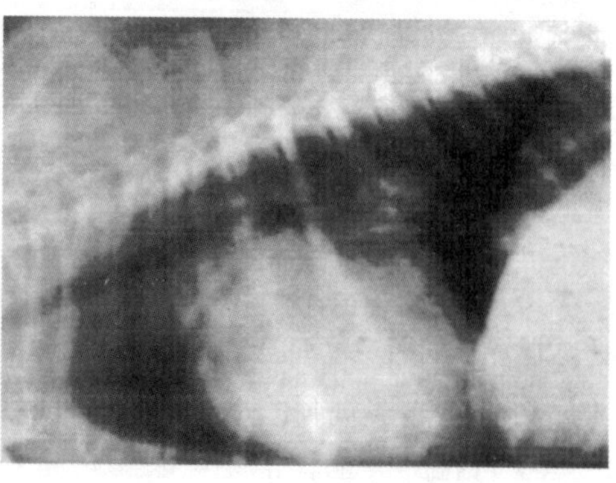

图3-26 左心室增大

（5）右心室增大的X线表现。侧位片可见心前界变圆，心与胸骨的接触范围增大（图3－27）。正位片上右心区域隆突，状如反写的“D”。

8. 心包积液的X线表现 心包为心脏外的一种囊状结构，由内、外两层膜（也即浆膜层和纤维层）组成。浆膜性心包分为壁层和脏层，壁层和脏层之间的腔隙为心包腔。正常情况下，心包腔内含有少量液体，减少心脏搏动时的摩擦。当心包腔内的液体聚集过多而影响心脏正常功能时，则为心包积液。

正常状况下，心包腔内存在少量液体而使心脏边缘显影不清楚，这些液体仅显示心包与心脏边缘的轮廓。当心包腔内积有大量液体后，导致心脏轮廓增大、变圆，X线影像呈球形。正位片显示心包的边缘几乎与两侧肋骨接触。因心包液在心脏活动时移动性很小，故其边缘轮廓较清晰（图3－28）。直立背腹位检查时，因重力关系液体积聚于心包腔下方，心影正常弧度消失，下宽上小，呈烧瓶状。

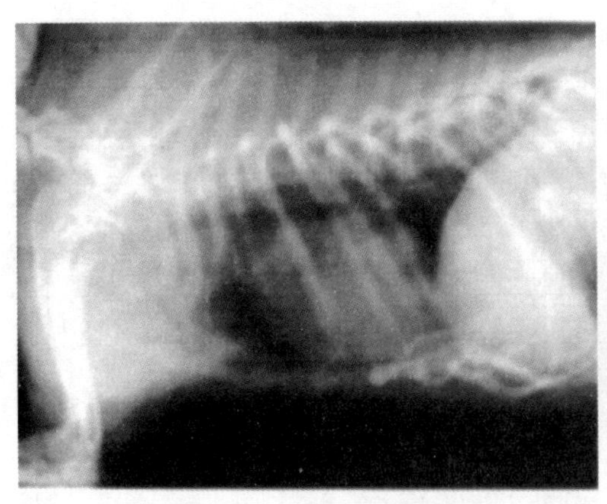

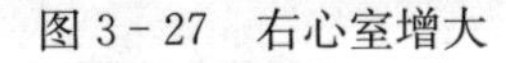

图3－27 右心室增大

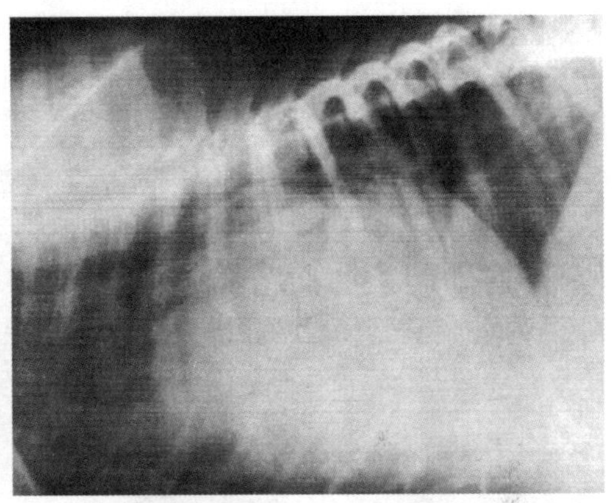

图3－28 心包积液

9. 气管塌陷的X线表现 气管塌陷发生在颈部或胸部，有时则整个气管的上、下管壁被压扁，造成管腔狭窄。正常气管基本上与颈椎和前部胸椎平行排列由前向后延续。气管的直径均匀一致，呼气与吸气动作对气管的影响在形态学上无明显变化。气管塌陷的典型X线征象是在胸腔入口处的气管呈上下压扁性狭窄（图3－29）。

需要指出的是，气管直径会受拍片时颈部所处位置的影响而发生变化，因此，拍片时应注意正确摆放体位，以免误诊。

10. 胸部食道扩张与阻塞的X线表现 胸部食道扩张与阻塞常由骨头、石块、木块、布片、塑料、块根类饲料等大块物体所致，临床表现为流涎、吞咽困难或食物反流。

金属、骨头和石块等异物呈高密度致密阴影，边缘清晰，常规X线片即可根据其形状而确定。而对于木块、塑料、块根饲料等X线可透性异物，因缺乏密度异常阴影，常规X线检查难以检出。可灌服少量钡剂，通过钡剂的分布而显示异物（图3－30）。食管造影检查可准确显示阻塞部位，但若继发食管破裂、穿孔等时，钡剂可从破损处溢出至胸部食管外胸腔内，因此食管造影检查时应慎重。

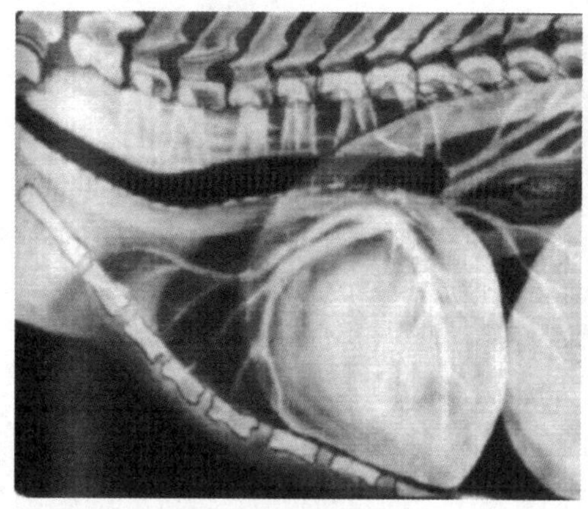

图 3-29 气管塌陷

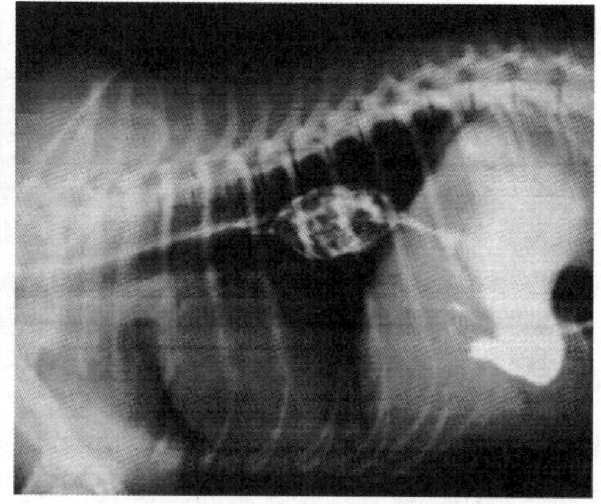

图 3-30 食道异物（造影检查）

11. 膈疝的 X 线表现 膈疝是指胸腔内器官经横膈破裂孔而进入胸腔中。X 线检查可见膈肌部分或大部分不能显示，肺野中下部密度增加，胸腔和腹腔的界限模糊。常因并发血胸或胸腔积液，致肺野中下部出现广泛性密影，胸腔内的正常器官影像难以辨认。灌服钡剂更易于显示发生情况（图 3-31）。

12. 气胸的 X 线表现 气胸是指空气进入一侧或双侧胸膜腔，引起全部或部分肺萎缩。X 线片上由于气体将肺压缩，肺内空气减少，肺密度比周围气体明显增高，可见压缩的肺脏与胸壁间出现透明的含气区，其中无肺纹理存在。在萎缩肺的周围出现密度极低的空气黑带。侧卧位时，在肺周围有空气黑带区，心脏明显向背侧移位与胸骨分离（图 3-32）。站立侧位时，心脏位置正常，空气则集中于胸腔背侧。

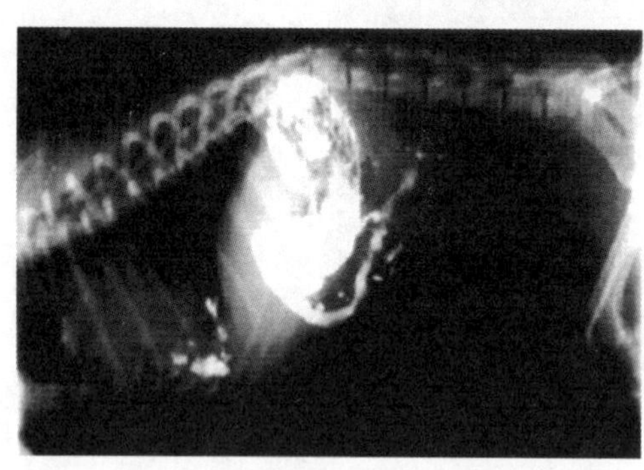

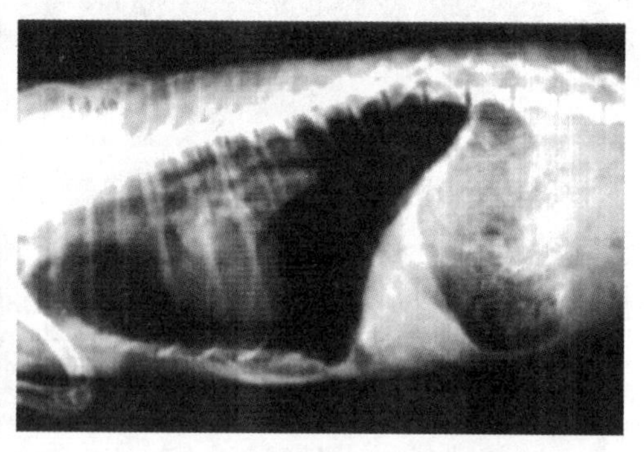

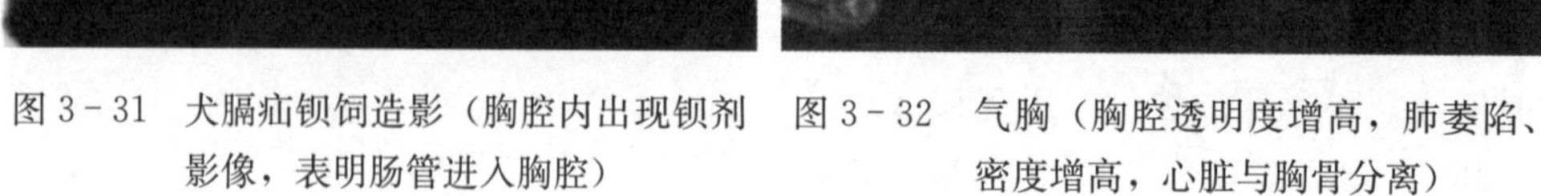

图 3-31 犬膈疝钡饲造影（胸腔内出现钡剂影像，表明肠管进入胸腔）

图 3-32 气胸（胸腔透明度增高，肺萎陷、密度增高，心脏与胸骨分离）

13. 胸腔积液的 X 线表现 胸腔积液指在胸膜腔内出现不同体积的液体。虽然液体性质通过 X 线片很难区分，但 X 线征象不仅与投照体位有关，而且与液体的量也有直接关系。极少量的游离性的胸腔积液难以在 X 线片上发现。游离性胸腔积液量较多时，站立侧位水平投照显示胸腔下部均匀致密的阴影，其上缘呈凹面弧线，该结构是由胸腔负压、肺组织弹性和液体重力及表面张力所致。大量游离性胸腔积液时，心脏、大血管和中下部的膈影均不可显示。侧卧位投照时，心脏阴影模糊、肺野密度广泛增加，在胸骨和心脏前下缘间常见三角形高密度区。当液体被纤维结缔组织包围并因粘连而固定于某一部位时，X线表现为圆形、半圆形、梭形、三角形密度均匀的密影。若发生于肺叶之间的叶间积液，X线表现梭形、卵圆形密度均匀的密影。

14. 肺肿瘤 肺肿瘤是指肺实质、胸膜和支气管壁发生的肿瘤。肺肿瘤可分为原发性肿瘤和转移性肿瘤，原发性肿瘤又分为良性和恶性肿瘤。

（1）*原发性肿瘤*。X线显示多为位于肺门区的边缘轮廓清楚的圆形或结节状致密阴影。黑色素瘤呈边缘不整、密度均匀典型块状阴影。恶性肺肿瘤则呈现边缘分叶状或粗糙毛刷状（图3-33）。

（2）*转移性肺肿瘤*。肺部X线检查是恶性肿瘤诊疗的常规检查手段。X线可见肺野内单个或多个、大小不一、轮廓清晰、密度均匀的圆形或类圆形阴影（图3-34）。

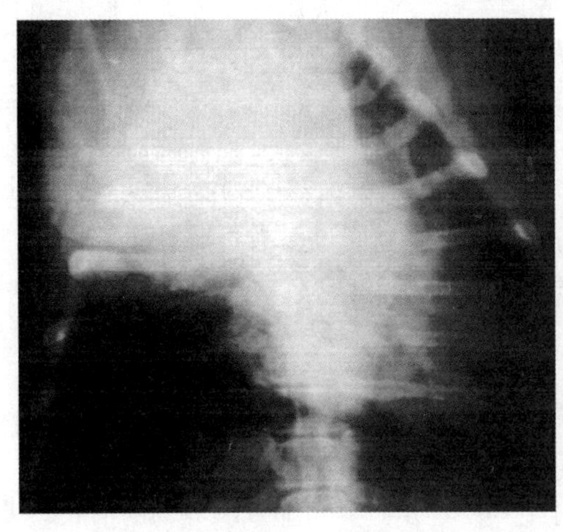

图3-33 右侧肺叶有原发性肺肿瘤

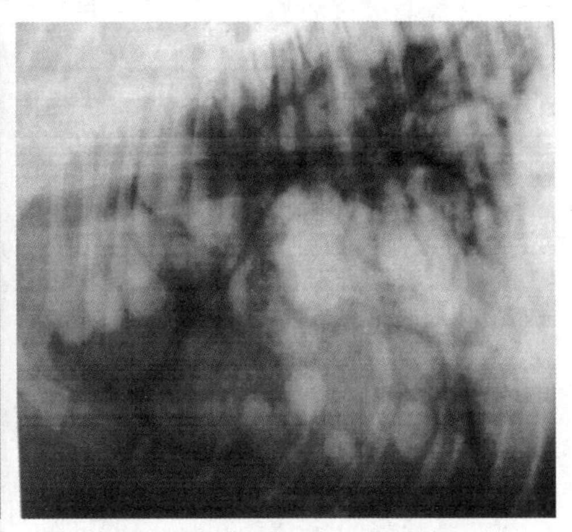

图3-34 犬甲状腺癌继发肺肿瘤

技能7 腹部X线摄影检查

腹部的范围为膈之后及盆底之前，腹内脏器包括消化、泌尿和生殖系统。正常的腹腔内器官多为实质性或含有液、气的软组织脏器，其多为中等密度，内部或器官间缺乏明显的天然对比，因而形成的X线影像也缺乏良好的对比度，腹部X线检查除拍摄平片外，常需进行造影检查。

（一）被检动物的准备

检查前，若消化道内存有过多的内容物和粪便，则X线检查时其影像易将病灶遮盖，因此，X线检查之前需清理消化道。通常在检查前12～24 h禁食、1～2 h前灌肠，但若动物已食欲废绝或呕吐则无需禁食。禁食期间可供应饮水，但检查前不能饮水过多。进行腹部检查，特别是需进行造影检查的动物均需进行灌肠。

（二）腹部X线摄影检查技术

1. 曝光技术 获得良好X线片的关键是控制横膈运动，这就要求操作者在曝光时掌握好时机。曝光的最佳时机为动物呼气之末，此时横膈的位置相对靠前，腹壁松弛，避免了内脏器官的拥挤，也避免了因膈运动而造成的影像模糊。呼气之末曝光的另一优点是在侧位片上可见两个分离程度较大的肾阴影。

腹部投照时，为增加X线片上的对比度，应适当降低管电压（kV），而增加曝光量（mAs）。

2. 投照方位

(1) 侧位投照。动物取右侧卧或左侧卧，用透射线的衬垫物将胸骨垫高至与腰椎等高水平。将后肢向后牵拉使之与脊柱约成 120°角。射线束中心对准腹中部，照射范围包括前界含横膈，后界达髋关节水平，上界含脊柱，下界达腹底壁。

(2) 腹背位投照。动物取仰卧位，前肢向前拉，后肢自然屈曲呈“蛙腿”状，以避免皮褶影像的干扰。动物体位务必要摆正，避免扭曲。X 线中心对准脐部，投照范围包括剑状软骨至耻骨区域。

(3) 背腹位投照。动物取腹卧位，前肢自然趴卧，后肢呈“蛙腿”状。X 线束中心对准第 13 肋弓后，投照范围包括剑状软骨至耻骨区域。

(4) 水平 X 线投照。水平 X 线投照主要用于检查腹腔内积气、积液及肠梗阻后肠道内液气的界面，从而建立影像诊断。动物自然站立或直立、仰卧体位，X 线自动物体一侧射入，可获得腹部侧位 X 线片。动物取直立、侧卧体位，用水平 X 线投照可获得腹部正位 X 线片。

3. 造影检查 腹部脏器组织结构的自然对比较差，为弥补 X 线平片影像对比度不足，选择合适的造影技术对腹部脏器进行检查对于准确诊断具有重要意义。

钡饲主要用于检查胃、肠消化道的通畅程度、胃内异物、消化道肿瘤、肠梗阻等。气-钡双重造影主要检查消化道黏膜。

(三) 腹部常见疾病的 X 线表现

1. 胃内异物的 X 线表现 胃内异物是各种原因误食异物引起的疾病。胃内异物的诊断用 X 线检查即可完成。异物的种类分不透 X 线和能透 X 线两类。

(1) 高密度不透 X 线异物。在腹部平片上易于显示，并可显示出异物的形状、大小及所在位置（图 3-35）。

(2) 低密度能透 X 线异物。如布类、橡胶类等异物在平片上无法显示，检查时可通过变换动物体位，使胃内气体恰好停留在异物周围，形成对比，在其他的低密度背景上衬托出相对高密度的异物影像（图 3-36）。必要情况下可使用钡饲造影检查。

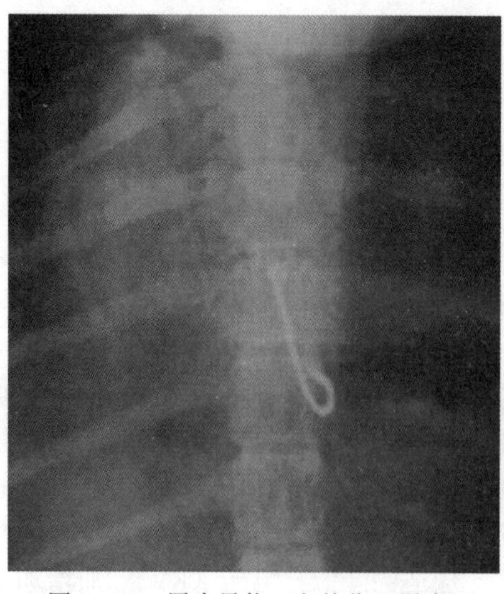

图 3-35 胃内异物（鱼钩位于胃内）

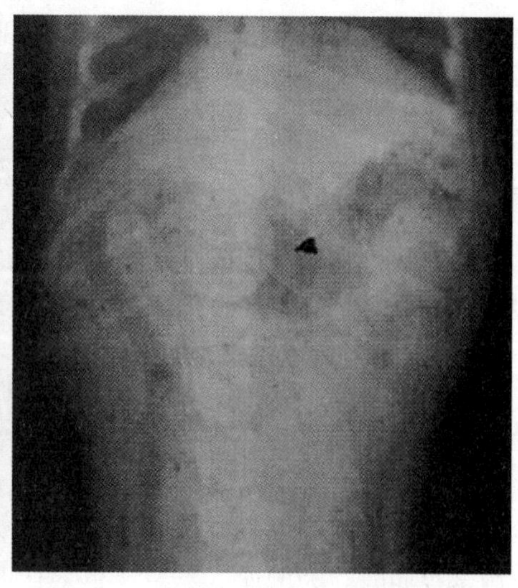

图 3-36 胃内异物（橡皮球位于幽门部）

造影检查时，钡剂用量不能过多，以免遮盖异物，一般犬钡剂用量约为 10 mL，猫约为 5 mL。对胃进行造影，碎片等异物可吸附钡剂，故在胃排空后仍能显示异物阴影。橡皮类等无吸附性异物，造影检查则呈充盈缺损的 X 线征象。

2. 胃扩张-扭转综合征的 X 线表现 胃扩张-扭转综合征是深胸大型犬的一种急性、致命性疾病。拍摄 X 线片是确诊本病的重要手段，对于鉴别普通胃扩张和胃扩张-扭转综合征具有重要意义。可分别进行右侧位、左侧位和正位 X 线片拍摄，但右侧位 X 线片最具诊断意义。

右侧位投照时，可见 X 线片上出现胃腔被分割成两个或多个小室，这是胃扭转后幽门部充满气体移向左侧和充满气体的胃底部共同构成的影像。在小室之间可见线状软组织阴影，则是由胃扭转处或胃的折转处形成。

3. 胃肿瘤的 X 线表现 犬、猫胃肿瘤比较少见。犬最常见的肿瘤是腺癌，常发生于胃幽门窦和幽门，猫最常见的肿瘤是淋巴肉瘤。X 线平片上，肿瘤灶不易显现，偶尔在胃内气体衬托下显示胃腔内有软组织块影像突入胃腔内。进行胃造影或胃钡-气双重造影时，可呈现胃变形，胃腔内占位性充盈缺损或有溃疡龛影，胃壁增厚或不规则，幽门狭窄或闭锁。

4. 肠梗阻的 X 线表现 肠梗阻是犬、猫常见的一种消化道疾病，发病部位主要在小肠。若为高密度异物造成的肠梗阻，则 X 线平片即可呈现出异物的形状、大小及阻塞发生部位。若为低密度异物或与腹腔软组织密度相近的异物造成的梗阻，则需进行钡饲造影，通过钡剂呈现的前进状态判断阻塞的部位、程度和类型。嵌闭性肠梗阻一般可根据 X 线检查或造影检查确定肠嵌闭的部位。肿瘤性肠阻塞时，X 线平片可显示腹内肿块的软组织阴影，造影检查可显示肠黏膜不规则、充盈缺损、肠道壁增厚、肠道狭窄或造影剂进入肿瘤组织中。

5. 胃肠穿孔或破裂的 X 线表现 胃肠穿孔或破裂后，胃肠道内气体进入腹膜腔，因此多用水平 X 线进行站立、直立或侧卧位投照，在 X 线片上可见腹腔最高处存在气影。若腹腔内气体量较少，则进行侧卧位投照易发现气影。

当胃肠穿孔继发腹膜炎而导致腹腔内积液时，X 线片上可见腹部呈均质密度增高的阴影，腹腔器官外形轮廓模糊不清。局限性腹膜炎仅在局部感染区的结构轮廓消失；广泛性腹膜炎，则整个腹部影像模糊不清。当腹腔内同时蓄积有一定量气体时，站立投照可见出现气-液界面阴影。

若疑似胃肠穿孔时，若进行胃肠造影，应选择刺激性较小的碘制剂作为造影剂。

6. 肝疾病的 X 线表现

（1）肝肿大。利用 X 线对肝进行检查，可发现肝肿大和肿大的程度，但一般不能鉴别肝肿大的原因和疾病实质。

侧位 X 线平片上可见肝后下缘后移，超出最后肋弓一个肋宽以上。肝后缘变钝，当腹腔内有适量脂肪时，肝后缘轮廓显示更清晰。腹背位 X 线片上，可见胃体和幽门向左后方移位；经胃造影后则显示更清晰。

（2）肝肿瘤。X 线平片可见肝阴影扩大，在发病肝叶上显示数量不等、大小不一的高密度肿瘤阴影。钡饲造影显示增大的肝将其邻近的胃和结肠向后推移。气腹造影时，则可更清晰地呈现肝的轮廓和肿瘤的形态（图 3-37）。

7. 肾疾病的 X 线表现

（1）*肾肿大*。X 线检查可判断肾体积大小，并可通过所出现的肾形态轮廓及实质结构估测肾肿大的原因。

在 X 线平片上，肾的体积超出正常范围，肾邻近器官发生移位。左肾肿大时，降结肠向右、下方移位，小肠向右移位；右肾肿大时，十二指肠降段向内、下方移位（图 3－38）。

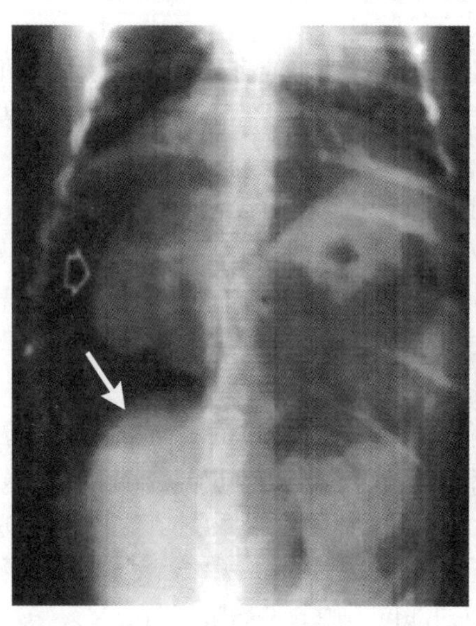

图 3－37　肝肿瘤（气腹造影检查，空心箭头所示为肝肿瘤）

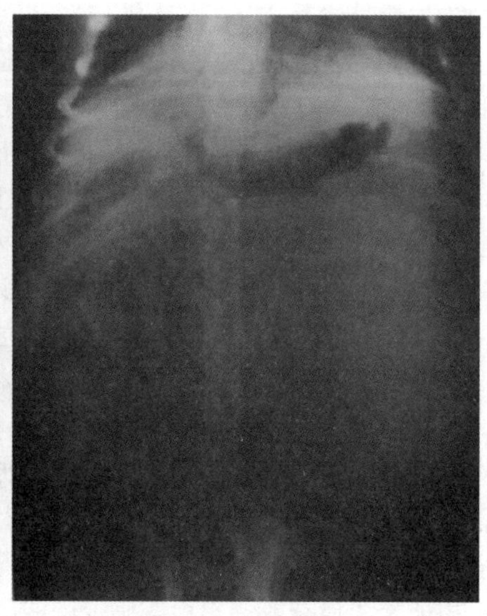

图 3－38　肾肿大（左肾很大，右肾几乎不显影）

（2）*肾结石*。肾结石存在于一侧或双侧肾的肾盂或肾盏内，形状、大小、数量不定。高密度结石在普通 X 线片上即可显示（图 3－39）。

8. 膀胱结石的 X 线表现　多数膀胱结石经 X 线平片即可显示，呈现为大小、形状、数目不定的高密度阴影。当结石阻塞尿道时，膀胱膨大，且密度增高（图 3－40）。但是对于密度较低或透 X 线结石，则需进行膀胱阳性或阴性造影。阳性造影时，透射线结石表现为充盈缺损像，多位于膀胱中部；充气造影时，膀胱可在低密度背景衬托下呈现出较低密度或较小的结石（图 3－41）。

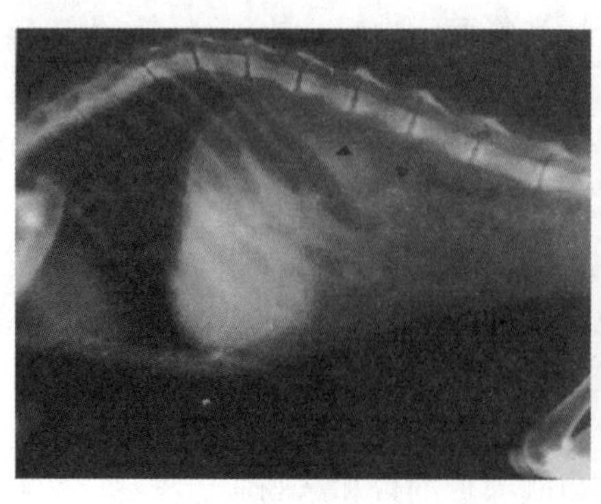

图 3－39　肾结石

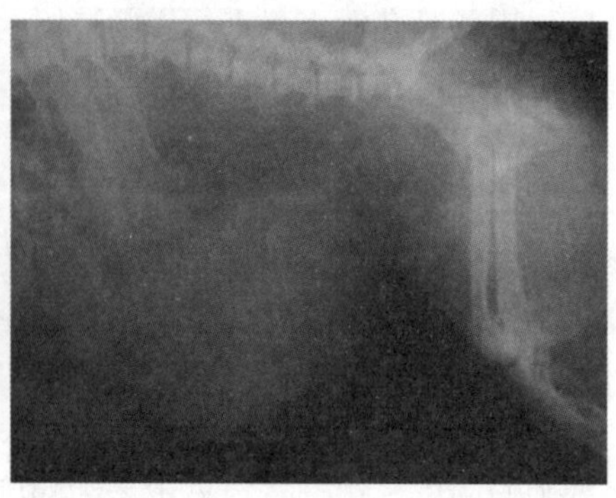

图 3－40　膀胱膨大、结石

9. 子宫蓄脓的X线表现 子宫蓄脓指子宫内蓄积有脓液。右侧卧X线片，可见子宫角呈粗大卷曲的管状或呈分块状的均质软组织阴影。当子宫蓄积脓液较多时，小肠被向前、向背侧推移。当脓液完全充满两个子宫角时，X线片显示中、后腹部呈大片均质软组织阴影（图3-42）。

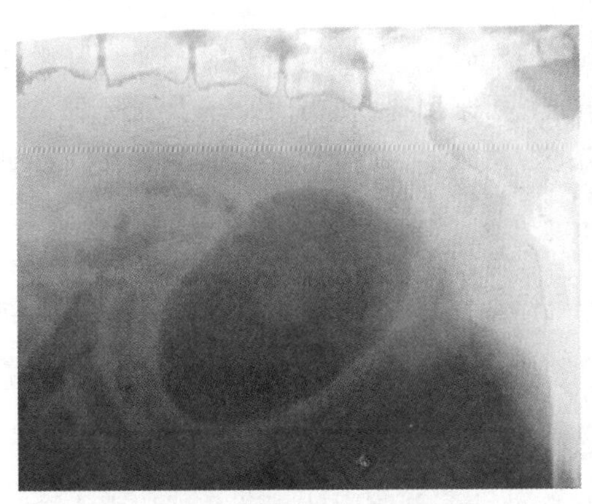

图3-41 膀胱充气造影（示低密度、小结石）

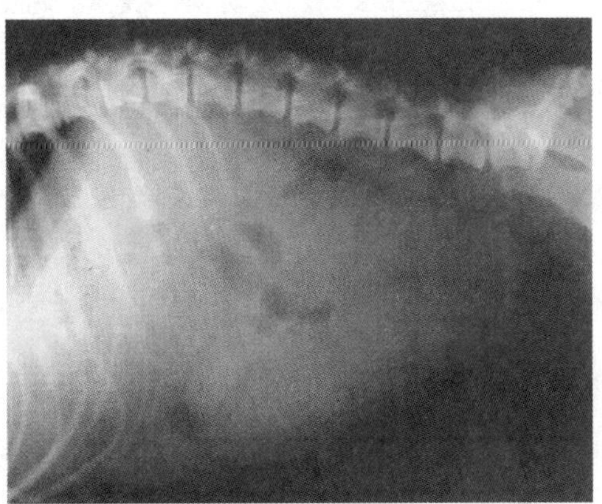

图3-42 子宫蓄脓

10. 腹水的X线表现 腹水指腹腔内积有液体，无论是渗出液还是漏出液统称为腹水。腹水X线征象为腹部膨大，全腹密度增大，影像模糊，腹腔脏器影像被遮挡，有时可见充气的肠袢浮集于腹中部，肠袢间隙增大。站立侧位水平投照时，下腹部的密度明显高于背侧部，肠袢漂浮于背侧液面上。

技能8 X线造影检查

机体某些组织和器官的密度与邻近组织和器官或病变的密度相同或相似时，普通X线检查不能显示组织器官的轮廓和内部结构，不能达到诊断目的。通过人工的方法，将高于或低于该组织器官的物质引入机体，以显示其形态、位置或功能的检查方法，称为造影检查技术。所采用的提高对比度的物质，称为对比剂或造影剂。

（一）对比剂

1. 对比剂应具备的条件 对比剂是用于造影的物质，其理想条件是：与机体组织间的影像对比度大，显影清晰；理化性质稳定，生产、运输和保存方便；容易吸收和排泄；无毒、副作用；口服制剂无异味，口感好，易被患病动物接受；使用方便，价格低廉。

2. 对比剂分类

（1）高密度对比剂。高密度对比剂也称为阳性造影剂，为密度高的物质，常用的有钡剂和碘剂。钡剂有效成分为硫酸钡。碘剂分为有机碘和无机碘剂两类。有机碘剂包括碘水剂和碘油剂。有机碘水剂可溶于水，根据其排泄途径不同也分为肾排泄有机碘对比剂和肝排泄有机碘对比剂两类。碘油剂常用的有碘化油和碘苯酯。无机碘剂主要是碘化钠。

（2）低密度对比剂。低密度造影剂也称为阴性造影剂，是密度低的物质，目前应用于临床的有二氧化碳、氧气和空气等。进行气体造影时，注气前应确认针头不在血管内方可注入，注气压力也不宜过大，注入速度应小于 100 mL/mim。

3. 对比剂的引入方法 要进行造影检查的器官或组织称为造影的目标器官或组织，体外的对比剂要通过一定的途径引入目标器官或组织，通常采用直接引入法和间接引入法。

（1）直接引入法。凡动物体表具有腔道的器官并在体表有开口者，可经自然通道口引入对比剂至相应的器官，如消化道造影、支气管造影、膀胱造影、逆行肾盂造影、子宫输卵管造影等。若腔道与外界不相通，可采用穿刺方法引入造影剂，即自针管或连接导管注射对比剂，引入与体外隔离的腔道或器官内，如各种血管造影、心脏造影和关节腔造影等。

（2）间接引入法。间接引入法是指对比剂先被引入某一特定的组织或器官内，如血管、消化道等，后经过吸收、代谢聚积于目标器官或组织内，从而使其显影。如静脉肾盂造影和口服法胆囊造影等。

（二）常见造影检查方法

1. 消化道造影检查

（1）食道造影检查。食道造影检查是将阳性造影剂（常使用硫酸钡）引入食道内，以便于观察食道结构和功能的一种 X 线检查技术。

检查前一般不需进行特别准备，牛、马等大动物取站立保定，羊、犬则以自然站立侧位观察为主，猫必要时可行卧位观察。一般情况下，可用 70%硫酸钡作为造影剂（小型犬每千克体重用 8～10 mL，大型犬每千克体重用 3～5 mL）。当疑似食道破裂时，应选用有机碘造影剂（按 3～5 mL 每千克体重，或用 5～15 mL 加入硫酸钡制剂中使用）。首先禁食禁水 12 h 以上，投服造影剂的同时或投服后即行观察（图 3-43、图 3-44）。

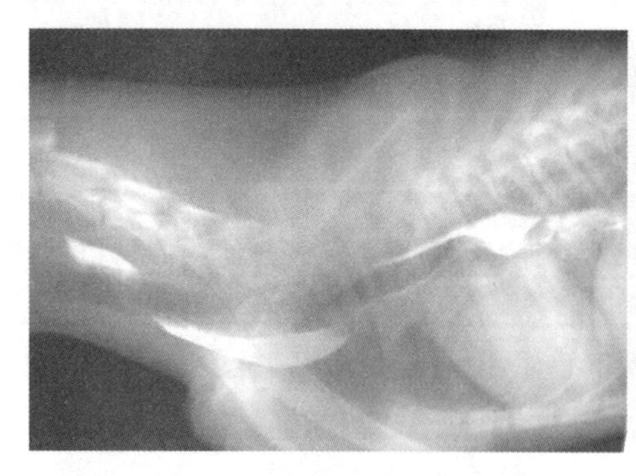

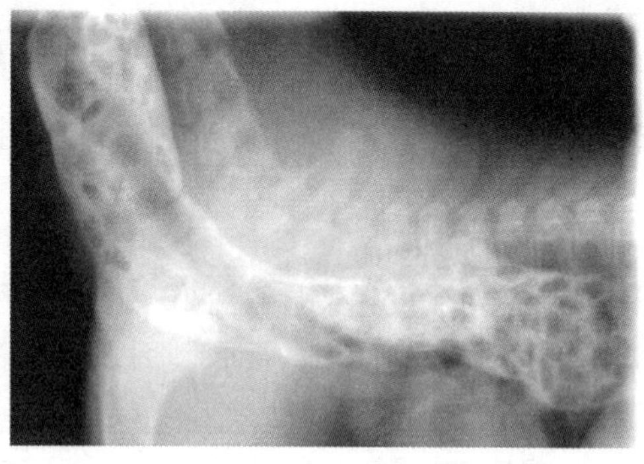

图 3-43 食管造影（稠钡胶浆灌投）　　图 3-44 食管扩张（钡饲食管造影）

（2）胃肠造影检查。胃肠造影可根据动物具体情况选用阳性造影、阴性造影和混合造影。阳性造影每千克体重用 40%硫酸钡制剂 25 mL，灌服或胃管投服（图 3-45、图 3-46）；阴性造影可将空气按每千克体重 6～12 mL 直接注入消化道内，或将酒石酸钾钠和碳酸氢钠（3∶1）投入胃内使其在消化道产生气体；混合造影则按空气每千克体重 6～12 mL 和硫酸钡制剂每千克体重 3 mL 注入胃内，进行对比观察。

禁食禁水 12 h 以上，对胃的检查于造影当时及之后观察，小肠检查于服钡剂后1～2 h观察，大肠检查则应于服钡剂后 6～12 h 观察。

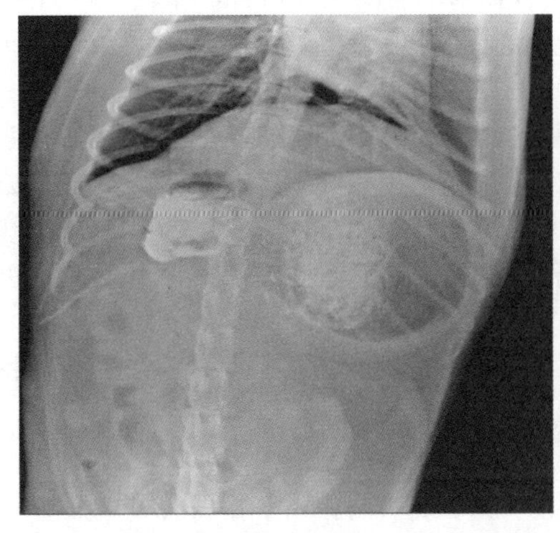

图 3-45　胃内异物，幽门梗阻（胃内钡餐造影 1 h）

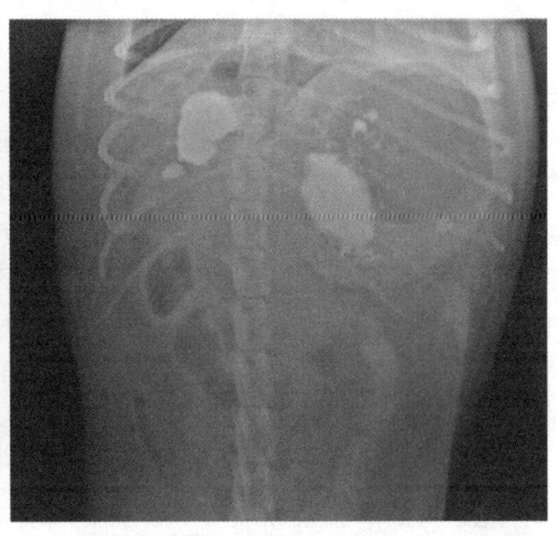

图 3-46　胃内异物，幽门梗阻（胃内钡餐造影 6 h）

（3）钡剂灌肠造影检查。钡剂灌肠造影简称为钡灌，是将稀钡剂（硫酸钡与水之比为 1∶3～1∶4）经直肠灌入结肠及盲肠，以了解结肠器质性病变的一种 X 线检查方法。此外，该方法除对回肠、结肠套叠提供诊断外，有时还可起到整复作用。该法主要用于小动物。

被检动物禁食 24 h，造影前 12 h 投服轻泻剂，麻醉前应清洗肠道，排除蓄粪。在透视情况下按照每千克体重 5～10 mL 向直肠内灌注 25%硫酸钡制剂，然后进行观察（图 3-47、图 3-48）。需注意的是，灌肠用的硫酸钡混悬液温度应控制在 37 ℃左右；有结肠、直肠损伤，或近期内进行过组织活检的患病动物，应待组织修复后再行灌肠。

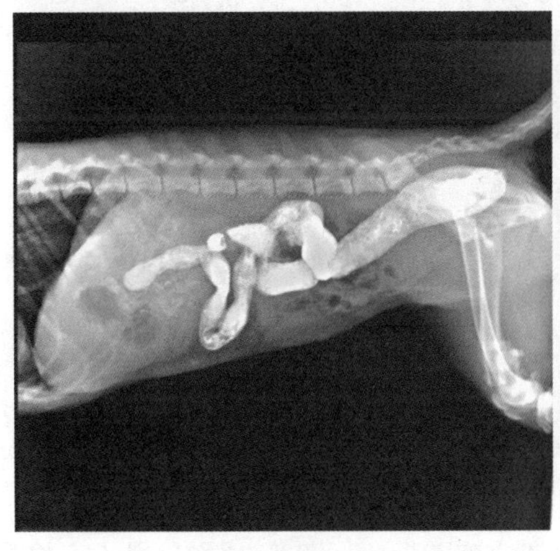

图 3-47　结肠造影侧位片

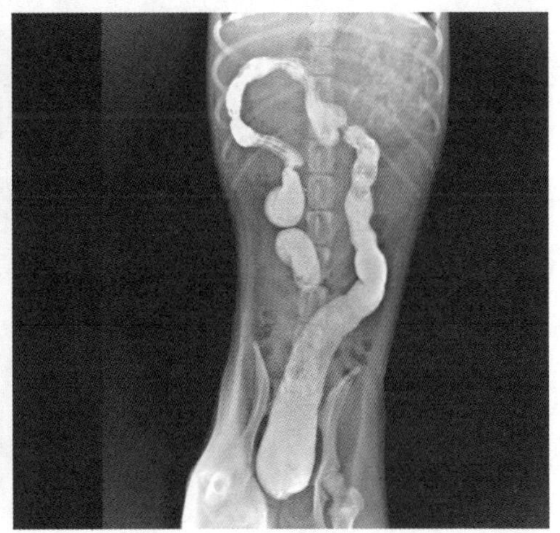

图 3-48　结肠造影正位片

2. 气腹造影 气腹造影是将气体注入腹腔，使腹腔内器官与壁腹膜之间形成较大的空气间隙，从而使腹腔器官的外形轮廓和腹壁内缘在X线上显示影像。中、小动物气腹造影后，通过转变不同的体位，可充分显示膈后的腹腔器官，如肝、脾、胃、肾、子宫、卵巢及膀胱等腹腔脏器的外形轮廓、大小、位置和其相互关系及有无病变等。

被检动物应禁食12 h以上，以使胃肠道空虚。按腹腔穿刺法进行腹腔穿刺，将盛有液体的玻璃瓶（用于过滤空气）连接三通接头（一叉接穿刺针，一叉接空气过滤瓶，一叉接注射空气的注射器），然后向腹腔内注入空气每千克体重50 mL或200～1 000 mL进行观察。检查完毕后，应再进行腹腔穿刺，排出气体，残余气体数天后可被吸收。

3. 泌尿道造影 泌尿道造影适合于膀胱肿瘤、可透性结石、前列腺炎、肾盂积水、输尿管阻塞、肾囊肿、肾肿瘤以及肾功能的检查。

（1）肾盂造影。被检动物造影前禁食24 h，禁水12 h，使胃肠空虚。必要时，术前进行清洁灌肠及膀胱导尿。仰卧保定，于腹中线两侧相当于输尿管处各放置一衬垫，再在腹部加用压迫带和气垫压迫输尿管，以免造影剂进入膀胱导致肾盂充盈不良。然后静脉注射经肾排泄的造影剂（每千克体重10 mL 50%泛影酸钠或58%优罗维新，必要时可加量），注射后5～15 min拍摄腹背位的腹部X线片（图3-49、图3-50）。如肾盂显像清晰，可解除压迫，5～10 min后使造影剂进入膀胱，再拍摄膀胱X线片。

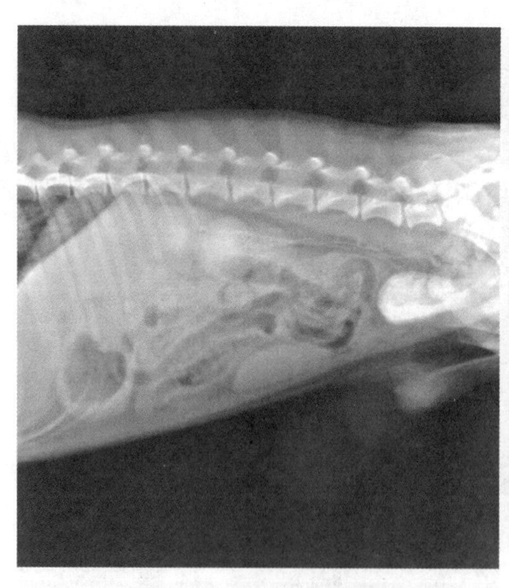

图3-49 肾盂、输尿管、膀胱造影侧位片

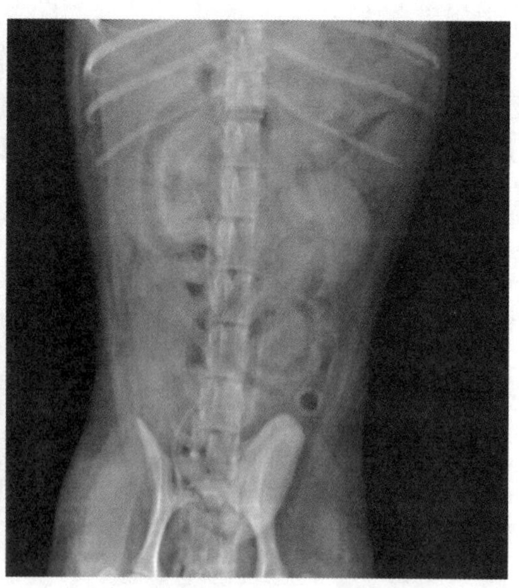

图3-50 肾盂、输尿管、膀胱造影正位片

（2）膀胱造影。被检动物禁食12～24 h，术前轻度麻醉，并用温的等渗盐水清洁灌肠。按导尿方法插管将尿液排尽，并保留导尿管。动物仰卧保定，将导尿段与连续注射器相接，向膀胱内注入造影剂，阳性造影按每千克体重6～10 mL引入5%～10%有机碘制剂，混合造影分别按每千克体重6～10 mL和1～2 mL引入空气和20%～30%有机碘制剂。膀胱插管困难时，可静脉注射造影剂，然后进行X线摄影

(图 3-51、图 3-52、图 3-53)。

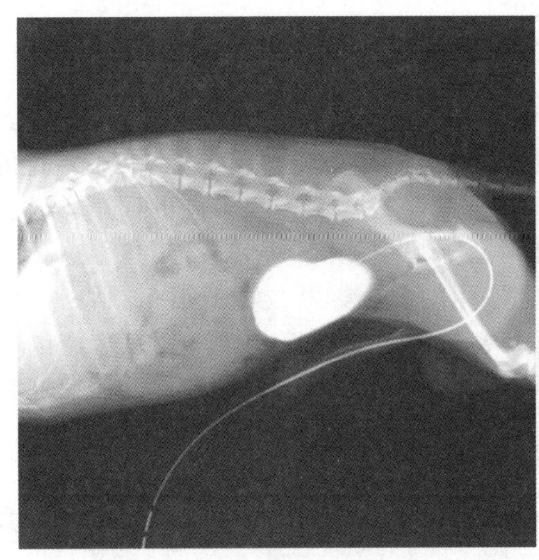

图 3-51 膀胱阳性造影侧位片

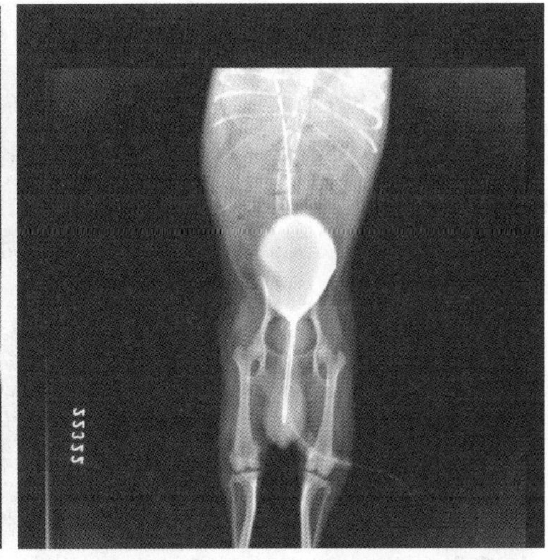

图 3-52 膀胱阳性造影正位片

4. 脊椎造影 脊椎造影又称脊髓造影，是通过穿刺将造影剂直接注入蛛网膜下腔，使椎管显影的 X 线检查方法。用于小动物检查椎管内的占位性病变、椎间盘突出或蛛网膜粘连，评估脊髓的结构和位置。当动物出现脊髓病的临床症状而 X 线平片又显示不清，或在病变实质已明确而正待手术时，在术前进行此项检查。

被检动物需全身麻醉，以头部向上的侧卧姿势放置于可做 45°倾斜的检查床上。通常在 5、6 或 6、7 腰椎棘突之间穿刺，以观察腰段或胸段脊髓，也可在小脑延髓池穿刺检查颈段和胸段脊髓。注射含碘量为 200～300 mg/mL 的碘葡酰胺，剂量为每千克体重 0.3～0.5 mL。穿刺局部按常规外科要求处理。注射前可先抽出等量的脊髓液。注射完毕后进行摄片检查，避免造影剂流入颅腔或被吸收(图 3-54)。

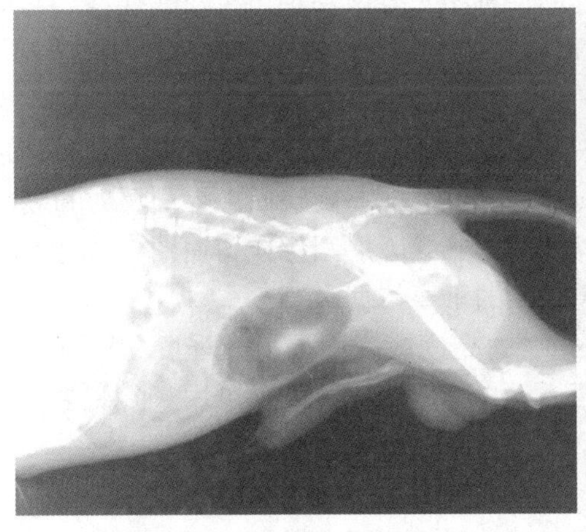

图 3-53 膀胱双重造影侧位片

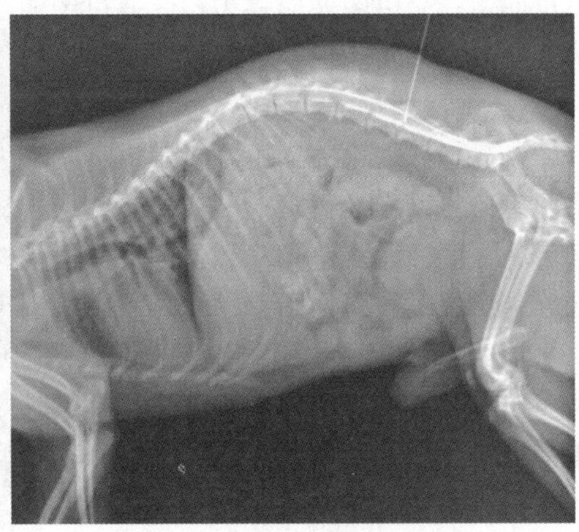

图 3-54 脊髓造影侧位片

项目2　B型超声检查

技能1　B型超声诊断仪器识别与声像图术语

人耳的听觉范围有限，只能识别16～20 000 Hz的声音，超过20 000 Hz的声音便无法听到，这种声音称为超声。和普通的声音一样，超声能向一定方向传播，且可穿透物体，如果碰到障碍，就会产生回声，不同的障碍物则产生不同的回声，通过仪器将这种回声收集并显示在屏幕上，可用来了解物体的内部结构。利用这种原理，将超声波用于诊断和治疗疾病。临床上应用的超声诊断仪类型很多，如A型、B型、M型、扇形和多普勒超声型等，而B型超声仪是兽医临床应用最广泛的一种，用于动物各组织器官的疾病诊断，也可用于动物妊娠检查、背膘厚和眼肌面积测定。

（一）B型超声仪识别

无论何种规格的B型超声仪，其基本构件均包括探头、主机、信号显示、编辑及记录系统（图3-55）。

图3-55　B型超声诊断仪的基本结构

1. 探头　探头是超声诊断仪最重要的部件，关系到超声诊断仪的灵敏度和分辨率，是通过压电晶片产生压电效应，用来发射和接受超声，以及进行电信号转换的部件，又称其为换能器。

2. 主机　超声诊断仪的主体结构为电路系统，主要包括主控电路（同步信号发生器）、高频发射电路、高频信号放大电路、视频信号放大器和扫描发生器等。主机面板上常显示可供选择的技术参数。

3. 显示及记录系统　显示系统主要由显示器、显示电路和有关电源组成。B型超声仪回声信号以图像形式表现，通过图像存储、打印、录像和拍照等形式保存，并可进行测量和编辑。

（二）B型超声诊断仪声像图术语

B型超声诊断法又称为超声断层显像法或辉度调制型超声诊断法，简称B超，是将回声信号以光点明暗（即灰阶）的形式显示。光点的强弱反映回声界面反射和衰减超声的强弱。光点、光线和光面构成了被探测部位二维断层图像或切面图像，这种图像称为声像图。声像图上的光点状态是超声诊断的重要依据。

1. 回声强度　回声强度是指声像图中光点的亮度或表面辐射光强度的辉度，由回声振幅高低所决定，振幅越高，辉度越高，反之则低。回声强度可用灰阶衡量。与正常组织相比较，将回声强度分为4种类型。

（1）*弱回声或低回声*。指光点辉度低，有衰竭现象。

（2）*中等回声或等回声*。指光点辉度等于正常组织的回声强度（辉度）。

（3）*较强回声或回声增强*。指辉度高于正常组织器官的回声强度（辉度）。

（4）强回声或高回声。明亮的回声光点，伴有声影或二次、多次回声。

2. 回声次数 回声次数指回声量。

（1）无回声（暗区）。指在正常灵敏条件下无回声光点的现象。根据产生无回声的原因，将暗区分为液性暗区、衰减暗区和实质性暗区。

液性暗区，即超声不在液体中反射，增加灵敏度后暗区内仍无光点出现；若液体混浊，则增加灵敏度后出现少量光点；四壁光滑的液性病灶，多出现二次回声且周边光滑、完整。衰减暗区，即由于声能在组织器官内被吸收而出现的暗区，增加灵敏度后可出现少数较暗的光点；严重衰减时，即使增加灵敏度也不会出现光点。实质性暗区，指均一的组织器官内因缺乏足够大的声学界面而无回声，出现实质性暗区；若增加灵敏度，则出现不等量的回声且分布均匀。

（2）稀疏回声。光点稀而小，间距在 1.0 mm 以上。

（3）较密集回声。光点较多，间距为 0.5～1.0 mm。

（4）密集回声。光点密集而明亮，间距小于 0.5 mm。

3. 回声形态 回声形态指声像图上光点形状。常见于以下几种：

（1）光点。细而圆的点状回声。

（2）光斑。稍大的点状回声。

（3）光团。团块状出现的光点。

（4）光片。回声呈片状。

（5）光条。回声呈细而长的条带状。

（6）光带。回声为较宽的条带状。

（7）光环。回声呈环状，光环中间较暗或为暗区，如胎儿头部回声。光环是周边回声的表现。

（8）光晕。光团周围形成暗区，如癌症结节周边的回声。

（9）网状。多个环状回声聚集在一起构成筛网状，如牛、羊脑包虫的回声。

（10）云雾状。多见于声学造影。

（11）声影。特强回声下方的无回声区。

（12）声尾。液性暗区下方的强回声，如囊肿。

（13）靶环征。以强回声为中心形成圆环状低回声带，如肝病灶组织的回声。

技能2 妊娠超声诊断探查

母畜妊娠后生殖器官的主要变化是子宫中出现羊水、胚胎发育、胎儿的生长及其一系列活动、子宫动脉及其血流的变化。超声诊断妊娠，是利用超声可在机体内定向传播和遇到不同声阻抗的组织界面时能产生反射的原理，通过断层扫查子宫和胎体的切面，以图像显示出来，可以实现早且准确的诊断。

B型超声波法可通过调节深度在荧光屏上反映子宫不同深度的断面图，可以判断胎儿的存活或死亡。B型超声仪同时发射多束超声，在一个面上进行扫查，显示的是子宫和胎儿机体的断层切面图，诊断结果清晰、准确，而且可以复制。它不仅可以用于诊断妊娠，而且可以监测雌性动物生殖器官的生理和病理状态，并进行测量，如卵泡发育，发情周期子宫的变化，产后子宫的恢复，胎儿的发育、生长和一些生理活动。以犬为例介绍B型超声仪在妊娠诊断中的应用。

（一）B型超声仪探查犬妊娠的方法

犬取站立或躺卧姿势保定。探查部位在后肋部、乳房边缘，或下腹部脐后 3～5 cm处。若为长毛犬，则应事先剪毛。B超常用超声频率为 3.5～5.0 MHz，探头上涂适量耦合剂，再将检查部位均匀涂布适量耦合剂。准确把握被查部位的解剖位置，扫查时作矢状面、横切面、冠状面等多切面扫查。

（二）B型超声探查犬妊娠的声像图表现

在配种后第 18～19 天即可做出诊断，第 28～35 天为最适检查期，在第 40 天以后，可清楚观察到胎儿的身体情况。

1. 孕囊 B超探查最早发现的变化是子宫直径的影像增大。犬于交配后 7 d 即表现子宫增大，但诊断要慎重。因为处于发情期的犬，其子宫也会增大。

确定妊娠的第一征象是孕囊的探测，孕囊被探测到的时间一般为妊娠 20～24 d，初期的孕囊非常小，直径仅为数毫米。孕囊是一个回声的结构，在子宫角暗区内出现椭圆形反射不强的光团，暗区中的细线状弱回声光环为胎膜的反射，环绕妊娠的子宫组织变薄，与其连接的子宫组织呈强回声（图 3-56、图 3-57）。诊断时因肠内气体压迫等情况影响，可导致妊娠判定失误。但B超诊断妊娠比人工触摸诊断要早，准确性高。30 d 左右可对犬的妊娠与否做出诊断，诊断准确率达 95%以上。

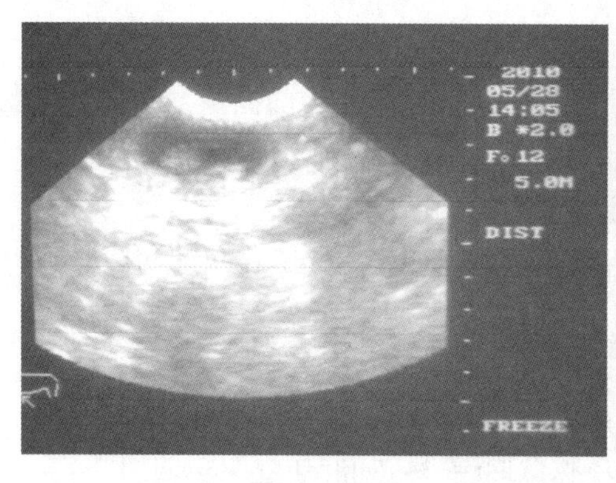

图 3-56 妊娠诊断（子宫角暗区内出现椭圆形反射不强的光团）

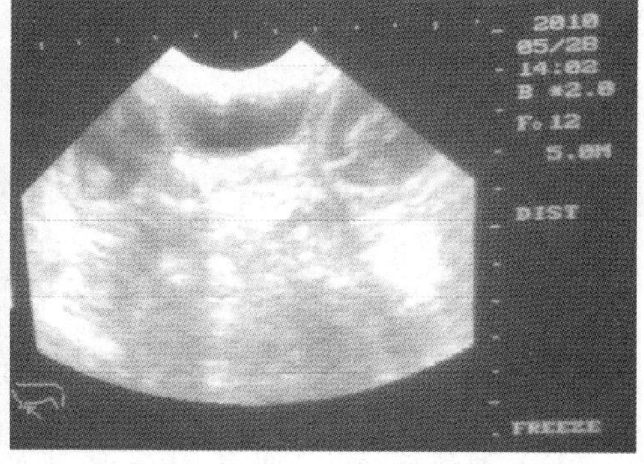

图 3-57 妊娠诊断

2. 心脏搏动、胎儿移动 心脏搏动、胎儿移动是胎儿活力的标志。随着妊娠时间的延长，在配种 23～25 d 时，可在孕囊暗区底部即子宫壁的底部出现胚体反射。在配种后的 26～28 d，胚囊、胚体逐渐增大，可在胚体部观察到一有规律快速闪动的光点，是同胚胎一起迅速扑动的小回声区，也就是心脏结构和心脏搏动的反应。妊娠 40 d 后，因胎体增加，探头才能扫查到胎儿胸腔内的心脏搏动，同时可观察到比较明显的胎动，妊娠 35 d 可观察到胎儿四肢的摆动，妊娠 49 d 可观察到胎儿头颈摇动。

3. 胎儿内脏 妊娠 31～35 d 时，根据颅骨反射和其他骨骼的影像回声可以辨认胎向，通过胎向及心脏搏动可以确定心脏、胃和膀胱的位置（图 3-58）。

4. 骨骼 妊娠 36～38 d，基本上可以观察到胎儿的整体骨骼轮廓（图 3-59）。

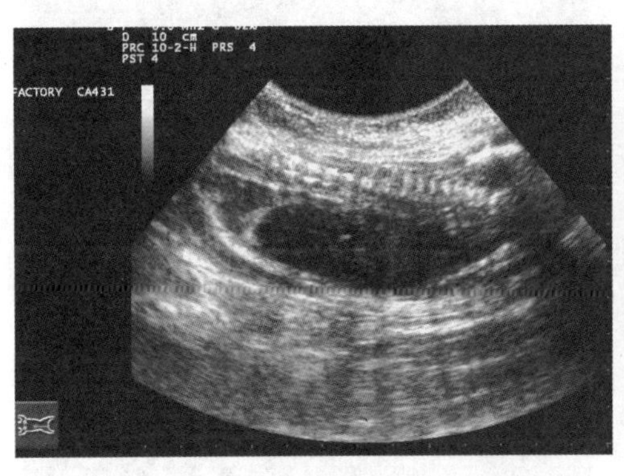

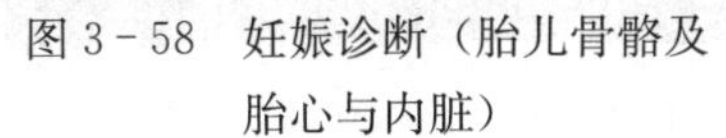
图 3-58 妊娠诊断（胎儿骨骼及胎心与内脏）

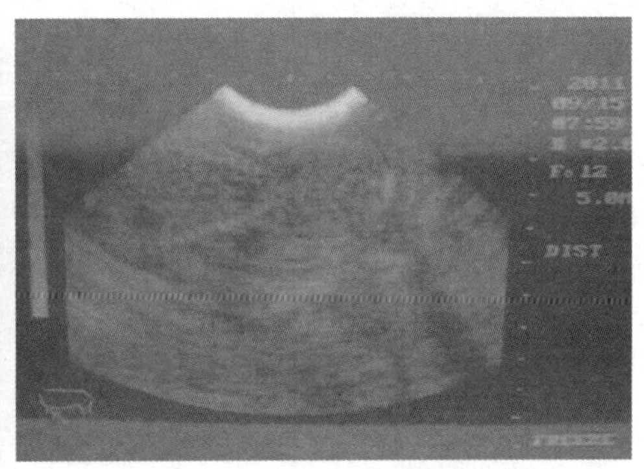
图 3-59 妊娠诊断（胎儿骨骼及胎心）

技能 3 腹部脏器超声诊断探查

（一）肝的超声探查技术

肝是机体内最大的实质性脏器，具有分解、合成、贮存营养，解毒等作用，在胎儿期也是造血器官，具有良好的声传导特性，且位置固定。所以，超声诊断肝疾病是影像学检查的首选方法。下面以犬为例介绍肝 B 型超声探查技术。

1. 肝 B 型超声探查技术 多数 B 型超声诊断仪可清晰探查肝胆系统，可配 3～5 MHz 线阵或扇扫探头，凸阵探头显示切面更宽。小动物则用分辨力好的高频率探头，如 5.0 MHz。宽频带可变频探头将探头的中心频率调节至合适的频率。适当调节仪器的总增益和时间增益补偿，使肝的深浅部位回声均匀一致。

小型宠物犬、猫可依据被检位置不同而采取仰卧、俯卧或侧卧体位，探查部位为右侧 10～12 肋间或剑突后方。局部剪毛、涂耦合剂，探头与皮肤保持垂直并充分密合。记录断层像时，应注意避免人为造成探头活动及动物骚扰，待图像冻结时，再行拍照，或用影像打印机直接打印、输入录像机录像、输入计算机存贮处理等。

2. 肝 B 型超声探查正常声像图 正常肝实质为均匀分布的细小光点，中等回声（图 3-60）。肝内管道结构呈树状分布。肝内门静脉壁回声较强，肝静脉及一级分支也能显示，但管壁很薄、回声弱。肝内胆管与门静脉并行，管径较细。

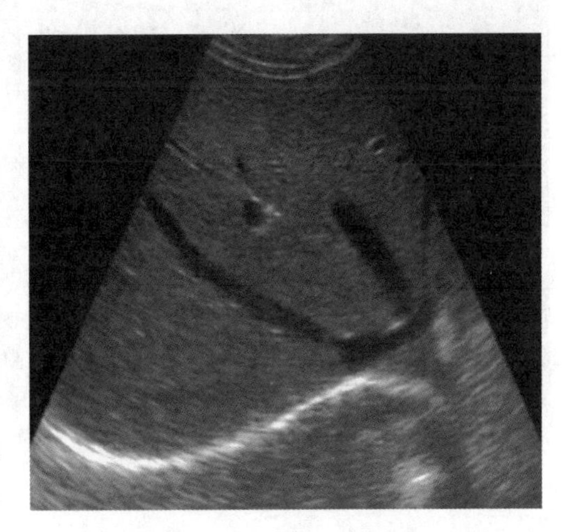
图 3-60 正常肝声像图

正常胆囊的纵切面呈梨形或长茄形，边缘轮廓清晰，胆囊壁为纤细光滑的高回声带（图 3-61）。囊腔内为无回声区，后壁和后方回声增强。横切面上，胆囊显示为圆形无回声区。

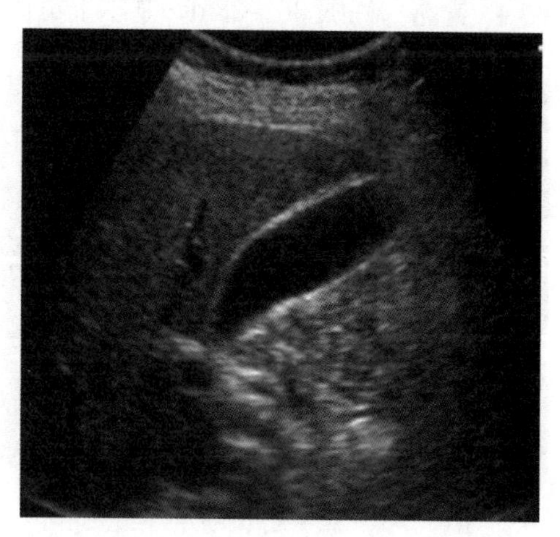

图 3-61　正常胆囊纵切声像图

3. 常见肝疾病 B 型超声探查声像图

（1）肝脓肿。肝脓肿 B 型超声声像图表现有液性暗区和肝肿大两个方面。

① 液性暗区。肝脓肿形成后，由于脓液属于液体范畴，为均质介质，无声阻差异，因此无回声，在监视屏上呈现液性暗区。典型的肝脓肿无回声区边界清晰，切面常呈圆形或类圆形，伴后方回声增强效应，内有细小光点回声。一旦发现肝内有液性暗区，应从不同方向向同一部位探查，并注意液性暗区的数目、形状和大小等情况。

由于肝脓肿在各个阶段病理变化不一样，脓肿组织结构和脓肿中内容物也不相同，液性暗区情况也会不一样。肝脓肿早期，肝组织还处于炎性浸润期或坏死组织尚未液化时，声像图上表现为一个光点密集区或光团。坏死组织开始液化时，在液性暗区内可出现散在的光点或小光团。脓汁黏稠时，在液性暗区中亦会出现散在稀疏光点。

② 肝肿大。由于脓肿大小、数目不同，肝可出现不同程度肿大。

（2）肝肿瘤。肝肿瘤的声像图根据肿瘤的性质不同而异。原发性肝癌呈现肝肿大和在肝实质内有癌肿瘤结节样图像，肿块回声表现为多种类型，包括低回声、等回声、高回声、混合回声和弥漫型回声（图 3-62）。转移性肝肿瘤声像图表现为肝内多个结节性肿块，其图像有多种类型（图 3-63）。淋巴肉瘤是最常见的肝肿瘤，其浸润过程可导致弥漫性肝肿大，也可出现淋巴结节。

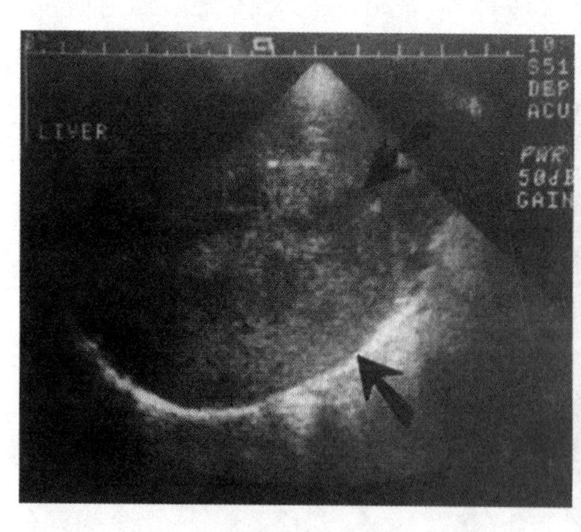

图 3-62　原发性肝肿瘤声像图（箭头所指为肝细胞瘤）

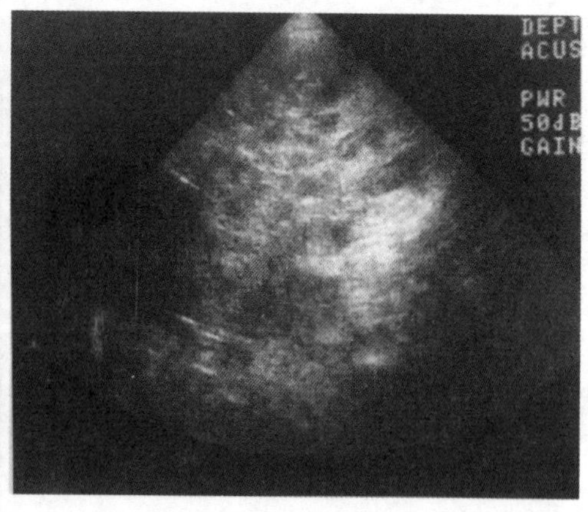

图 3-63　转移性肝肿瘤声像图（肝内分布多个大小不等的低回声肿瘤灶）

（3）肝纤维化。肝区回声增强，即肝区光点增多、变粗或有小光团，且光点分布不均匀。肝纤维化时期不同，可出现肝肿大或缩小等变化（图 3-64）。

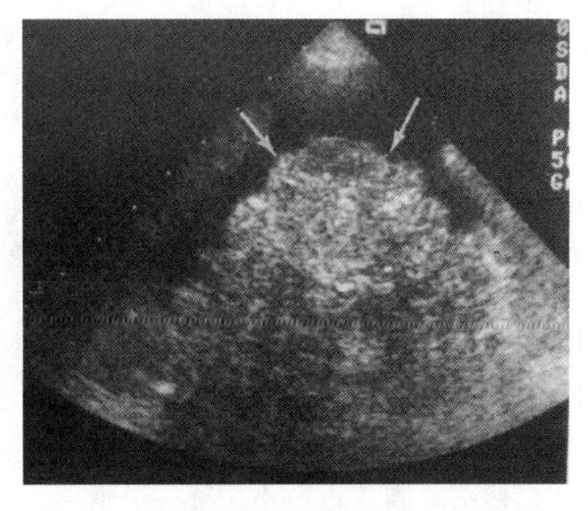

图 3-64　肝纤维化声像图（肝变小，回声增强，轮廓不整齐，肝结构呈均匀结节状）

（二）脾的 B 型超声探查技术

脾为腹腔内重要的实质器官之一，其均质程度较高，适用于超声探查。目前动物临床 B 型超声主要应用于脾体表投影面积、体积大小的测定及脾疾病的检查。下面以犬为例介绍脾 B 型超声探查技术。

犬的脾位于胃的左后侧，悬挂于大网膜的降支内，靠在胃大弯后面，脾长而狭窄，下端稍宽，上端尖而稍弯，位于左侧最后肋骨及左侧肷部。

1. 脾 B 型超声探查技术　脾 B 型超声探查技术与肝类似，但脾更宜用高频率探头探查，如 5～10 MHz。由于脾离体表较近，因探头近场回荡效应而近侧脾表显示不清，此时可在探头和皮肤间加以透声垫块。犬仰卧或右侧卧，于左侧 10～12 肋间或最后肋弓及肷部进行探查；根据扫查面不同可显示脾头、脾体、脾尾及脾门部的脾静脉。

2. 正常脾的声像图表现　正常脾的声像图整体回声强度均高于肝，脾实质呈均匀中等回声，光点细密，周边回声强而平滑（图 3-65）。脾包膜呈光滑的细带状回声。外侧缘呈弧形，内侧缘凹陷，为脾门。脾静脉、脾动脉为管状无回声。

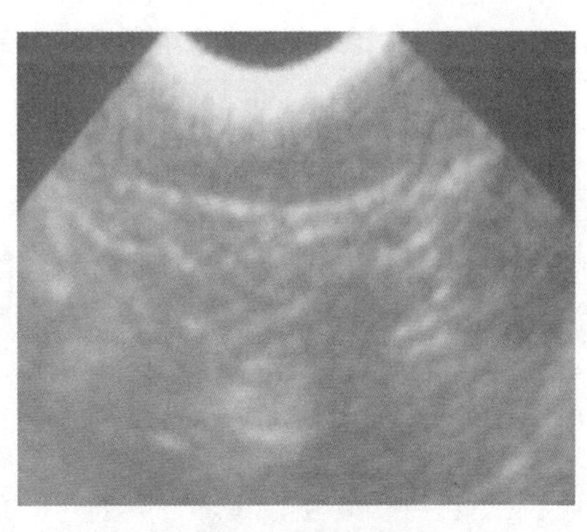

图 3-65　脾正常声像图

（三）肾的 B 型超声探查技术

肾为腹腔内重要的实质器官之一，距体壁较近，有利于超声探查。肾为成对的实质性器官，位于腰椎横突的腹侧，在主动脉和后腔静脉两侧的腹膜外，呈蚕豆形，表面光滑，肾的外面包裹有脂肪囊，其发育程度与犬的品系和营养状况有关。肾内侧缘有一凹陷，称为肾门，是肾动脉、肾静脉、输尿管、神经和淋巴管出入之处。肾门向肾内深陷的空隙，称肾窦，肾窦有肾盂、肾盏及血管、神经、淋巴管、脂肪等。下面以犬为例介绍肾 B 型超声探查技术。

1. 肾 B 型超声探查技术　肾 B 型超声探查仪器条件及探查方法与肝类似。取立位、卧位或坐位，在左、右 12 肋间上部及最后肋骨上缘。

2. 正常肾 B 型超声探查声像图　肾 B 型超声图像显示包膜周边回声强而平滑，肾皮质为低强度均质微细回声，肾髓质呈多个无回声暗区或稍显低回声，肾盂及其周围脂肪囊呈放射状排列的强回声结构（图 3-66）。左肾和脾可在一个视窗内探查到。

根据扫查面不同可显示肾静脉、后腔静脉、肝或脾。

3. 常见肾疾病B型超声探查声像图

（1）*肾肿瘤*。由于肿瘤的种类、大小和数目不一，其声像图也不完全一样（图3-67）。一般地，肾肿瘤声像图所见肾肿瘤为一种占位性病变，在肾的声像图中出现异常回声。肾实质肿瘤的声像图可分为实质均质暗区、实质不均质暗区和密集强光团回声等。恶性肿瘤可见肾表面隆起，肿块边缘不整齐，呈强弱不等回声或混合性回声。可有坏死、囊变所致的液性暗区。

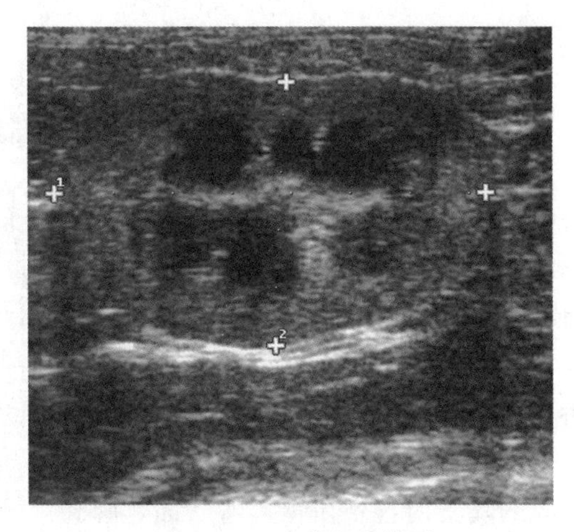

图3-66　正常肾声像图

（2）*肾盂积水*。肾盂积水声像图可见肾体积不同程度增大。少量积水可见肾盂光点分开，中间出现透声暗区，随积液量增多，透声暗区也随之增大，肾实质明显受压变薄。大动物患有大量肾盂积水时，肾体积太大以致肾深侧面超出扫查范围（20 cm以上），形成巨大透声暗区或整个肾组织全部为均质液体所代替，仅远侧壁有回声光带。有的病例还可见输尿管远端扩张（图3-68）。

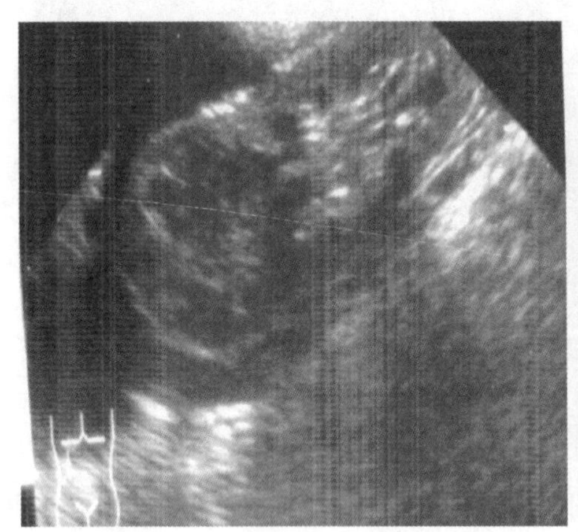

图3-67　犬肾肿瘤声像图

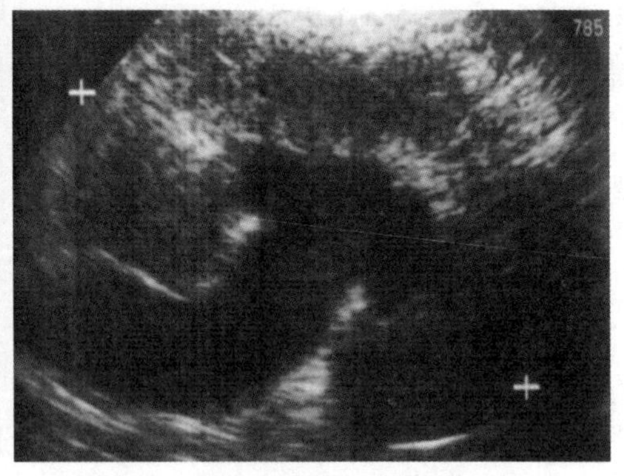

图3-68　肾盂积水及继发于尿结石的输尿管远端扩张

（3）*肾结石*。在声像图上肾结石表现为在肾盂（马）或肾窦内有光亮强回声，其形状和大小随结石不同而异；完全的声影投射到整个深层组织。这两点是肾结石存在的特征。声影提示光亮强回声表面几乎把声能全部反射回去，声束完全不能到达深层组织。肾盂或肾窦结缔组织也可能产生某些回声阴影，因为它比肾实质更易使声能衰减，但并非完全为黑影，其深部组织还可成像。若肾结石导致肾阻塞，则会发生肾盂、肾窦积水，则兼有积水的声像图特征。

(四)膀胱的B型超声探查技术

膀胱是贮存尿液的器官，尿液充满时呈梨状囊，前端钝圆为膀胱顶，突向腹腔，后端逐渐变细称膀胱颈，与尿道相连，膀胱顶和膀胱颈之间为膀胱体。除膀胱颈突入骨盆腔外，大部分膀胱位于腹腔内。膀胱的位置由于贮存尿液量的不同，其大小、形状和位置亦有变化。膀胱空虚时，约有拳头大，靠近骨盆腔，而尿液充满时，呈长的卵圆形，膀胱顶甚至可达到脐部。下面以犬为例介绍膀胱B型超声探查技术。

1. 膀胱B型超声探查技术 公犬的膀胱位于直肠、生殖褶及前列腺的腹侧，母犬的膀胱位于子宫后部及阴道腹侧。膀胱B型超声探查技术采用体表探查法，取站立或仰卧保定位，于耻骨前缘后腹部进行纵切面和横切面扫描。需要显示膀胱下壁结构时，可在探头与腹壁间垫以透声垫块。公犬远段尿道探查多在会阴部或怀疑有结石的阴茎部垫以透声块扫描。

2. 正常膀胱与尿道B型超声探查声像图 膀胱内充满尿液时为无回声暗区，周围由膀胱壁强回声带所环绕，轮廓完整，光洁平滑，边界清晰（图3-69）。近段尿道在膀胱尾端可部分显现，公犬前列腺可作为定位指标之一。远段尿道常显示不清，当进行尿道插管或注入生理盐水扩充尿道后可显示清晰。

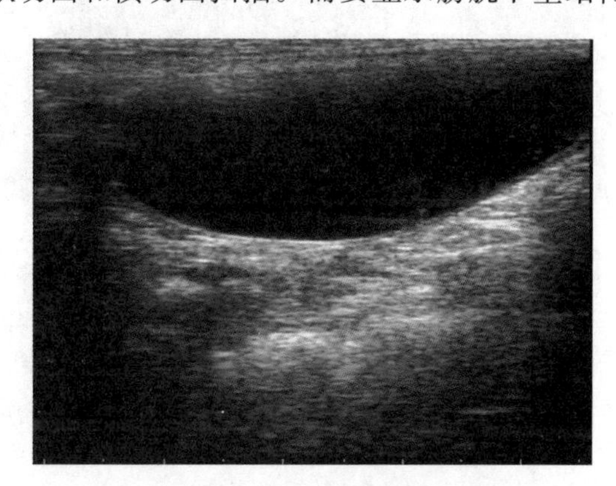

图3-69 正常膀胱声像图

3. 常见膀胱疾病B型超声探查声像图

（1）*膀胱结石*。膀胱结石的声像图特征，一是膀胱内无回声区域中有致密的强回声光点或光团，其强回声的大小与形状和结石的大小与形状有关；二是强回声的光团或光点后方伴有声影，膀胱壁也可增厚。未粘连的结石随体位变化而变位。

（2）*膀胱炎*。膀胱炎的声像图特征为膀胱壁增厚、轮廓不规则；黏膜下层为低回声带。

（3）*膀胱肿瘤*。膀胱肿瘤声像图可见膀胱无回声区内有膀胱壁向腔内突入的肿瘤团块回声，呈强光团，边缘清晰，后方不伴声影。深部浸润性肿瘤可穿透膀胱壁，使膀胱壁回声中断，呈现向膀胱外突出的实质性肿块图像。

(五)前列腺的B型超声探查技术

前列腺很发达，组织坚实，呈淡黄色球形体，环绕在整个膀胱颈和尿生殖道起始部，以多条输出管开口于尿生殖道盆部。下面以犬为例介绍前列腺B型超声探查技术。

1. 前列腺B型超声探查技术 前列腺为公犬生殖腺体之一，其大小和位置随年龄和性兴奋状况而异，性成熟后位于骨盆前口后方，于膀胱尾部环绕前段尿道。探查方法与膀胱类似，可经直肠或耻骨前缘向后扫查，膀胱积尿有助于前列腺影像显现。

2. 正常前列腺B型超声探查声像图 前列腺声像图横切面呈双叶形，纵切面呈卵圆形（图3-70）。前列腺包膜周边回声清晰光滑，实质呈中等强度的均质回声，间有小回声光点。膀胱尾和前段尿道充尿时，前列腺横切面背侧两叶间可清晰显示尿道断面（图3-71）。

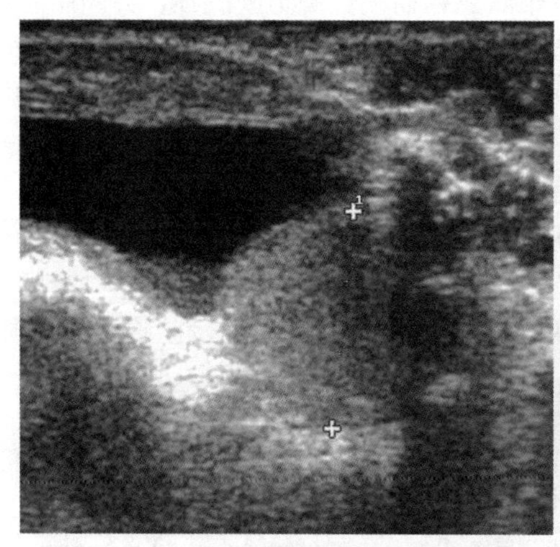

图3-70 正常膀胱与前列腺声像图

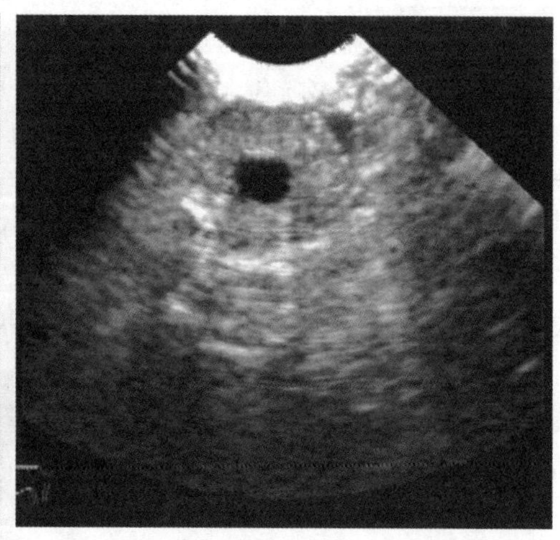

图3-71 前列腺横切，内见充满尿液的尿道

3. 前列腺肿大B型超声探查声像图 前列腺肿大是犬的常见病，B型超声探查声像图显示增大的前列腺结构均质，回声强度正常。可见多个细小的低回声或无回声区。囊性增生的前列腺，如果腺体内出现空洞，则腺体表现广泛的强回声。

项目3 心电图检查

技能1 心电图检测

心电图检测适用于心脏疾病（如心室肥大的早期和心律失常）的诊断及非特异性疾病的诊断，确定电解质的失衡和监测动物手术与对各种疗法的反应。

引导心脏电流至心电图仪的连接电路称为导联，不同的连接方法可以组成不同的导联。描记心电图的导程包括3个双极肢体导联（Ⅰ、Ⅱ、Ⅲ）、3个单极加压肢体导联（aVR、aVL、aVF）和胸前导联（V_1～V_6 或 V_7）。

（一）描记心电图的导程

1. 双极肢体导联 第一导程（LⅠ）正极接于左前肢与躯干交界处，负极接于右前肢与躯干交界处。第二导程（LⅡ）正极接于左后肢与躯干交界处，负极接于右前肢与躯干交界处。第三导程（LⅢ）正极接于左后肢与躯干交界处，负极接于左前肢与躯干交界处。

2. 单极加压肢体导联 常用的有加压单极右前肢导程（aVR）、加压单极左前肢导程（aVL）和加压单极左后肢导程（aVF）三种。aVR：右前肢放探查电极（+），其他电极作为无关电极（-），其连接方法为在左前肢与左后肢电极各通过一定电阻后相互连接；aVL：左前肢放探查电极（+），其他电极作为无关电极（-），其连接方法为在右前肢与左后肢电极各通过一定电阻后相互连接；aVF：左后肢放探查电极（+），其他电极作为无关电极（-），其连接方法为在右前肢与左前肢电极各通过一定电阻后相互连接。

3. 胸前导联 马的胸导程有 7 个部位，即 V_1～V_7，V_1 反映右心室的心电图，V_2 反映室中隔的心电图，V_3～V_7 反映左心室的心电图。一般情况下只描记 V_1、V_2 和 V_6 即可反映整个心脏的动作电位。V_1 位于右侧第 4 肋间、肩关节水平线下方 12 cm处，电极与胸骨垂直，主要对向右心室前侧壁；V_2 位于左侧肘端垂直线与胸骨交叉点的后方 3 cm，胸骨中线上，电极与胸骨垂直，主要对向室中隔部；V_6 位于鬐甲顶点偏左 6 cm 处，电极与背部垂直，主要对向心尖部。

牛的胸导程有 4 个部位，一般只描记 V_1、V_2 和 V_4。V_1 位于右侧第 4 肋间，肩关节水平下方 12 cm 处，主要对向右心室侧壁；V_2 位于胸骨柄的左缘与左腋窝连线中点处，主要对向右室中隔；V_4 位于右肩胛骨前缘的中点处，主要对向左心室侧壁的基底部。

犬的胸导程有 6 个部位，V_1 位于左侧肩关节正后，V_2 位于左侧第 2 肋间，V_3 位于左侧第 5 肋间，V_4 位于右侧第 7 肋间，V_5 位于右侧第 5 肋间，V_6 位于右侧第 3 肋间。各部位均在肋骨与肋软骨交界处。

（二）心电图描记方法

1. 动物保定 动物机体绝缘后保定。一般大动物通常用铺好橡胶布的六柱栏站立保定，小动物仰卧保定。必要时，可手戴橡胶手套保定动物，还可注射全身麻醉剂，但需在报告单上说明。

2. 安放电极 连接电源、地线，打开电源开关，校正标准电压。标准电压 1 mV 使描记笔上下摆动 10 mm 为宜，此 1 mm 相当于 0.1 mV。待安放电极处剪毛后，涂擦酒精脱脂，然后涂上导电糊，安放电极，并将肢导线的总插头连于心电图仪上。也可用鳄鱼夹（磨平鳄齿）直接夹在剪毛、脱脂后的皮肤上。连接肢导线时，一般按如下规定连接：红色导线，连接右前肢电极；黄色导线，连接左前肢电极；绿色导线，连接左后肢电极；黑色导线，连接右后肢电极；白色导线，连接胸前电极。

3. 描记 待动物安静时，即可进行描记。一般按 LⅠ、LⅡ、LⅢ、aVR、aVL、aVF、V_1、V_2……每个导程描记 4～6 个心动周期，并打一个标准电压，作为分析心电图时计算电压的依据。描记完毕，关闭电源，旋回导程选择器，卸下肢导线及地线，并在心电图纸上注明动物编号及描记时间。

技能 2　心电图测量方法

（一）心电图纸的画线与定标

心电图纸上印有一系列大小的方格，由横线和竖线组成。横线的间隙是 1 mm，1 mm等于 0.1 mV，每 5 条横线有一较粗的横线，代表 0.5 mV，横线用以测量心电图波的波幅即电压（通常用 mm 或 mV 来表示）。竖线的间隔是 1 mm，相当于 0.04 s，每五条竖线有一粗线，两粗线间的时间是 0.2 s，心电图各波及段的时限均以秒为单位表示。

横坐标代表时间，单位为秒。如果纸速 25 mm/s，即一小格为 1/25 s＝0.04 s，1 大格 0.04×5＝0.2 s。纸速 50 mm/s，即一小格 1/50 s＝0.02 s，1 大格 0.02×5＝0.1 s。纵坐标代表电压，单位毫伏（mV）。两条细线之间的距离为1 mm，即 1 小格为 1 mm，两条粗线之间的距离为 5 mm，即 1 大格为 5 mm，如果定标 1 mV 笔跳

10 mm，则 1 mm=0.1 mV，1 mV 笔跳 5 mm，则 1 mm=0.2 mV。

（二）心电图各波的测量

心电图的测量原则为：测电压时，测向上波的上缘至顶点，向下波的下缘至底部。测时间时，测波内缘之间的距离。

在测量心电图时，应遵循一定的步骤，依次阅读，形成常规，避免顾此失彼而发生遗漏。为便于观察微细的波形变化并准确地测定各波的时间、电压和间期等，应准备一个双脚规和一个放大镜。通常可采取下列步骤依次测量观察。

（1）将各导联心电图剪好，按Ⅰ、Ⅱ、Ⅲ、aVR、aVL、aVF、V_1、V_2……的顺序贴好，注意各导联的 P 波要上下对齐。检查心电图导联的标志是否准确，导联有无错误，定标电压是否准确，有无干扰波。

（2）找出 P 波，确定心律，尤其要注意 aVR 和 aVF 导联。窦性心律时，aVR 为阴性 P 波，aVF 为阳性 P 波。同时观察有无额外节律如期前收缩等。仔细观察 QRS 或 T 波中有无微小隆起或凹陷，以发现隐没于其中的 P 波。利用双脚规精确测定 P-P 间距以确定 P 波的位置，以及 P 波与 QRS 波群之间的关系。

（3）测量 P-P 或 R-R 间距以计算心率，一般要测 5 个以上间距求平均数（s），如有心房纤颤等心律失常时，应连续测量 10 个 P-P 间距，取其平均值以计算心室搏动率，计算公式为：心率（次/min）=60（s）/平均 P-P 或 R-R 间距（s）。

（4）测量 P-R 间期、Q-T 间期、V_1 及 V_6 室壁激动时间、心电轴等。

（5）观察各导联中 P、QRS 波的形态、时间及电压，注意各波之间的关系和比例。

（6）注意 S-T 段有无移位，移位程度及形态。T 波的形态及电压。

技能 3　心电图分析与报告

（一）心电图分析

观察和分析心电图时，应注意各导联心电图的波形和时间，并明确各波和间期所表示的意义（图 3-72）。

（1）将各导联心电图按标准肢导联，加压单极肢导联及胸前导联排列。检查心电图描记质量是否完好，有无遗漏及伪差。

（2）分析每个心动周期是否有 P 波，P 波与 QRS 波群关系是否正常，确定心脏的节律。

（3）分析 QRS 波群形态及时限，确定其为正常形态，或是畸形、宽大，或是室内差异传导。

（4）分析 P 波与 QRS 波的关系，确定房室间传导关系、传导时间，是有固定关系、不固定关系、或完全无关。

（5）分析 P 波与 QRS 波群节律的规律性，有无提早或推后出现，并依其形态特点及 P-R 的关系，判断节律是否异常。

（6）分析 PR 间期、ST 段、QT 间期及 T 波形态和方向，确定心肌有无损害或缺血、电解质紊乱、药物影响等。

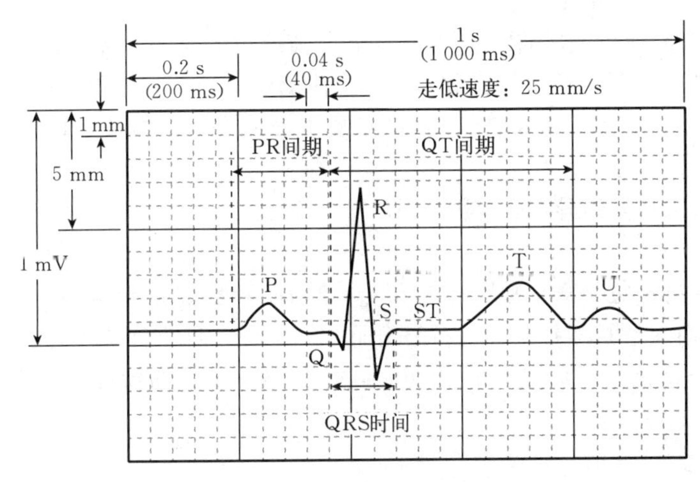

图 3-72　心电图各波、间期及段名称

（二）心电图报告

1. 心电图报告　心电图报告是对所描记的心电图的分析意见和结论。一般可按分析内容或心电图报告单的项目逐项填写。在心电图诊断栏内要写明心律类别、心电图是否正常等。在进行心电图诊断时，必须结合临床检查和血液检查等结果综合分析。心电图是否正常，可分为如下三种情况。

（1）正常心电图。心电图的波形、间期等在正常范围内。

（2）大致正常心电图。如个别导联中，有 ST 段轻微下降或个别的期前收缩等，而无其他明显改变的，可定为大致正常心电图。

（3）异常心电图。如多数导联的心电图发生改变，能综合判定为某种心电图诊断，或形成某种特异心律的都属于不正常心电图（图 3-73、图 3-74）。

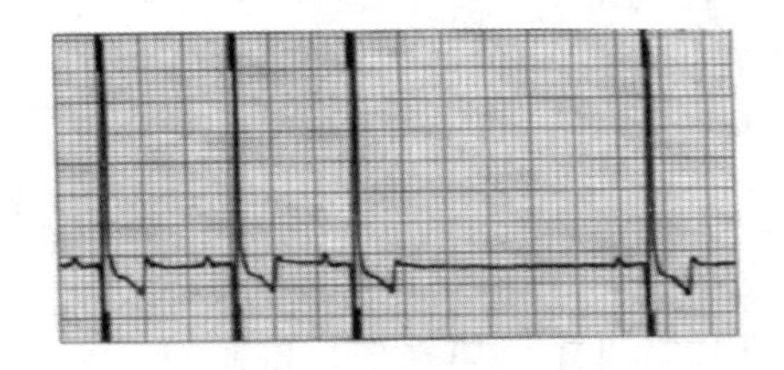

图 3-73　窦房结暂停

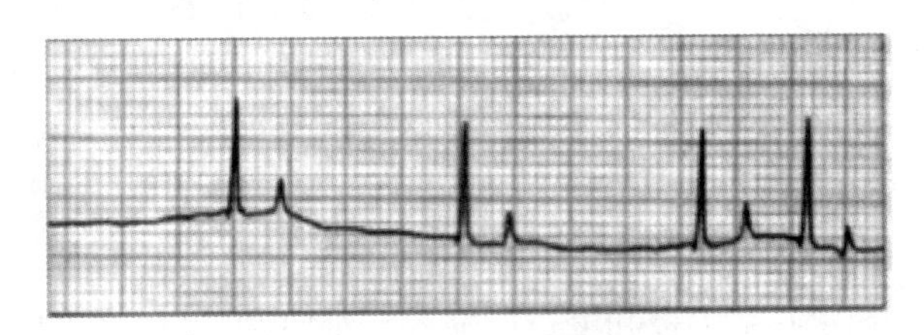

图 3-74　心房停顿

2. 心电图各波、段、间期的意义

（1）P 波。P 波为心电图上第一个波，代表心房去极过程的电位变化，也称心房去极波。心房激动时由右心房开始，而后转到左心房，故 P 波前支代表右心房激动，后支代表左心房激动。

（2）QRS 波群。QRS 波群是心电图上第二个波，常由 2～3 个波组成，代表心室去极过程的电位变化，又称心室去极波。

（3）T 波。T 波是心电图上第三个波，反映心室复极过程的电位变化，又称心室复极波。

（4）P-R（Q）间期。代表从心房开始去极到心室开始去极的时间，包括激动通过心房、房室结、房室束的时间。

（5）Q－T 间期。是从 QRS 波群起点至 T 波终点的时间，代表心室除极和复极全过程的时间。Q－T 间期长短与心率有关，心率越快，Q－T 间期越短；反之则越长。

（6）ST 段。ST 段是自 QRS 波群终点至 T 波起点间的线段，代表心室早期缓慢复极过程的电位变化。

3. 兽医临床常见的异常心电图

（1）P 波变化。

① P 波增大变宽。表现为 P 波电压增高、时间延长。见于心房肥大，交感神经兴奋等。P 波高而尖且时间延长，是右心房肥大的特征，见于肺源性心脏病，又称“肺型 P 波”。P 波增高、时间延长且有切迹，是左心房肥大的特征，见于二尖瓣狭窄，又称“二尖瓣 P 波”。

② P 波消失。表示心律失常。

③ P 波呈锯齿状。见于心房颤动。

④ P 波倒置。在 P 波为阳性的导联，如 aVF 导联变为阴性波，表明有异位兴奋灶存在，是激动逆传至心房而引起的心房去极波。

⑤ P 波分裂和重复。表示左、右心房不同时去极，或激动沿心壁传导的时间延长，见于心肌局部病变。

（2）QRS 波群变化。Q 波增宽加深与心肌栓死有关，多见于 LⅠ、LⅡ导联。R 波电压增高见于心肌功能状态良好、交感神经兴奋等。R 波电压降低见于心肌萎缩、副交感神经兴奋、心包炎、心肌梗死等。R 波分裂和重复见于房室束支病变。

（3）T 波变化。与传导组织没有关系，但与心肌代谢有密切关系，一切可以影响心肌代谢的因素都可能不同程度地影响 T 波。如高血钾时，T 波高而尖，似“帐篷”；急性心肌缺血时，呈现深而尖的倒置 T 波。

（4）P－R（Q）间期变化。P－R（Q）间期延长，见于房室传导障碍、迷走神经兴奋等；P－R（Q）间期缩短，见于交感神经兴奋和应激综合征候群。即除正常传导途径外，附加一途径，绕过房室结使一部分心室肌预先受激而兴奋，伴有 QRS 波群时间增宽。

（5）Q－T 间期变化。自 R（Q）波开始到 T 波终了的时间，代表在一次心动周期中心室去极和复极所需的全部时间。Q－T 间期延长，见于心肌损伤、低血钾、低血钙等；Q－T 间期见于洋地黄作用、高血钾、高血钙等。

（6）ST 段。自 S 波终止到 T 波开始的时间，反映心室去极结束后到心室复极时的时间。ST 段升高，见于心肌梗死；ST 段下降，见于冠状血管供血不足、心肌炎、贫血等。

项目 4 内窥镜检查

技能 1 内窥镜的结构

（一）照明系统

照明系统是由放置在外镜管和中镜管之间起照明作用的光导纤维构成的。光导纤维直径一般是 4.5～6.0 μm。不同规格的内镜镜体两端的光导纤维由硬度高、黏结力强、可耐 150 ℃以上高温的环氧树脂黏结固化，固化后经过打磨、抛光而成。

（二）光学系统

光学系统又称为光路，由物镜组、转像组和成像组三大部分组成。物镜组一般由4～5个物镜组合而成的，主要控制视场角（即视野大小）、成像清晰度和成像亮度；转像组由 3 个转像镜组合而成，每组一般由两根或三根棒镜组合，棒镜与棒镜有相应的间隔。内镜一般由 1 组、3 组、5 组转像镜组构成的，成单数组成。如果用双数那就跟物镜组传出来的像一样，颠倒左右相反；成像组将像传输到监视器。成像组由目镜、目镜筒、视场光阑组成。视场光阑可以控制视场角，把转像镜传来的像，切去最外围模糊不清的像，也即观察内镜时成像边缘清晰的外圆线。

（三）硬性内窥镜

硬性内窥镜由两大部分组成，即传光系统和传像系统。传光系统主要为导光纤维（导光束）；传像系统由目镜系统、柱状透镜、物镜系统组成（图 3－75）。

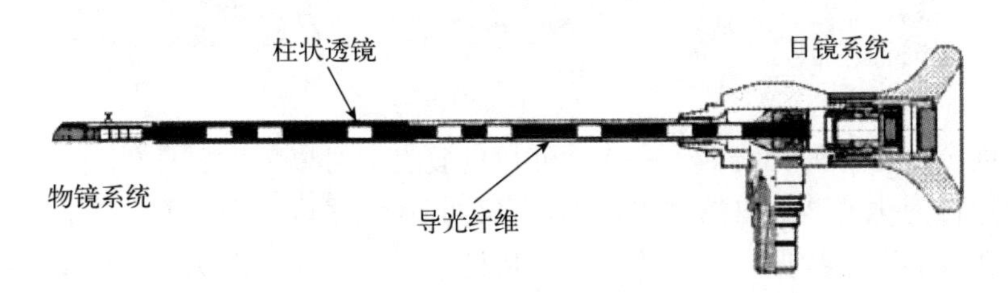

图 3－75　硬管式内窥镜结构

纤维内窥镜一般由目镜、手轮（软性或半硬性）、钳道口、导光束接口、导像束、导光束组成，有些产品还包括送水（气）孔、闭孔器等，（图 3－76、图 3－77）。

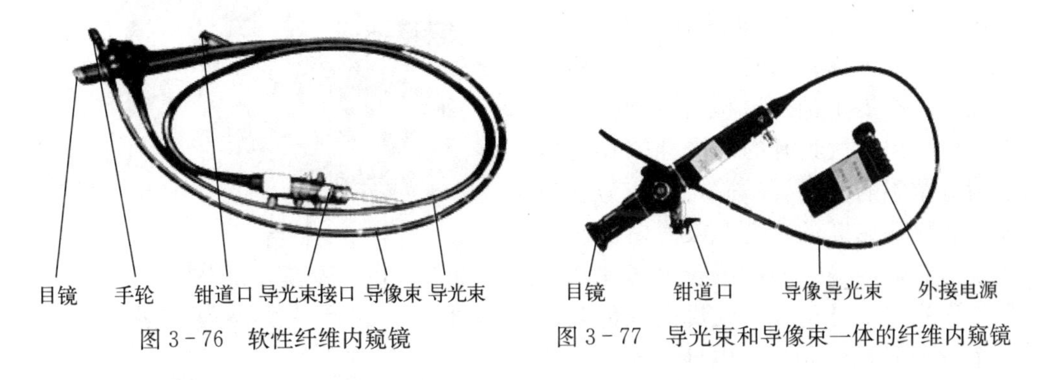

图 3－76　软性纤维内窥镜

图 3－77　导光束和导像束一体的纤维内窥镜

（四）电子内窥镜

电子内窥镜是一种可插入机体体腔和脏器内腔进行直接观察、诊断、治疗的医用电子光学仪器。通过它能直接观察机体内脏器官的组织形态，可提高诊断的准确性。电子内窥镜系统是集微电子、光学、传感器、微型机械等于一体的高技术医疗设备，它已逐步取代传统的纤维内窥镜系统，更广泛地应用于临床诊断、检查、治疗和手术等领域。电子内窥镜通过装在内窥镜先端被称为“微型摄像机”的光电耦合元件 CCD 将光能转变为电能，再经过图像处理器“重建”清晰度高、色彩逼真的图像显示在监视器屏幕上。电子内窥镜系统主要包括：电子内窥镜，电子影像处理系统，显示系统，水、气供给系统和附属设备，其中附属设备包括微电刀、微波治疗仪、电脑远程会诊、打印系统和录像设备等（图3-78）。

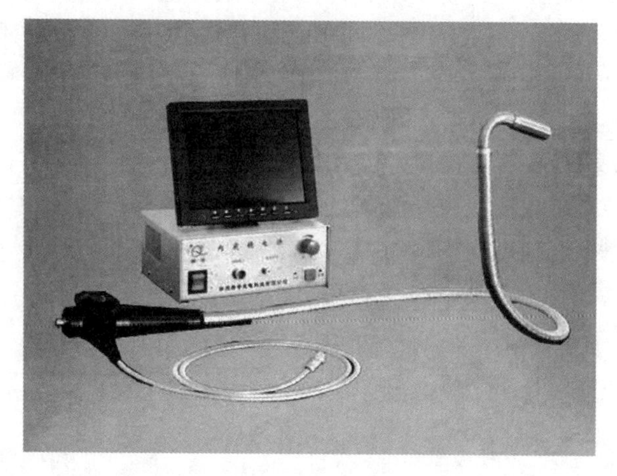

图3-78 电子内窥镜结构

胶囊内窥镜是一种无线的、一次性使用的胶囊，可以借助肠肌的自身蠕动动力使其平滑地通过消化道，并自然排出体外，又称其为无线内镜。其穿行期间，胶囊传送其所捕获图像的数字数据，并传输至接收传感器上。图像能放大至正常大小的数倍且清晰。胶囊拍摄的图像被保存在于感应器相连的数据记录仪中，该记录仪可携带于动物体上，允许被检动物自由走动。当检查结束后，取下被检动物体上的感应器和记录仪，兽医从记录仪中下载图像数据至电脑工作站进行处理和读片，从而对其病情做出诊断。胶囊内镜具有检查方便、无创伤、无导线、无痛苦、无交叉感染等优点，扩展了消化道检查的视野，克服了传统内镜所具有的耐受性差和适用病情危重患病动物等缺陷，可作为小肠检查和疾病诊断的首选。胶囊内镜诊断系统由胶囊内镜、数据记录仪套件及电脑工作站三部分组成。胶囊内镜包含了一个微型彩色照相机、电池、光源、影像捕捉系统及发送器等，见图3-79。

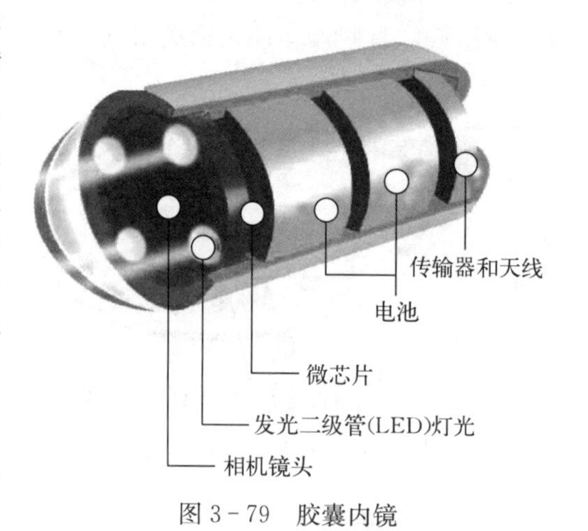

图3-79 胶囊内镜

技能2 消化道内窥镜检查

消化道电子内窥镜可以直接观察动物的消化道腔壁的正常和病变情况以及消化道黏膜的形态改变，可用于诊断食道（图3-80）、胃（图3-81）和肠道疾病（图3-82），也可用于消化道或组织检查取样和消化道内异物取出等治疗（图3-83）。

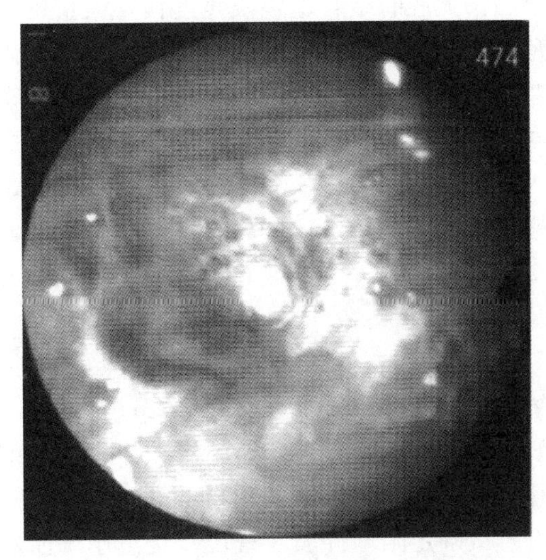

图 3-80 食道内窥镜检查图像（狭窄几乎完全封闭了食道腔，且狭窄处有出血和溃疡）

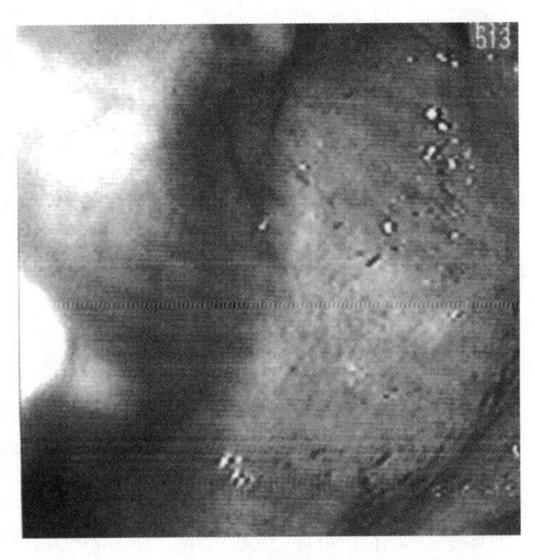

图 3-81 胃炎患犬胃内窥镜检查图像

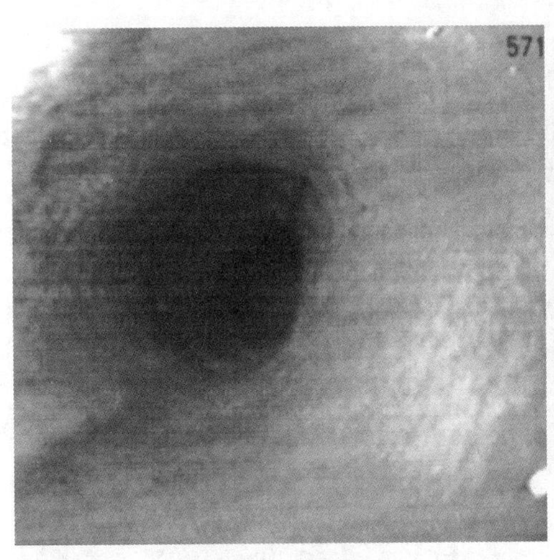

图 3-82 肠炎患犬内窥镜检查图像

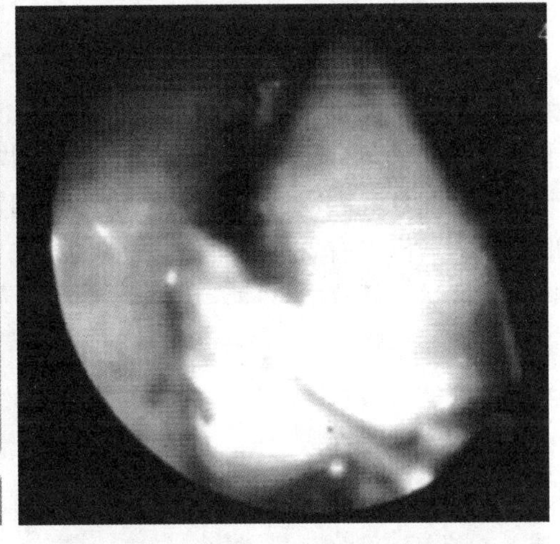

图 3-83 用夹子取出食道内的骨头

1. 消化道内窥镜检查的原则 适当充气，严格送气，见腔进镜，准确定位，熟练使用角度钮，仔细观察病灶，远近结合，全面观察。

2. 消化道内窥镜检查的操作方法 内窥镜检查最好单手操作，左手操作操作柄，右手进镜、退镜及旋转镜。

气管插管并进行呼吸麻醉，动物保持左侧卧体位，插镜时右手持在镜身处，轻柔缓慢插入口腔和咽部，将内窥镜沿舌后根插入食管入口处，看到食管后即可循腔进镜。操作时应避免将胃镜前端弯曲过度而插入气管，用力不可过猛，以免损伤组织引起血肿等病变。入食管后边进镜边充气，部分气体先入胃内，进入胃内即可观察扩张的胃腔。进食管时粗略观察明显的病变，细微病变退镜时观察及处理。食管内窥镜检查时，少量充气能看清四壁即可。

内窥镜一进入贲门，了解胃腔的整体形态，如贲门直下可见胃体大弯侧皱襞，沿此皱襞“向上、向右”可以找到腔，直到幽门。无腔时结合退镜及角度钮，大量胃液潴留时吸引液体，适当充气使视野四壁清楚。观察胃底、穹隆部时，必须在观察胃体基础上加注少量气。如果胃体部特别是大弯侧的皱襞未充分展开，可采取送气、变换体位使其充分伸展，皱襞之间也应仔细观察。

值得注意的是，应该在最小的送气量情况下达到最好的观察效果。如果充气量大，可能会压迫腔静脉，使之回流不畅，增加风险。

技能3　呼吸道内窥镜检查

（一）呼吸道内窥镜检查的适应证

呼吸道内窥镜检查适应于上呼吸道阻塞（喉头侧腔外翻、软骨麻痹、声带增厚、软腭过长以及颈部外伤等），气管、支气管病变（气管麻痹、纵隔肿瘤、肺门淋巴结肿大及寄生虫性结节）等的诊断以及慢性呼吸器官疾病时采取病理材料等。对上呼吸道阻塞采用保守疗法无效时，用支气管镜可直接确定阻塞性质及程度。也可用于取出气管内异物，对肺脓肿、支气管扩张进行吸脓引流或直接将药物注入气管内，对气管狭窄进行扩张手术及维持呼吸道畅通。

（二）呼吸道内窥镜检查的操作方法

动物禁食18～24 h，检查前30 min同时投予阿托品和麻醉剂（静脉注射戊巴比妥钠进行短时间的全身麻醉），若全身麻醉危险时，可用11 cm长的钝端套管把2%利多卡因滴在咽、声带、支气管等部位，进行局部表面麻醉。

仰卧保定，固定头部并尽量使头后仰。装置开口器后，术者先把喉头镜插入咽部，显露声门。右手持支气管镜送入喉镜内，或直接用支气管镜沿舌根部插入会厌，将气管镜送入气管内。插入后将喉镜向左旋转，抽出滑片，除去喉镜。将支气管镜柄指向前面，慢慢深入并轻轻转动，观察气管壁（图3-84、图3-85、图3-86）。继续深入将镜柄左右转动，可进入左右支气管内。

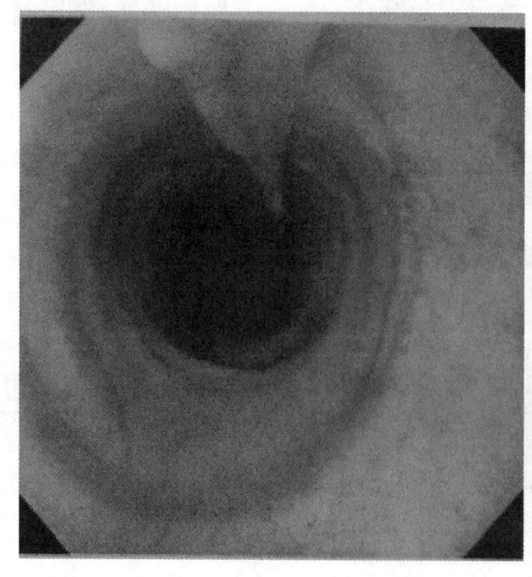

图3-84　正常犬气管内窥镜图像

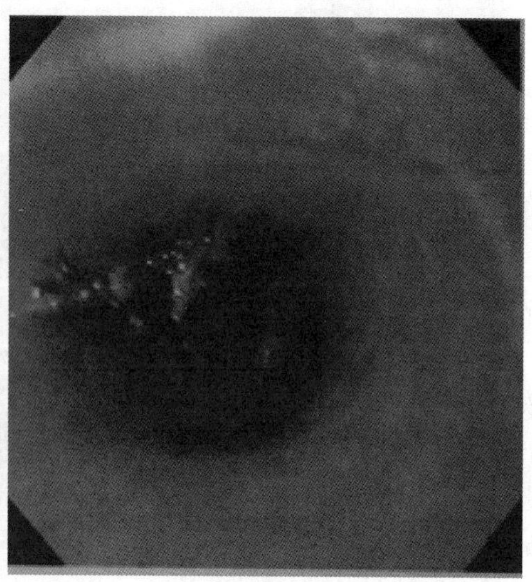

图3-85　犬气管内异物的内窥镜图像

当支气管镜检查时间长时，需通过支气管镜的侧管输入1.0%～1.5%氟烷与氧气的混合气体4～6 L/min。

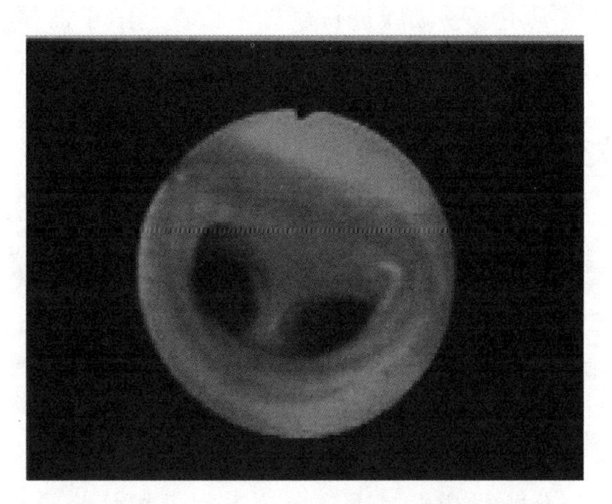

图3-86 犬气管部分气管塌陷的内窥镜图像

技能4 直肠内窥镜检查

（一）直肠内窥镜检查适应证

直肠镜可用于结肠下段、直肠、肛门等部位的检查，诊断结肠炎、异物、肿瘤、黏膜异常等后段肠管的病变（图3-87）。

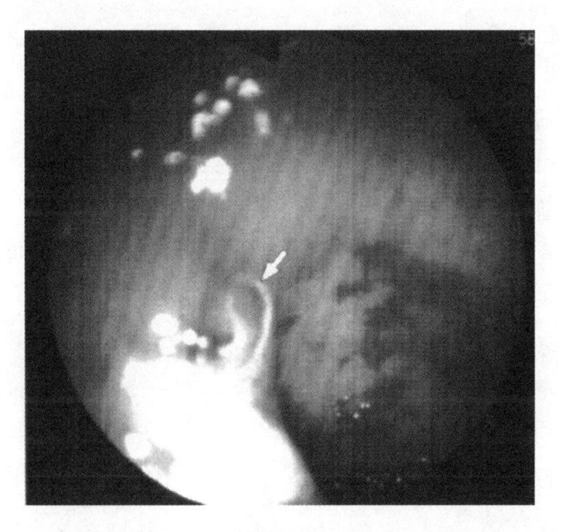

图3-87 结肠炎的内窥镜图像［黏膜变脆出血，并附有大量毛首线虫（箭头所指）］

（二）直肠内窥镜检查的操作方法

首先禁食24 h，检查前2 h灌肠，灌肠剂必须是非油性无刺激性的溶液。若患犬状态较差（不能禁食24 h）时，可在检查前12～18 h给予低盐食物，充分饮水，在直肠镜检查前8 h，经口投服盐类泻剂。

患犬麻醉后，侧卧于手术台，使手术台倾斜，后躯抬高。首先用手指触诊检查直肠或骨盆腔有无狭窄、息肉及阻塞等，然后将直肠镜端涂擦润滑剂，缓慢插入并通过肛门括约肌，注意要边旋转边向前推进，当遇到阻力时应停止，通过直肠镜检查产生阻力的原因，把直肠镜插到检查部位后，向后退出一点观察肠壁，有时需充气使肠展开观察。同时可用活组织钳取肠黏膜进行病理学检查。由于器械反复插入，有时可引起点状出血，注意与病理状态相区别。直肠后段和肛门的检查可用肛门镜。

职业技能考核

【理论考核】

1. X线检查原理、适应证、结果分析判读与诊断检查注意事项。
2. B型超声检查原理、适应证、结果分析判读与诊断检查注意事项。
3. 心电图检查原理、适应证、结果分析判读与诊断检查注意事项。
4. 内窥镜检查原理、适应证、结果分析判读与诊断检查注意事项。

【操作考核】

按照兽医仪器检验分析程序，对下列各项进行仪器检验操作，对检查项目记录，建立初步仪器检验分析诊断：

1. X线机设备识别与安全防护。
2. X线透视检查。
3. X线机的摄影检查。
4. 四肢骨与关节X线摄影检查。
5. 脊柱和骨盆X线摄影检查。
6. 胸部X线摄影检查。
7. 腹部X线摄影检查。
8. X线造影检查。
9. B型超声诊断仪器认识与声像图术语。
10. 妊娠超声诊断探查。
11. 腹部脏器超声诊断探查。
12. 心电图检测。
13. 心电图测量方法。
14. 心电图分析与报告。
15. 内窥镜的结构。
16. 消化道内窥镜检查。
17. 呼吸道内窥镜检查。
18. 直肠内窥镜检查。

模块 4

临床治疗技术

<table>
<tr><td colspan="2">岗位</td><td>动物门诊室、兽医室</td></tr>
<tr><td colspan="2">岗位技术</td><td>动物疾病临床治疗</td></tr>
<tr><td rowspan="3">岗位目标</td><td>应掌握理论</td><td>动物的各种给药技术，临床输液疗法，临床治疗技术的动物解剖学、生理学、药物学理论基础，临床应用范围与适应证，操作注意事项</td></tr>
<tr><td>应熟练技能</td><td>经口鼻投药法、直肠投药法、眼鼻耳投药法、皮内注射给药、皮下注射给药、肌内注射给药、静脉内注射法给药、腹腔注射给药、心内注射给药、气管内注射给药、临床输液药物的选择、临床输液方法、穿刺术、冲洗术、普鲁卡因封闭术、输氧疗法、自家血液疗法、雾化吸入术、导尿术、腹膜透析疗法、直肠检查与诊断、光疗法、电疗法、冷却与温热疗法操作程序和操作方法</td></tr>
<tr><td>职业素养培养</td><td>养成关爱动物、注重安全防范的意识素养；养成不怕苦和脏、敢于操作的作风；养成认真仔细、实事求是的态度；善于思考、科学分析的习惯</td></tr>
</table>

【思政故事】
情系兽医，
服务三农的
兽医学家
——盛彤笙

项目 1　给药技术

技能 1　经口、鼻投药法

（一）水剂投药法

1. 经鼻投药法　经鼻投药法即用胃管经鼻腔插入胃内，将药液投入，是投服大量药液时的常用方法。多用于马、牛、羊。

根据个体的大小，选用相应口径及长度的橡胶管。成年牛、马可用特制的胃管，其一端钝圆；马驹、羊可用大动物导尿管。此外，需有与胃管口径相匹配的漏斗。胃管用前应以温水清洗干净，排出管内残水，前端涂以液状石蜡、凡士林等润滑剂，而后盘成数圈，涂油钝圆端向前，另一端向后，用右手握好。

（1）经鼻给牛、马投药法。

① 将病牛在柱栏内妥善保定，畜主站在牛头左侧握住牛头，固定牛头不要过度前伸。

② 术者站于牛头稍右前方，用左手无名指与小指伸入左侧上鼻翼的副鼻腔，中指、食指伸入鼻腔与鼻腔外侧固定内侧的鼻翼。

③ 右手持胃管将前端通过左手拇指与食指之间沿鼻中隔徐徐插入鼻腔，同时左手食指、中指与拇指将胃管固定在鼻翼边缘，以防病牛骚动时胃管滑出。

④ 当胃管前端抵达咽部后，随病牛咽下动作将胃管插入食道。有时病牛可能拒绝而不咽，推送困难，此时不要勉强推送，应稍停或轻轻抽动胃管，或在咽喉外部进行按摩，诱发吞咽动作，伺机将胃管插入食道（表 4-1）。

表 4-1 胃管插入食道或器官的鉴别

鉴别方法	插入食道内	插入气管内
手感	推动胃管稍有阻力感	无阻力、有咳嗽
观察	胃管前端在食道沟呈明显的波动式蠕动下行	无
触摸	手摸颈沟区感到有一硬的管状物	无
听诊	将胃管后端放在耳边，可听到不规则的咕噜音或水泡音，无气流冲击音	随呼吸动作听到有节奏的呼出气流音，冲击耳边

⑤ 为了检查胃管是否正确进入食道内，可进行充气检查。再将胃管前端推送到颈部下 1/3 处，在胃管另一端连接漏斗，即可投药。

⑥ 投药完毕，再灌以少量清水，冲净胃管内残留药液，之后右手将胃管折曲一段，徐徐抽出，当胃管前端退至咽部时，以左手握住胃管与右手一同抽出。胃管用毕洗净后，放在 0.2%新洁尔灭溶液中浸泡消毒备用。

⑦ 经鼻给牛投药胃管到达咽部时，易使前端折回口腔，而被咬碎，需注意。

（2）经鼻给猪、羊投药法。经鼻给猪、羊投药的胃管应细，一般使用大动物导尿管即可。

（3）经鼻投药法注意事项。

① 插入或抽动胃管时要小心、缓慢，不得粗暴。

② 当病畜呼吸极度困难或有鼻炎、咽炎、喉炎、高温时，忌用胃管投药。

③ 给牛插入胃管后，遇有气体排出，应鉴别是来自胃内还是呼吸道。来自胃内气体有酸臭味，气味的发出与呼吸动作不一致。

④ 给牛经鼻投药，胃管进入咽部或上部食道时，如发生呕吐，则应放低牛头，以防呕吐物误咽入器官，如呕吐物很多，则应抽出胃管，待吐完后再投。牛的食道较马短而宽，故胃管通过食道的阻力较小。

⑤ 当证实胃管插入食道深部后进行灌药。如灌药后引起咳嗽、气喘，应立即停灌。如灌药中因动物骚动使胃管移动脱出时，亦应停止灌药，待重新插入判断无误后再继续灌药。

⑥ 经鼻插入胃管，常由操作粗暴、反复投送、强烈抽动或管壁干燥，刺激鼻黏膜肿胀发炎，有时血管破裂引起鼻出血。在少量出血时，可将动物头部适当高抬或吊起，冷敷额部，并不断淋浇冷水。如出血过多冷敷无效时，可用 1%鞣酸棉球塞于鼻腔中，或者皮下注射 0.1%盐酸肾上腺素 5 mL 或 1%硫酸阿托品 1～2 mL，必要时可注射止血药。

⑦ 胃管投药时，必须正确判断是否插入食道，否则，会将药液误灌入气管和肺内引起异物性肺炎。

⑧ 药物误投入呼吸道后，动物立即表现不安，咳嗽频繁，呼吸急促，鼻翼开张或张口呼吸；继则可见肌肉震颤，出汗，黏膜发绀，心跳加快，心音增强，音界扩大；数小时后体温升高，肺部出现明显广泛的啰音，并进一步呈现异物性肺炎的症状。如灌入大量药液时，可造成动物的窒息或迅速死亡。

⑨ 在灌药过程中，应紧密注意病畜表现，一旦发现异常，应立即停止并使动物低头，促进咳嗽，呛出药物。其次应用强心剂或给予少量阿托品兴奋呼吸系统，同时应大量注射抗菌药制剂，直至恢复。严重者，可按异物性肺炎的疗法进行抢救。

2. 经口投药法 经口投药法是投服少量药液时常用的方法，多用于猪、犬、猫等中小动物。投药前要准备好灌角、橡胶瓶、小勺、洗耳球或注射器等投药器具。不同动物操作方法不同。

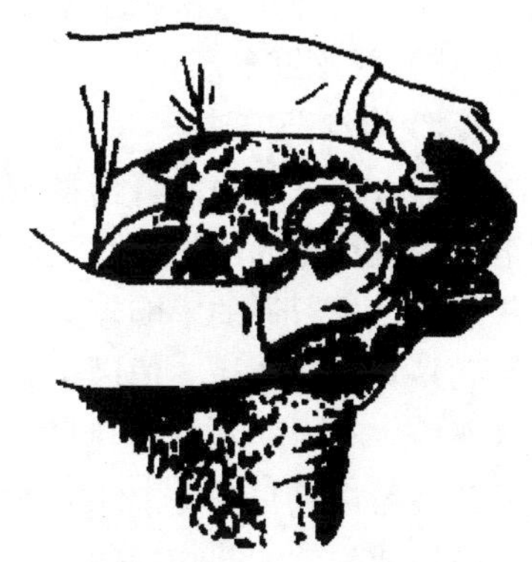
图 4-1 橡胶瓶灌药法

（1）经口给牛投药法。将牛保定于保定栏内站立，使用鼻钳或由助手一手握住角根和鼻中隔，使头稍抬高，固定头部。术者以橡胶瓶灌药（图 4-1）。

（2）经口给猪投药法。助手用腿夹住猪的颈部，用手抓住两耳，使头稍仰，术者以灌药器投药。

（3）经口给犬投药法

① 大量投药。给犬大量投药时，可采用经口胃管投药法。此法简单，安全可靠，不浪费药液。

投药时，对犬施以坐姿保定。打开口腔，选择大小适合的胃导管，用胃导管测量犬鼻端到第 8 肋的距离后，做好记号。用润滑剂涂布胃导管前端，插入口腔从舌面上缓缓地向咽部推进，在犬出现吞咽动作时，顺势将胃导管推入食道直至胃内。判定插入胃内的标志是：从胃管末端吸气呈负压，犬无咳嗽表现。然后连接漏斗，将药液灌入。灌药完毕，除去漏斗，压扁导管末端，缓缓抽出胃导管。

② 少量投药。给犬少量投药时，可采用经口用药匙、洗耳球或注射器投药。

投药时，对犬施以坐姿保定。助手使犬嘴处于闭合状态，犬头稍向上保持倾斜。操作者以左手食指插入嘴角边，并把嘴角向外拉，用中指将上唇稍向上推，使之形成兜状口。右手持勺、洗耳球或注射器将药液灌入。注意一次灌入量不宜过多；每次灌入后，待药液完全咽下后在重复灌入，以防误咽。

犬、猫口服给药

（二）混饲给药法

1. 混饲方法 将药物混合在饲料中搅拌平均即可。少量药物与大量饲料混合可先将药物和一种饲料或一定量的配合饲料混合平均，然后再和较大量的饲料混合搅拌，逐级增大混合的饲料量，直至最后混合搅拌平均。

猪混饲给药和喷雾给药方法

2. 混饲剂量的确定与计算 混饲的剂量是单位质量日粮中，均匀添加药物的质量。通常用克/吨（g/t）表示。单位饲料量中添加药物的剂量计算需考查药物对动物发挥药效的内服剂量、每天动物摄食量等因素。

3. 混饲给药注意事项

（1）准确掌握药物拌料的浓度。按照拌料给药的标准，准确、认真计算所用药物剂量，如按畜禽每千克体重给药，应严格按照个体体重，计算出畜禽群体体重，再按要求将药物拌入料内；同时也要注意拌料用药标准与饲喂次数相一致，以免造成药量过小起不到作用或药量过大引起畜禽中毒。

（2）药物与饲料必须混合均匀。这是保证整群动物摄入药量基本均等、达到安全有效用药目的的关键。尤其对一些用量小、安全范围窄的药物，在大批量饲料拌药时，更需多次逐步分级扩充，以达到充分混匀的目的。切忌将全部药量一次加入到所需饲料中。

（3）密切注意不良反应。有些药物混入饲料后，可与饲料中的某些成分发生拮抗作用。例如饲料中长期混合磺胺药物时，就容易引起鸡B族维生素或维生素K缺乏，此时就应适当补充这些维生素。

（三）饮水给药法

1. 饮水给药方法

（1）自由混饮法。将药物按一定浓度加入到饮水中混匀，供自由饮用，适用于在水溶液中较稳定的药物。此法用药时，药物吸收是一个相对缓慢的过程，其摄入药量受气候、饮水习惯的影响较大。

（2）口渴混饮法。适用于集约化饲养的鸡群。其方法是在用药前鸡群禁水一定时间（寒冷季节3～4 h，炎热夏季1～2 h），使鸡处于口渴状态，再喂以加有药物的饮水，药液量以鸡只在1～2 h内饮完为宜，饮完药液后换饮清水。该法对一些在水中容易被破坏或失效的药物如弱毒疫苗，可减少药物损失，保证药效；对一些抗生素及合成抗菌药（一般将一天治疗量药物加入到1/5全天饮水量的水中，供口渴鸡只1 h左右饮完），可取得高于自由混饮法的血药浓度和组织药物浓度，更适用于较严重的细菌性、支原体性传染病治疗。

2. 饮水给药法注意事项

（1）饮水中添加药物剂量的确定。生理条件下，温度为25～28 ℃时。动物的饮水量为摄食量的两倍。因此，混饮剂量应为混饲剂量的1/2。供动物饮用的药液量，以当天基本饮完为宜。夏季饮水量增多，配药浓度可适当降低，但药液量要充足，以免引起缺水；冬季饮水量一般减少，配给药量则不宜过多。

（2）药物的溶解度。混饮给药应选择易溶于水且不易被破坏的药物，某些不溶于水或在水中溶解度很小的药物，则需采取加热或加助溶剂的办法以提高溶解度。一般来说，加热时药物的溶解度增加，但有些药物加热时虽然溶解度增加，当温度降低时又会析出沉淀。故加热后应尽可能在短期内用完，仅适用于对热稳定、安全性好的药物。某些毒性大、溶解性低的药物，不宜混饮给药，也不宜加热后混饮给药。如喹乙醇对鸡毒性较大，难溶于水，加热时溶解度增加，但当稀释后混饮时，因温度下降会很快析出沉淀，此时可使一部分鸡摄入过量药物引起中毒，而另一部分鸡摄入药量不足而难以取得治疗效果。

（3）酸碱配伍禁忌。某些不溶或难溶于水的药物，其市售品为可溶性的酸性或碱性化合物，混饮给药尤其是同时混饮两种或两种以上药物时，应注意药物的酸碱配伍禁忌。

(4) 掌握药物混饮的浓度。混饮浓度一般以百分比浓度每升水含药物的质量表示，用药时应根据饮水量，严格按规定的用药浓度配制药液，以免浓度过低无效，或浓度过高引起中毒。

技能 2 直肠投药法

直肠投药法是向直肠内注入大量的药液、营养溶液或温水，直接作用于肠黏膜，使药液、营养液等被吸收或排出宿粪，以及除去肠内分解产物与炎性渗出物，达到治疗疾病的目的。

(一) 浅部灌肠法

灌肠术

灌肠时，将动物站立保定确实，助手把尾拉向一侧。术者一手提盛有药液的灌肠用吊筒，另一手将连接吊筒的橡胶管徐徐插入肛门 10～20 cm，然后高举吊筒，使药液流入直肠内。灌肠后使动物保持安静，以免引起排粪动作而将药液排出。对以人工营养、消炎和镇静为目的的灌肠，在灌肠前应先把直肠内的蓄粪取出。

(二) 深部灌肠法

1. 大动物深部灌肠法

(1) 保定。将病牛在柱栏内确实保定，用绳子吊起尾巴。

(2) 麻醉。为使肛门括约肌及直肠松弛，可施行后海穴封闭，即以 10～12 cm 长的封闭针头，与脊柱平行地向后海穴刺入 10 cm 左右，注射 1%～2%普鲁卡因溶液 20～40 mL。

(3) 塞入塞肠器。

① 木制塞肠器。长 15 cm，前端直径为 8 cm，后端直径为 10 cm，中间有直径 2 cm的孔道器，后端装有两个铁环，塞入直肠后，将两个铁环拴上绳子，系在颈部的套包或夹板上。

② 球胆制塞肠器。将带嘴的排球胆剪两个相对的孔，中间插一根直径 1～2 cm 的胶管，然后再用胶黏合，胶管的一端露出 5～10 cm，朝向牛头一端露出 20～30 cm，连接灌肠器。塞入直肠后，由原球胆嘴向球胆内打气，胀大的球胆堵住直肠膨大部，即自行固定。

(4) 灌水或药液。将灌肠器的胶管插入木制塞肠器的孔道内，或与球胆制塞肠器的胶管相连接，缓慢地灌入温水或 1%温盐水 10 000～30 000 mL。灌水量的多少依据便秘的部位而定。灌肠开始时，水进入顺利，当水到达结粪阻塞部位时则流速缓慢，甚至随病畜努责而向外反流，以后当水通过结粪阻塞部继续向前流时，水流速度又见加快。如病畜腹围稍增大，并且腹痛加重，呼吸增数，胸前微微出汗，则表示灌水量已经适度，不要再灌。灌水后，经 15～20 min 取出塞肠器。

如无塞肠器，术者也可用双手将插入肛门内的灌肠器的胶管连同肛门括约肌一起捏紧固定。但此法不可预先做后海穴麻醉，以免肛门括约肌弛缓，不易捏紧。尾巴也不必吊起或拉向一侧，任其自然下垂，避免动物努责时，水喷在术者身上。在灌肠过程中，如动物努责，可让助手在动物前方摇晃鞭子，吸引其注意力，以减少努责。唧筒式灌肠法见图 4－2 和图 4－3。

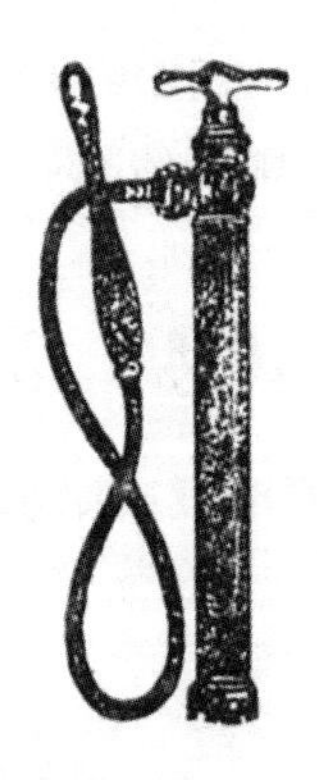

图 4-2 唧筒式灌肠器

图 4-3 唧筒式灌肠法

2. 中、小动物深部灌肠法 灌肠时，对动物施以站立或侧卧保定，并呈前低后高姿势。术者先将灌肠器的胶管一端插入肛门，并向直肠内推进 8～10 cm。另一端连接漏斗或吊筒，也可使用 100 mL 注射器注入溶液。先灌入少量药液软化直肠内积粪，待排净积粪后再大量灌入药液，直至从口中流出灌入药液为止。灌入量根据动物个体大小而定。一般幼犬或仔猪 80～100 mL，成年犬 100～500 mL，药液温度以 35 ℃为宜。

3. 灌肠注意事项

（1）直肠内存有蓄粪时，按直肠检查要领取出，再进行灌肠。

（2）避免粗暴操作损伤肠黏膜或造成肠穿孔。

（3）溶液注入后由于排泄反射，易被排出，应用手压迫尾根和肛门或于注入溶液的同时，用手指刺激肛门周围，也可通过按摩腹部减少排出。

技能 3 眼、鼻、耳投药法

（一）眼投药法

犬、猫的洗眼法与点眼法

眼投药法主要是洗眼法与点眼法，主要用于各种眼病，特别是结膜与角膜炎症的治疗。给予水溶性眼药时，不宜过多，一般只要 2～3 滴，多则流出而不起作用；大部分眼药水的药性只能维持 2 h 左右，故用眼药水时应每 2 h 重复使用；滴眼药水时药瓶不能触及眼球。给予软膏剂眼药时，可将药膏涂于下眼睑，长度以3 mm为宜；因软膏药效维持时间为 4 h 左右，故应每 4 h 重复给药一次。

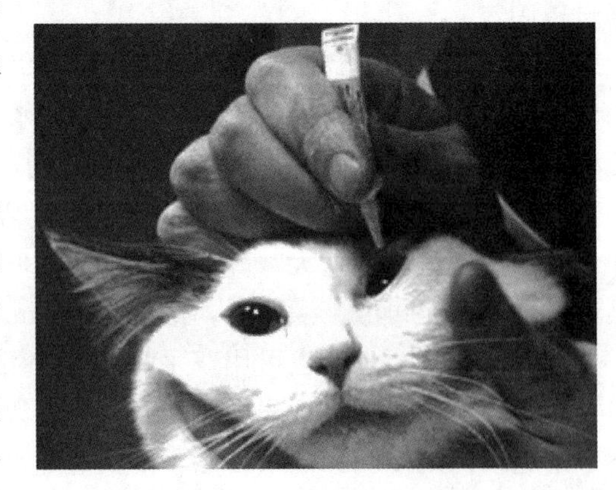

图 4-4 猫的眼投药法

1. 投药方法 洗眼与点眼时，助手要确实固定动物头部，术者用一手拇指与食指翻开上下眼睑，另一只手持冲洗器、洗眼瓶或注射器，使其前端斜向内眼角，徐徐向结膜上灌注药液冲洗眼内分泌物（图 4-4）。洗净之后，左手食指向上推上眼睑，以拇指与中指捏住下眼睑缘，向外下方牵引，使下眼睑呈一囊状，右手持点眼药瓶，靠在外眼角眶上，斜向内眼角，将药液滴入眼内，闭合眼睑，用手轻轻按摩1～2下，以防药液流出，并促进药液在眼内扩散。如用眼药膏时，可用玻璃棒一端蘸眼膏，横放在上下眼睑之间，闭合眼睑，抽去玻璃棒，眼膏即可留在眼内，用手轻轻按摩1～2下，以防流出。或直接将眼膏挤入结膜囊内。

眼部投药通常用2%～4%硼酸溶液、0.1%～0.3%高锰酸钾溶液及生理盐水。常用的点眼药有0.55%硫酸锌溶液、3.5%盐酸可卡因溶液、0.5%阿托品溶液、0.1%盐酸肾上腺素溶液、0.5%锥虫黄甘油、2%～4%硼酸溶液、1%～3%蛋白银溶液，还有红霉素等抗菌药眼膏或药液。

2. 投药注意事项

（1）防止动物骚动，点药瓶或洗眼器与病眼不能接触，与眼球不能成垂直方向，以防感染和损伤角膜。

（2）给予水溶性眼药时，不宜过多，一般只要2～3滴，多则因流出而不起作用；大部分眼药水的药效只能维持2 h左右，故用眼药水时应每2 h重复使用。

（3）滴眼药水时药瓶不能触及眼球；给予软膏剂眼药时，可将药膏涂于下眼睑，长度以3 mm为宜；因其药效维持时间约为4 h，故应每4 h重复给药一次。

（二）鼻投药法

当鼻腔有炎症时，可选用一定的药液进行鼻腔投药冲洗。

1. 投药方法 洗鼻时，助手要确实固定动物头部。将胶管插入鼻腔一定深度，同时用手捏住外鼻翼，然后连接漏斗，装入药液，稍高抬漏斗，使药液流入鼻内，即可达到冲洗的目的。

2. 投药注意事项 洗鼻时，应注意把动物头部保定确实，使头稍低；冲洗液温度要适宜；冲洗速度要慢，防止药液进入喉或气管。

（三）耳投药法

当耳道有炎症、耵聍需要软化等可选用一定的药液进行耳道投药冲洗。

1. 投药方法

（1）保定。对犬猫等小动物进行包裹保定，以免挣脱，露出头部。安慰平复动物情绪。在清洁耳道或滴药时动物会极力反抗，因为耳朵痒会甩头，需要保定确实。

（2）清洁外耳道。外耳道有脓液或分泌物时，分别用3%过氧化氢液和0.9%氯化钠溶液清洁外耳道，并用棉签拭干。

（4）滴药。拉直外耳道，将药液沿外耳道后壁缓慢滴入3～5滴（如滴入耵聍软化液，滴入药液量要适当增多）。用手指轻拉耳郭或反复轻按耳屏数次，使药液流入耳道四壁及中耳腔内。保持原体位5～10 min。

（5）用棉签/棉球轻轻擦去外耳道的脏东西，让动物自行甩头，再用棉球擦掉内耳道甩出来的脏东西即可。

2. 投药注意事项

（1）需要安慰平复动物情绪后进行耳投药。在清洁耳道或滴药时动物会极力反抗，因为耳朵痒会甩头，需要保定确实。

（2）药液温度接近体温水平，不宜过冷或过热。

（3）急性外耳道炎、急性中耳炎等牵拉动物耳郭或按压耳会增加疼痛，动作须轻柔。

技能4　皮内注射给药

羊皮内注射

皮内注射是将药液注入表皮与真皮之间的注射方法，主要用于诊断。皮内注射与其他治疗注射相比，其药液的注入量少，所以不用于治疗。主要用于如牛结核、副结核、牛肝蛭病、马鼻疽等，某些疾病的变态反应诊断，或进行药物过敏试验，以及炭疽疫苗、绵羊痘苗等的预防接种。一般仅在皮内注射药液、疫苗或菌苗 0.1～0.5 mL。

（一）注射准备

小容量注射器或 1～2 mL 特制的注射器与短针头。

（二）注射部位

根据不同动物可选在颈侧中部或尾根腹内侧。

（三）注射方法

按常规消毒，排尽注射器内空气，左手绷紧注射部位，右手持注射器，针头斜面向上，与皮肤呈 5°角刺入皮内（图 4-5）。待针头斜面全部进入皮内后，左手拇指固定，右手推注药液，局部可见一半球形隆起，俗称皮丘。注射完毕，迅速拔出针头，术部轻轻消毒，但应避免压挤局部。

图 4-5　皮内注射的进针角度

注射正确时，可见注射局部形成一半球状隆起，推药时感到有一定的阻力，如误入皮下则无此现象。

（四）注射注意事项

（1）注射部位一定要认真判定准确无误，否则将影响诊断和预防接种效果。

（2）进针不可过深，以免刺入皮下，应将药物注入表皮和真皮之间。

（3）拔出针头后注射部位不可用棉球按压揉擦。

技能5　皮下注射给药

犬、猫皮下注射

皮下注射是将药物注射到皮下结缔组织内，经毛细血管、淋巴管吸收进入血液，以发挥药效，从而达到防治疾病的目的。

凡是易溶解无强刺激性的药品及疫苗、菌苗、血清、抗蠕虫药（如伊维菌素）等，某些局部麻醉不能经口或不宜经口的药物，以及要求在一定时间内发生药效时，均可皮下注射。

（一）注射准备

根据注射药量多少，可用 2 mL、5 mL、10 mL、20 mL、50 mL 的注射器及相应针头。当抽吸药液时，先将安瓿封口端用酒精棉消毒，并随时检查药品名称及质量。

（二）注射部位

多选在皮肤较薄、富有皮下组织、活动性较大的部位。大动物多在颈部两侧，猪在耳根后或股内侧，羊在颈侧、背胸侧、肘后或股内侧，犬、猫在背胸部、股内侧、颈部和肩胛后部，禽类则选在翼下。

（三）注射方法

1. 药液的吸取 首先用酒精棉球消毒盛药液的瓶口，然后用砂轮切掉瓶口的上端，再将连接在注射器上的注射针插入安瓿的药液内，慢慢抽拉内芯。当注射器内混有气泡时，必须将其排出。此时注射针要安装牢固，以免脱掉。

2. 消毒 注射局部剪毛、清洗、擦干，除去体表污物。注射时，要切实保定患畜，对注射者的手指及注射部位进行消毒。

3. 注射 注射时，术者左手中指和拇指捏起注射部位的皮肤，同时用食指尖下压使其呈皱褶陷窝，右手持连接针头的注射器，针头斜面向上，从皱褶基部陷窝处与皮肤呈 30°～40°角刺入针头的 2/3（图 4－6），并根据动物体型的大小，适当调整进针深度，此时如感觉针头无阻抗，且能自由活动针头时，左手持针头连接部，右手抽吸无回血即可推压针筒活塞注射药液。如需注射大量药液时，则应分点注射。注完后，左手持干棉球按住刺入点，右手拔出针头，局部消毒。必要时可对局部进行轻轻按摩，促进吸收。当要注射大量药液时，应利用深部皮下组织注射，这样可以延缓吸收并能辅助静脉注射。

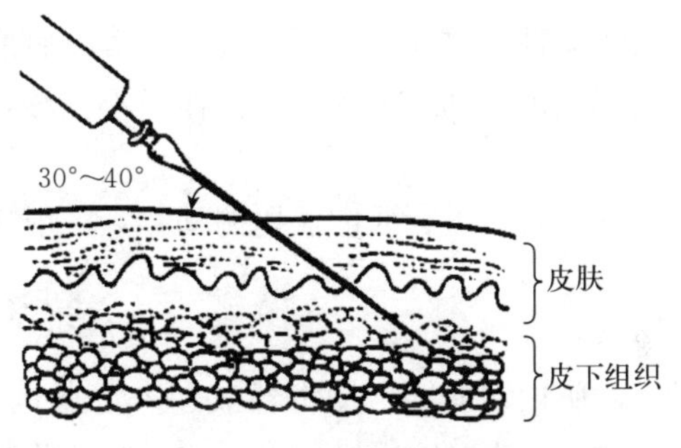

图 4－6 皮下注射的进针角度

（四）注射注意事项

刺激性强的药品不能皮下注射，特别是对局部刺激较强的钙制剂、砷制剂、水合氯醛及高渗溶液等，易诱发炎症，甚至组织坏死。

技能 6 肌内注射给药

肌内注射给药是将药物注入肌肉内的注射给药方法。肌肉内血管丰富，药液注射入肌肉内吸收较快。肌肉内的感觉神经较少，疼痛轻微因此，刺激性较强和较难吸收的药液，进行血管内注射而有副作用的药液，油剂、乳剂等不能进行血管内注射的药液，为了缓慢吸收、持续发挥作用的药液等，均可采用肌内注射。但由于肌肉组织致密，仅能注射较少量的药液。

猪肌内注射

犬、猫肌内注射技术

（一）注射部位

大动物与犊、驹、羊、犬等多在颈侧及臀部股前部；猪在耳根后、臀部或股内侧（图 4－7）；禽类在胸肌部或大腿部。但应避开大血管及神经的部位。

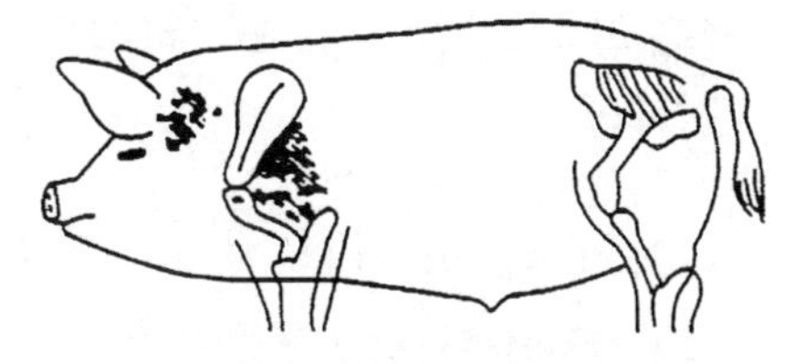
图 4－7 猪的肌内注射部位

（二）注射方法

根据动物种类和注射部位不同，选择大小适当的注射针头，犬、猫一般选用 7 号针头，猪、羊选用 12 号针头，牛、马选用 16 号针头。

注射时动物适当保定，局部常规消毒处理。左手的拇指与食指轻压注射局部，右手持注射器，使针头与皮肤垂直，迅速刺入肌肉内。一般刺入 2～3 cm。小动物刺入深度酌减，然后用左手拇指与食指握住露出皮外的针头结合部分，以食指指节顶在皮上，再用右手抽动针管活塞，观察无回血后，即可缓慢注入药液。如有回血，可将针头拔出少许再行试抽，直至见无回血后方可注入药液。注射完毕，用左手持酒精棉球压迫针孔部，迅速拔出针头。

（三）注射注意事项

（1）肌内注射由于吸收缓慢，能长时间保持药效，维持血药浓度。

（2）肌肉比皮肤感觉迟钝，因此注射具有刺激性的药物，不会引起剧烈疼痛，但对强刺激性药物如钙制剂、浓盐水等不宜肌内注射。

（3）由于动物的骚动或操作者不熟练，注射针头或玻璃、塑料注射器的接合头易折断。

（4）长期进行肌内注射的动物，注射部位应交替更换，以减少硬结的发生。

技能 7　静脉内注射法给药

静脉内注射给药是将药液注入静脉内或利用液体静压将一定量的无菌溶液或药液、血液直接滴入静脉的方法，是临床治疗和抢救病畜的重要手段。药液直接注入静脉内，随血液分布全身，药效快，作用强，注射部位疼痛反应较轻。但药物代谢较快，作用时间较短。药物直接进入血液，不会受到消化道及其他脏器的影响而发生变化或失去作用。病畜能耐受刺激性较强的药液，如钙制剂、水合氯醛、10%氯化钠等，可以大量地输液和输血。

静脉内注射给药用于大量的输液、输血；或用于以治疗为目的的如急救、强心等急需速效的药物；或注射药物有较强的刺激作用，又不能皮下、肌内注射，只能通过静脉内注射才能发挥药效的药物。

（一）注射准备

（1）静脉注射或输液的用品包括注射盘、注射器及针头、瓶套、开瓶器、止血带、血管钳、胶布、剪毛剪、无菌纱布、药液、输液卡、输液架。

（2）根据注射用量可准备 50～100 mL 注射器及相应的注射针头或连接乳胶管的针头。大量输液时则应分别使用 250 mL、500 mL、1 000 mL 输液瓶，并以乳胶管连接针头，在乳胶管中段装以滴注玻璃管或乳胶管夹子，以调节滴数，掌握其注入速度。采用一次性输液器则更为方便。

（3）注射药液的温度要尽可能地接近于体温。使用输液瓶时，输液瓶的位置应高于注射部位。

（二）注射操作方法

羊颈静脉注射

1. 牛的静脉内注射

（1）牛颈静脉注射法。

① 对牛进行确实的保定。

② 对注射部位常规消毒。

③ 注射者用左手压迫颈静脉的近心端（靠近胸腔入口处），或者用绳索勒紧颈下

部，使静脉回流受阻而怒张。确定注射部位后（颈静脉的下 1/3 与中 1/3 的交界处的颈静脉上，图 4－8），右手持针头用力迅速地垂直刺入皮肤（牛的皮肤很厚，不易穿透，最好借助腕力奋力刺入）及血管，若见到有血液流出，表明已将针头刺入颈静脉中，再沿颈静脉走向稍微向前送入，固定好针头后，连接注射器或输液瓶的胶管，即可注入药液。

④ 注射完毕，一手拿灭菌棉球紧压针孔处，另一手迅速拔针并按压片刻。

图 4－8　牛静脉注射部位

（2）*牛尾静脉注射法。*

① 对牛进行确实的保定。

② 对注射部位常规消毒。

③ 注射者一手举起牛尾，使其与背中线垂直，另一只手持注射器在尾腹侧中线垂直于尾纵轴处进针至针头稍微触及尾骨部位根据动物大小不同而变化，一般距肛门 10～20 cm。抽吸注射器判断有无回血，如有回血即可注射药液或采血。如果无回血，可将针稍微退出 1～5 mm，并再次用上述方法鉴别是否刺入。

④ 注射完毕，一手拿灭菌棉球紧压针孔处，另一手迅速拔针并按压片刻。

⑤ 牛的尾静脉注射法适用于小剂量给药和采血，可代替颈静脉穿刺法，且尾部抽血可减轻患牛的紧张程度，避免牛吼叫和过度保定，操作简便快捷。

2. 犬的静脉内注射

（1）*前臂皮下静脉（臂头静脉）注射法。*前臂皮下静脉位于前肢腕关节正前方稍偏内侧。犬可侧卧、伏卧或站立保定，助手或犬主人从犬的后侧握住犬的肘部，使皮肤向上牵拉和静脉怒张，也可用止血带或乳胶管结扎，使静脉怒张。操作者位于犬的前面，注射针由近腕关节 1/3 处刺入静脉，当确定针头在血管内后，针头连接管处见到回血，再顺静脉进针少许，以防犬骚动时针头滑出血管；松开止血带或乳胶管，即可注入药液，并调整输液速度。静脉输液时，可用胶布缠绕固定针头（图 4－9）。注射完毕，以干棉签或棉球按压穿刺点，迅速拔出针头，局部按压或嘱畜主按压片刻，防止针孔出血。

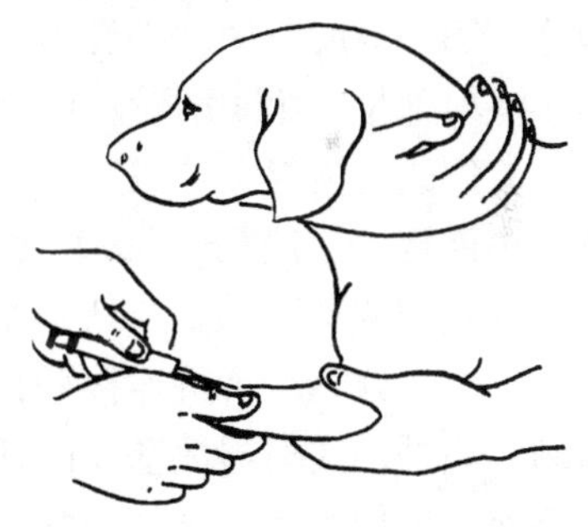

图 4－9　犬的前臂皮下静脉注射

（2）*后肢外侧小隐静脉注射法。*后肢外侧小隐静脉位于后肢胫部下 1/3 的外侧浅表皮下，由前斜向后上方，易于滑动。注射时，使犬侧卧保定，局部剪毛消毒。用乳胶带绑在犬股部，或由助手用手紧握股部，使静脉怒张。操作者位于犬的腹侧，左手从内侧握住下肢以固定静脉，右手持注射针由左手指端处刺入静脉（图 4－10）。

图 4－10　犬后肢外侧小隐静脉注射法

（3）后肢内侧面大隐静脉注射法。后肢内侧面大隐静脉在后肢膝部内侧浅表的皮下。助手将犬背卧后固定，伸展后肢向外拉直，暴露腹股沟，在腹股沟三角区附近，先用左手中指、食指探摸股动脉跳动部位，在其下方剪毛消毒；然后右手持针头，针头由跳动的股动脉下方直接刺入大隐静脉管内。注射方法同前述的后肢小隐静脉注射法。

3. 猪的静脉内注射

（1）耳静脉注射法。将猪站立或侧卧保定，耳静脉局部剪毛、消毒。具体操作时一人用手压住猪耳背面耳根部静脉处，使静脉怒张，或用酒精棉反复涂擦，并用手指头弹叩，以引起血管充盈。术者用左手持耳尖，并将其托平；右手持连接注射器的针头或头皮针，沿静脉刺入血管内，轻轻抽动针筒活塞，见有回血后，再沿血管向前进针。松开压迫静脉的手指，术者用左手拇指压住注射针头，连同注射器固定在猪耳上，右手徐徐推进针筒活塞或高举输液瓶即可注入药液（图 4－11）。注射完毕，左手拿灭菌棉球紧压针孔处，右手迅速拔针。为了防止血肿或针孔出血，应压迫片刻，最后涂擦碘酊。

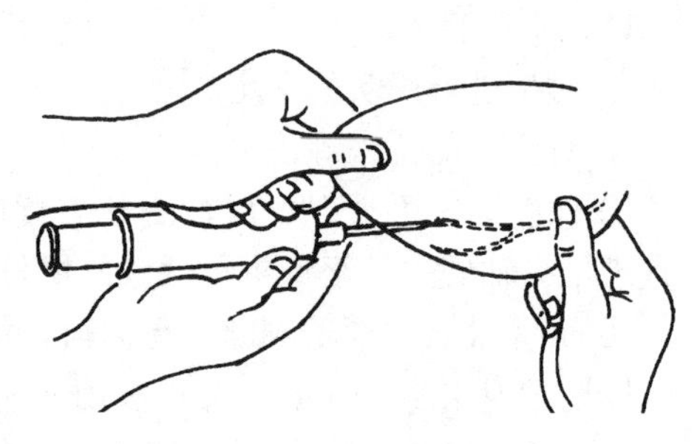

图 4－11 猪的耳静脉注射

猪前腔静脉注射

（2）前腔静脉注射法。用于大量输液或采血。前腔静脉由左右两侧的颈静脉和腋静脉在第一对肋骨间的胸腔入口处于气管腹侧面汇合而成。

注射部位在第 1 肋骨与胸骨柄结合处的前方。由于左侧靠近膈神经，易损伤，故多于右侧进行注射。针头刺入方向呈近似垂直并稍向中央及胸腔倾斜，刺入深度依猪体大小而定，一般 2～6 cm。因此，应选用 7～9 号针头。

取站立或仰卧保定。站立保定时的部位在右侧，于耳根至胸骨柄的连线上距胸骨端 1～3 cm 处，术者持连接针头的注射器，稍斜向中央刺向第 1 肋骨间胸腔入口处，边刺入边抽动注射器活塞或内管，见有回血时，表明已刺入前腔静脉内，即可徐徐注入药液。取仰卧保定时，胸骨柄向前凸出，并于两侧第 1 肋骨结合处的直前侧方呈两个明显的凹陷窝，用手指沿胸骨柄两侧触诊时感觉更明显，多在右侧凹陷窝处进行注射。先固定好猪两前肢及头部，消毒后，术者持连接针头的注射器，由右侧沿第一肋骨与胸骨结合部前方的凹陷窝处刺入，并稍斜刺向中央及胸腔方向，边刺边抽动注射器活塞或内管，见回血后，即可注入药液，注完后左手持酒精棉球紧压针孔，右手拔出针头，涂抹碘酊消毒（图 4－12）。

4. 静脉内注射注意事项

（1）严格遵守无菌操作，对所有注射用具及注射部位，均应严格消毒。

（2）动物确实保定，看清脉管并明确注射部位后扎入针头，以免引起血肿。

（3）检查针头是否通畅，如针孔被组织块或血凝块堵塞时，应及时更换针头。

（4）注入药液前应排除注射器或输液胶管中的空气。

（5）针头刺入静脉后，要再顺静脉方向进针 1～2 cm，连接输液管后使之固定。

（6）对所需注射的药品质量（如有无杂质、沉淀等）应严格检查，不同药液混合

注射部位

注射方法

图 4-12　猪前腔静脉注射

使用时要注意配伍禁忌。对组织刺激性强或有腐蚀性的药液要严禁漏出血管外，油剂不能进行静脉注射。

（7）给动物补液时，速度不要过快，大家畜以每分钟 30～60 mL 为宜，犬、猫等小动物以每分钟 25～40 滴为宜。药液在注入前应保证其接近动物体温。

（8）输液过程中，要随时注意观察动物的表现，如有不安、出汗、呼吸困难、肌肉震颤，犬发生皮肤丘疹、眼睑和唇部水肿等症状时，应立即停止注射，待查明原因后再行处置。

（9）要随时观察药液注入情况，当发现输入液体突然过慢或停止以及注射局部明显肿胀时，应检查回血（放低输液瓶，或一手捏紧乳胶管上部，使药液停止下流，再用另一只手在乳胶管下部突然加压或拉长，并随即放开，利用产生的一时性负压，观察其是否回血）。也可用右手小指与手掌捏紧乳胶管，同时以拇指与食指捏紧远心端前段乳胶管并拉长，造成负压，随即放开，观察其是否回血。如针头已滑出血管外，则应重新刺入。

5. 静脉注射药液外漏的处理办法

当发现药液外漏时，应立即停止注射，并根据不同的药液采取措施进行处理。

（1）如果是等渗溶液（如生理盐水或等渗葡萄糖），一般很快自然吸收，不必做任何处理。

（2）如果是高渗盐溶液，则应向肿胀局部及其周围注入适量的灭菌蒸馏水，以稀释原液。

（3）如果是刺激性强或有腐蚀性的药液，则应向其周围组织内注入生理盐水；如果是氯化钙溶液，可注入 10%硫酸钠或 10%硫代硫酸钠 10～20 mL，使氯化钙变为无刺激性的硫酸钙和氯化钠。

（4）局部进行温敷，以缓解疼痛。

（5）如果是大量药液外漏，应做早期切开，并用高渗硫酸镁溶液引流。

技能 8　腹腔注射给药

腹腔注射给药是利用药物的局部作用和腹膜的吸收作用，将药液注入腹腔内的一种注射给药方法。

当静脉不宜输液时可用本法。腹腔内注射在大动物较少应用，而在小动物的治疗上则经常采用。对于犬、猫也可注入麻醉剂。本法还可用于腹水的治疗，利用穿刺排出腹腔内的积液，借以冲洗、治疗腹膜炎。

（一）注射部位

牛在右侧肷窝部；马在右侧肷窝部；犬、猪、猫则宜在两侧后腹部；猪在第5、6乳头之间，腹下静脉和乳腺中间也可进行。

（二）注射方法

（1）单纯为了注射药物，牛可选择肷部中央。如有其他目的则可按照腹腔穿刺法进行。

（2）给犬、猪、猫注射时，先将其两后肢提起，倒立保定；局部剪毛消毒。

（3）术者一手握腹侧壁，另一手持连接针头的注射器，在距耻骨前缘3～5 cm处的中线旁垂直刺入。刺入腹腔后，摇动针头有空虚感时，即可注射（图4-13）。

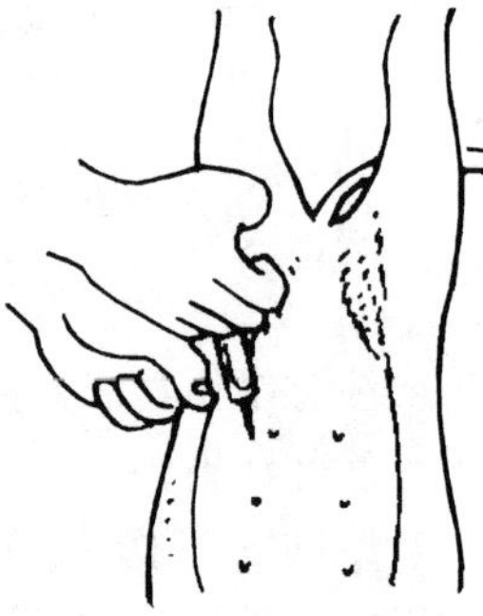

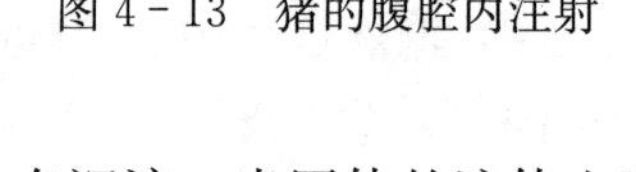

图4-13　猪的腹腔内注射

（三）注射注意事项

（1）腹腔注射的量不宜过大，一般情况下注入的药物不要超过体重的5%。

（2）腹腔注射忌不等渗液体、刺激性液体、油乳剂、有沉淀、半固体的液体也不宜腹腔注射。

（3）腹腔注射的液体要加热至体温的温度。

技能9　心内注射给药

心内注射给药是将药液直接注射到心脏的注射给药方法。当病畜心脏功能急剧衰竭，静脉注射急救无效或心搏骤停时，可将强心剂如肾上腺素直接注入心脏内，恢复心功能，抢救病畜。此外，还应用于家兔、豚鼠、禽类等实验动物的心脏直接采血。

（一）注射部位

牛在左侧肩关节水平线下方，第4～5肋间；马在左侧肩关节水平线的稍下方，第5～6肋间；猪在左侧肩端水平线下方，第4肋间；犬、猫在左侧胸廓下1/3处，第5～6肋间；禽类在胸骨嵴前端至背部下凹连接线的1/2处。

（二）注射方法

以左手稍移动注射部位的皮肤然后压住，右手持连接针头的注射器，垂直刺入心外膜，再进针3～4 cm可达心肌。当针头刺入心肌时有心搏动感，注射器摆动，继续刺入可达左心室内，此时感到阻力消失。拉引针筒活塞时有血液回流，然后徐徐注入药液，药液很快进入冠状动脉，迅速作用于心肌，恢复心脏机能。注射完毕，拔出针头，术部涂碘酊。或用碘仿火棉胶封闭针孔。

（三）注射注意事项

（1）动物确实保定，操作要认真，刺入部位要准确，以防心肌损伤过大。

（2）为了确实注入药液，可配合人工呼吸，防止由于缺氧引起呼吸困难而带来危险。

(3) 心内注射时，由于刺入的部位不同，可引起各种危险，应严格掌握操作规程，以防意外，有条件可在B超监视下进行。

(4) 当刺入心房壁时，因心房壁薄，伴随搏动而有出血的危险。此乃注射部位不当，应改换位置，重新刺入。

(5) 在心搏动中如将药液注入心内膜时，有引起心脏停搏的危险。这主要是注射前判定不准确，并未回血所造成。

(6) 当针刺入心肌也易发生各种危险。此乃深度不够所致，应继续刺入至心室内经回血后再注入。

(7) 心室内注射，效果确实，但注入过急，可引起心肌的持续性收缩，易诱发急性心搏动停止。因此，必需缓慢注入药液。

(8) 心内注射不得反复应用，可能引起传导系统发生障碍。

(9) 所用注射针头，宜尽量选用小号，以免过度损伤心肌。

技能10 气管内注射给药

气管内注射给药是将药液注入气管内，使药物直接作用于气管黏膜的注射给药方法。适用于气管及肺部疾病的治疗。临床上常将抗菌药注入气管内治疗支气管炎和肺炎、肺部驱虫，注入麻醉剂以治疗剧烈的咳嗽。

(一) 注射部位

根据动物种类及注射目的不同而注射部位不同。一般在颈部上1/3处，腹侧面正中，两个气管软骨环之间进行注射（图4-14、图4-15）。

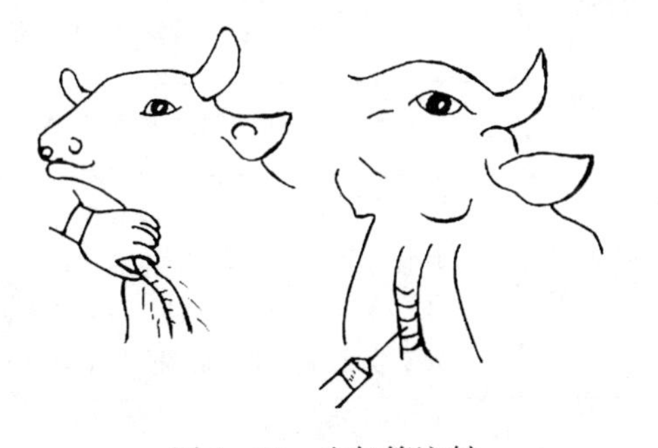

图4-14 牛气管注射

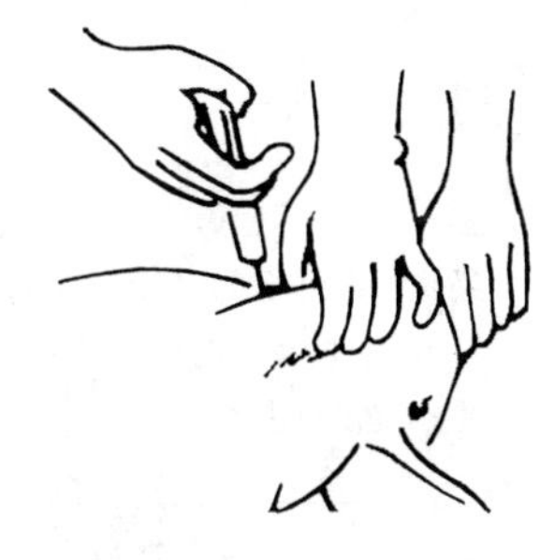

图4-15 猪气管注射

(二) 注射方法

(1) 动物仰卧、侧卧或站立保定，使前躯稍高于后躯，局部剪毛消毒。

(2) 术者持连接针头的注射器，另一手握住气管，于两个气管软骨环之间，垂直刺入气管内，此时摆动针头，感觉前端空虚，再缓缓滴入药液。

(3) 注射完毕后拔出针头，涂擦碘酊消毒。

(三) 注射注意事项

(1) 注射前宜将药液加温至与畜体同温，以减轻刺激。

(2) 注射过程如遇动物咳嗽时，则应暂停注射，待安静后再行注入。

(3) 注射速度不宜过快，最好一滴一滴地注入，以免刺激气管黏膜，咳出药液。

（4）如病畜咳嗽剧烈，或为了防止注射诱发咳嗽，可先注射2%盐酸普鲁卡因溶液2～5 mL（大动物）后，降低气管的敏感反应，再注入药液。

（5）注射药液量不宜过多，猪、羊、犬一般3～5 mL，牛20～30 mL。量过大时，易发生气管阻塞而引起呼吸困难。

项目2　临床输液疗法

技能1　临床输液药物的选择

（一）动物临床常用输液药物

我国目前常用的输液药物详见表4-2。

表4-2　小动物常用输液药物的特点与缺点

输液药物	特点	缺点
生理盐水	应用于剧烈呕吐所致的低氯性碱中毒，在禁用钙、钾时使用	不能单独使用；因氯化钠含量高（9 g/L），在心脏病时禁用；快速投给易引起酸中毒①；不含自由水；加重肾负担，肾浓缩不良时慎用
林格氏液	离子组成近于细胞外液（ECF），但氯离子远大于它；纠正代谢性酸中毒；与葡萄糖等输液药物配合使用	很少单独使用；钠离子浓度高及心脏功能障碍时慎用
乳酸林格氏液	电解质组成更接近ECF，具备林格氏液的特点，可以单独应用于出血和休克，手术中应用可以防止产生第三腔隙液，用于低钠血症	肝负担-肝疾患时慎用；细胞内液（ICF）脱水时，单一制剂不能缓解ICF的缺乏；不含自由水；加重肾负担，肾浓缩不良时慎用
葡萄糖液	用于绝食的动物。1 g可提供16.8 J热量；5%葡萄糖为等渗液，仅补充水分；维持血浆渗透压时的滴速为每千克体重5～10 mL；肝炎症时可以维持血糖及控制糖异生；提供自由水分	过量投给造成细胞水肿至水中毒；高渗糖可刺激静脉造成静脉炎；末梢血管浓度限为20%，当加入碳酸氢钠或氢化可的松时可降低刺激；pH为4～5；加速酸中毒；超过0.5 g/(kg·h)可造成高血糖；引起低血钾（刺激胰岛素分泌而使ECF的钾向ICF转移）
复合低渗电解质输液药物	2～4份5%葡萄糖与1份生理盐水合成的输液剂，有的加乳酸钠；在脱水症状不明显时事先投给；含电解质和自由水；动物入院时已经病情严重的，应事先补充林格氏液	
胶体制剂	本品为血浆制品或血浆代用品②；适用于血浆胶体渗透压降低所致的循环血量的减少；浮肿；血浆总蛋白低于35～40 g/L，且有下降趋势时	

注：①该代谢性酸中毒为稀释性酸中毒，快速投给使ECF的碳酸氢根离子浓度降低及循环血量升高，导致肾排泄碳酸氢根离子增多所致。

②国内所用的胶体制剂多为血浆代用品，如右旋糖酐、甘露醇、山梨醇等。

（二）动物临床主要疾患的症状和水、电解质异常及其参考用药选择

动物临床主要疾患的症状和水、电解质异常及其参考用药详见表4-3。

表4-3 小动物临床主要疾患的症状和水、电解质异常及其参考用药

疾病	主要症状	参考药物
糖尿病性昏睡	脱水、代谢性酸中毒、低血钾、低血镁、胰岛素注射后低血糖	果糖制剂 乳酸林格氏液 碳酸氢钠注射液
尿崩症	水缺乏性脱水	生理盐水1份 5%～10%葡萄糖2～3份 碳酸氢钠 10%氯化钾
原发性醛固酮增多症	低血钾、低血钠、代谢性酸中毒、低血镁	林格氏液 氯化钾
肾上腺机能不全	高血钾、低血钠、代谢性酸中毒、休克	乳酸林格氏液 生理盐水 糖制剂 碳酸氢钠
心脏功能不全	浮肿、肺水肿、低血钠、呼吸性碱中毒	胶体制剂 乳酸林格氏液
急性肺炎	水缺乏性脱水（发热导致的过呼吸）、呼吸性酸中毒、低血氯	生理盐水1份 5%～10%葡萄糖2～3份 碳酸氢钠 10%氯化钾
肾功能不全	代谢性酸中毒、高血钾、高血磷、低血钙、贫血、低蛋白血症、浮肿	乳酸林格氏液 胶体制剂 葡萄糖制剂 碳酸氢钠
重度感染	脱水症、代谢性酸中毒	生理盐水1份 5%～10%葡萄糖2～3份 碳酸氢钠 10%氯化钾
急性胰腺炎	低血钙、低血镁、原发性休克、脱水、继发性休克（梗阻）	葡萄糖酸钙 林格氏液 乳酸林格氏液
肝硬化	休克、低血钾、代谢性酸中毒	氯化钾 胶体制剂 （乳酸）林格氏液

（续）

疾病	主要症状	参考药物
急性肠炎	脱水、低血钾、代谢性酸中毒	乳酸林格氏液 氯化钾 碳酸氢钠
烫伤、挫伤	休克、高血钾	抗休克治疗

技能 2　临床输液方法

犬、猫静脉输液

动物体液平衡发生紊乱时，由静脉输入不同成分和体积的溶液进行纠正，这种治疗方法称为临床输液疗法。临床输液疗法具有调节体内水和电解质平衡，补充微量循环，维持血压，中和毒素，补充营养物质等作用，对机体疾病的康复起重要作用。临床上在进行临床输液时首先要补足有效的循环血量，因为血容量不足，不但组织缺氧无法纠正，而且肾也会因为缺血而不能恢复正常的功能，代谢产物无法排出；同时还应考虑纠正酸碱平衡失调，纠正酸碱中毒。临床一般采用生理盐水、不同浓度的葡萄糖溶液、复方氯化钠、全血、血浆、6%右旋糖酐、5%碳酸氢钠、10%氯化钾溶液、10%氯化钙溶液等。

（一）临床输液应用范围

（1）各种原因引起的脱水（伴有严重腹泻或呕吐、大出汗等）、大出血、休克以及某些发热性疾病或败血症等。

（2）饮食废绝的患畜或各种原因引起的营养衰竭，因生理消耗水分仍在继续，如果不及时补液，极易造成脱水。

（3）各种原因引起的酸碱平衡紊乱，都需要用输液的方法进行纠正。

（4）中毒性疾病（动物毒素中毒、植物毒素中毒、有毒元素及矿物中毒、细菌内毒素中毒、有毒气体中毒等），输液可以防止水、电解质代谢紊乱，促进毒素排泄，增强机体的抵抗力。

（5）某些抗菌药、血管扩张药、升压药和肾上腺皮质激素等，使用时需要加在某些溶液中静脉给药。

（6）某些较大的外科手术的术前、术后和烧伤时，需输入某些溶液，以防止水、电解质代谢紊乱，促进动物麻醉后的苏醒，补充能量。

（二）临床输液原则

应根据病畜的具体情况，缺什么，补什么（缺水补水，缺盐补盐）；缺多少，补多少。为此，必须根据病畜的临床检查和必要的实验室检验，综合所有症状，做出明确的判断，制订合理的方案。

1. 水、钠代谢紊乱的输液疗法

（1）高渗性脱水（以失水为主）。动物患咽炎、咽麻痹、食道梗塞、破伤风等疾病可引起机体饮水不足或咽下困难，由于进入动物机体内水量减少而畜体仍通过呼气、汗液、尿、粪便不断排出水分，所以造成失水多、失钠少的以失水为主的脱水，其临床表现为口腔极为干燥，饮欲增加，尿少而浓缩，尿的相对密度增高。血液不浓稠或变化不大；病畜体温升高，运动失调，甚至出现昏迷。

对高渗性脱水，应以补水为主，盐和水的比例为1∶2（即1份生理盐水，2份5%葡萄糖液）。

（2）低渗性脱水（以失盐为主）。动物严重腹泻，反复呕吐，大面积烧伤或在中暑、急性过劳时全身大出汗，导致体液大量丧失后，如果补液不当或仅饮大量的水而不补盐，则会造成失盐多、失水少的以失盐为主的低渗性脱水。患畜的临床表现为口腔湿度变化不大，无渴感，尿量多，血液很快浓缩。病畜疲乏无力，皮肤弹力极差，眼球下陷，循环衰竭。

对低渗性脱水，应以补充盐类为主，盐和水的比例为2∶1（即2份生理盐水，1份5%葡萄糖液）。

（3）等渗性脱水（混合性脱水）。动物患急性胃肠炎时的腹泻，呕吐，剧烈而持续的腹痛、大出汗后或低渗性脱水而无水补充时均能导致等渗性脱水。其临床表现为口腔干燥，口渴欲饮，尿量减少，血液浓稠，严重时因微循环障碍，有效循环血量减少而导致休克。

患病动物经不同途径丧失体液的量不同，丧失体液的质也不一样，因此，纠正脱水，不光要着眼于脱水的数量，更应注意到丧失体液的质量，才能够使补液更合理，效果更佳。不同途径丧失体液的组或与参考补液药物详见表4-4。

表4-4 经各途径损失体液的组成及临床补液药物的选择

液体	呕吐物	腹泻物	第三腔隙液
钠离子	60（30～90）	115（80～150）	各种成分与血浆相同
钾离子	15（5～25）	17（5～30）	
氯离子	120（90～140）	70（40～100）	
碳酸氢根	0（0）	80（60～110）	
选择药物	林格氏液	乳酸林格、碳酸氢钠	乳酸林格

注：数字的单位为mEq/L。

（4）确定补液量。

① 按血细胞比容来判定脱水程度及确定补液量的简易方法（表4-5）。

表4-5 血细胞比容与脱水、补液量的关系

血细胞比容/%	脱水程度	脱水占体重的比值/%	每500 kg体重补液量/L
45	轻度	5	25
50	中度	7	35
55	重度	9	45
60	极度	12	60

注：根据美国21届兽医协会年会（1975年）资料。

② 测定血细胞比容来计算补液量。

需补液量=(测定血细胞比容－正常血细胞比容)×[0.05×体重（kg）/32]

③ 在临床实践中，若无条件测定血细胞比容容量，常可以根据病畜的临床症状来判定脱水程度，确定补液量。

轻度脱水：病畜表现精神沉郁，有渴感，尿量减少，口腔干燥，皮肤弹力减退。其失水量约占体重的4%，若体重为200 kg，则失水量为8 L。

中度脱水：病畜尿少或不排尿，血液黏稠度增高，血浆减少，循环障碍，全身淤血，其失水量约占体重的6%。

重度脱水：病畜眼球及静脉塌陷，角膜干燥无光，无热，或兴奋或抑制，甚至昏睡，其失水量约为体重的8%。

缺水程度判定及缺水量的计算见表4-6。

表4-6 缺水程度判定及缺水量的计算

脱水程度	轻度	中度	高度	重度	超度
体重减少/%	4～6	6～8	8～10	10～12	12～15
眼球凹陷程度	±	++	+++	++++	+++++
捏皮实验/s	—	2～4	6～10	20～45	45以上
黏膜干燥	—	+	++	+++	++++
休克痉挛	—	—	—	+	++
死亡	—	—	—	—	+
每天每千克体重缺水量/mL	60	80	100	120	140
必需投给量/mL	20	25	30	40	50

注：必需投给量为缺水量的1/3，捏皮实验的部位为脊背部皮肤。

2. 酸碱平衡紊乱的输液疗法 机体内环境的稳定需要体液的酸碱平衡，维持这一平衡主要依靠血液缓冲体系、肾和呼吸系统功能。临床常发的酸碱失衡包括代谢性酸碱中毒和呼吸性酸碱中毒，对于一些复杂的疾病，还有可能出现混合性酸碱平衡失调的现象，因此，补液时需根据患畜具体情况加以纠正。

（1）代谢性酸中毒。病畜长期禁食、脂肪分解过多，并有酮体积聚，均可消耗HCO_3^-；急性肾功能减退，H^+排出障碍，机体内H^+增加，也可造成代谢性酸中毒。严重腹泻病畜，患吞咽障碍的病畜，由于大量消化液丧失，带走大量HCO_3^-，病畜脱水后可引起酸性产物积聚。严重感染、大面积创伤或烧伤、大手术、休克、机械性肠阻塞等，由于组织缺血缺氧，则糖代谢不全，产生丙酮酸、乳酸等中间产物，同时由于损伤、感染、微生物分解产物和代谢产物及组织分解产物等，积聚于体内，或吸收进入血液循环中，导致酸中毒。酮病、软骨病、佝偻病等，当营养中的磷单方面过多时，则血液中的HPO_4^-含量增多，HCO_3^-含量减少，从而导致血液酸中毒。

临床症状表现为病畜呼吸深而快，黏膜发绀，体温升高，出现不同程度的脱水现象，血液浓稠。实验室检查血细胞比容增高，血气分析pH和HCO_3^-明显下降，二氧化碳结合量降低。

应在针对病因治疗并处理水、电解质失衡的同时，应用碱剂（最常用的是碳酸氢钠）治疗。具体用法，可用HCO_3^-测得值计算碳酸氢钠用量：

HCO_3^- 需要量（mmol）＝HCO_3^- 正常值－HCO_3^- 测得值（mmol/L）×体重（kg）×0.4 或以 CO_2 结合力测得值计算碳酸氢钠用量：

5%碳酸氢钠需要量（mL）＝［CO_2CP 正常值－CO_2CP 测得值］×体重（kg）×0.6

（2）代谢性碱中毒。治疗中长期给予过量的碱性药物，使血液内的 HCO_3^- 浓度升高，发生碱中毒。牛的许多胃肠疾病和马的继发性胃扩张都可发展成为严重的代谢性碱中毒，如肠套叠、皱胃扭转或变位、皱胃阻塞等，这些疾病可使大量的氢离子丢失在胃内，胃分泌盐酸需氯离子从血液循环中进入胃内，因此在分泌盐酸过程中产生大量 HCO_3^-，使血液中 HCO_3^- 含量增加而引起碱中毒。如钾摄入不足、胃肠分泌液丢失、长期服用利尿剂等原因引起的缺钾也可导致代谢性碱中毒。

临床表现则为呼吸浅而慢，并可有嗜睡甚至昏迷等神志障碍，实验室检查，血液 pH、HCO_3^- 浓度均升高。

临床治疗多采用补氯、补钾，因这类病畜多半同时有低氯低钾情况，而补钾有助于碱中毒的纠正。一般轻度代谢性碱中毒呕吐不剧烈者，只需静脉滴注等渗盐水即可达到治疗目的，因等渗盐水中含氯离子较多，有助于纠正低氯情况；重度代谢性碱中毒，可用2%氯化铵溶液加入5%葡萄糖等渗盐水 500～1 000 mL 中由静脉内缓慢滴注。但如病畜肝、肾功能减退，则不能使用氯化铵，而需补充盐酸。

（3）呼吸性酸中毒。当病畜通气功能减弱，体内生成的二氧化碳不能充分排出时，则二氧化碳分压增高，引起高碳酸血症时即有呼吸性酸中毒。引起通气减弱的情况，可以是气胸、肺水肿、支气管和喉痉挛等病变，亦可能是广泛肺纤维化、重度肺气肿等慢性阻塞性肺部疾病；而全身麻醉过深、镇静剂过量等亦可造成肺通气功能减弱。

临床上表现呼吸困难和气促、发绀等症状，甚至有昏迷等神志障碍；血气分析显示血 pH 明显下降，$p(CO_2)$ 增高，而 HCO_3^- 正常或增加，二氧化碳分压增高。

治疗原则首先应改善病畜的通气功能，可考虑气管切开、气管内插管和应用呼吸机；同时要控制肺部感染，扩张小支气管，促进痰液排出。

（4）呼吸性碱中毒。当病畜肺泡通气过度，体内生成的二氧化碳排出过量，则 $p(CO_2)$ 降低，引起低碳酸血症时即有呼吸性碱中毒。引起过度通气的临床情况包括高热、严重感染或创伤、中枢神经系统疾病、低氧血症和肝功能衰竭等。

临床症状表现为四肢麻木，肌肉震颤，四肢抽搐，心率过快等；通过血气分析显示血 pH 增高，$p(CO_2)$ 和 CO_2CP 降低。

治疗原则是积极处理原发病，减少二氧化碳的呼出，吸入含5%二氧化碳的氧，给予钙剂进行对症治疗。

3. 电解质紊乱的输液疗法

（1）钾代谢紊乱。钾是生命必需的电解质之一。它具有维持细胞新陈代谢，调节体液的渗透压和酸碱平衡，并保持细胞的应激功能等作用。机体每日所需的钾均从饮食中获得，由小肠内吸收。水果、蔬菜和肉类中均含丰富的钾。钾的排出主要由肾调节，尿中每日排钾约为摄入量的90%，其余10%由粪便排出。临床常见的钾代谢紊乱包括低钾血症和高钾血症。

① 低钾血症。一方面由于长期的钾摄入不足，常见于慢性消耗性疾病、术后长

期禁食、食欲不振的病畜或长期饲喂含钾少的饲料。另一方面见于钾的排出增加，常见严重腹泻、呕吐、长期应用肾上腺皮质激素、创伤和大面积烧伤以及病畜应用速尿等利尿药物。

临床病畜表现为厌食、恶心、呕吐和腹胀（肠蠕动明显减弱）、肌肉无力、腱反射减退、血压降低、嗜睡等症状；血清钾测得值明显降低，心电图有典型的低钾血症表现：T 波降低、双相甚或倒置，ST 段压低或 U 波出现。

临床治疗以补钾为主，补氯化钾时，如病畜能经口则不应静脉输液。需静脉输液的，应以 10%氯化钾溶液经稀释后静脉缓慢滴入，其浓度不应大于 0.03 g/L，滴速应低于 80 滴/min，绝对禁止氯化钾静脉内直接推注，以免血钾突然增高导致严重心律不齐和停搏。补钾时还必须注意尿量的变化，尿少时补钾将使钾积滞体内，引起高钾血症。同时应纠正可能存在的酸中毒。

② 高钾血症。各种造成血钾积聚在体内或排钾功能有障碍的情况，均可造成高钾血症。经口或静脉输入氯化钾过多，酸中毒以及大面积软组织挤压伤，重度烧伤或其他有严重组织破坏以致大量细胞内钾短期内移至细胞外液的创伤，均可引起高钾血症。急性或慢性肾衰竭而使肾排钾减少，也可引起高钾血症。

临床病畜表现为软弱无力、虚弱和血压降低等症状，严重者出现呼吸困难，心搏动骤停，以致突然死亡。血清钾测得值明显升高，心电图有典型的高钾血症表现：T 波高而尖，QT 时间延长，以后 QRS 时间亦延长。

应迅速查出引起高钾的原因，进行病因治疗。由于钾必须由肾排出，因此需注意肾功能情况。应停给一切含钾的溶液或药物；静脉输入 5%碳酸氢钠溶液以降低血钾并同时纠正可能存在的酸中毒，开始可用 5%碳酸氢钠 60～100 mL 静脉内推注，继以 5%碳酸氢钠 100～200 mL 静脉内注射。给予高渗葡萄糖和胰岛素：一般用 25%的葡萄糖液 200 mL 以（3～4）g∶1 IU 的比例加入胰岛素 12 IU，静脉滴入，可使血钾浓度暂时降低，此项注射，可每 3～4 h 重复一次。给予 10%葡萄糖酸钙溶液以对抗高钾血症引起的心律失常，需要时可重复使用，根据动物个体的大小选择合适的剂量。

（2）钙代谢紊乱。由于日粮中缺少钙质食物和维生素 D，妊娠阶段中，随着胎儿的发育、骨骼的形成，母体大量的钙被胎儿吸收，在哺乳阶段，血液中钙大量进入乳汁，致使母畜出现低血钙症状，临床表现为肌肉兴奋性增高，精神狂躁、不安，全身性痉挛，步态强拘，甚至瘫痪。常见于产后母畜，临床以对症治疗为主，静脉滴注 10%葡萄糖酸钙（或 5%氯化钙），或在饲料中补喂骨粉、磷酸氢钙。

（3）镁代谢紊乱。临床常见低镁血症，又称青草搐搦、缺镁痉挛症、青草蹒跚，是牛羊等反刍家畜一种常见的矿物质代谢障碍性疾病，多发生于夏季高温多雨时节，尤以产后处于泌乳期的母畜多见，夏季高温多雨，青草生长旺盛，尤其是生长在低洼、多雨地带、施氮肥和钾肥多的青草，不仅含镁量很低，而且含钾或氮偏高，牛羊长时间放牧或长期饲喂这样的青草，就会造成血镁过低而发病。另外产后瘫痪的病畜血清镁的含量也会降低，从生理上讲，镁在钙代谢途径的许多环节中具有调节作用，血液镁含量降低时，机体从骨骼中动员钙的能力降低。因此，低血镁时，生产瘫痪的发病率高，特别是产前饲喂高钙饲料，分娩后血镁过低而妨碍机体从骨骼中动员钙，难以维持血钙水平，从而发生生产瘫痪。

临床表现兴奋不安，突然倒地，头颈侧弯，牙关紧闭，心动过速，口吐白沫，粪尿失禁。抢救不及则很快死亡。临床可静脉滴注25%硫酸镁注射液、25%硼酸葡萄糖酸钙注射液。在茂盛的嫩草地上放牧牛、羊时，时间不宜过长，牛、羊不要吃得太饱。饲料中含镁达不到0.2%时，应在牛的饲料中补充镁，如每天在精料中添加氧化镁20～40 g或碳酸镁40～60 g。

（三）临床输液方法

对饮食欲及胃肠吸收功能较好的病畜，可经口补充足量的水和盐水，或经口补充补液盐（ORS液由葡萄糖20 g，氯化钠3.5 g，碳酸氢钠2.5 g，氯化钾1.5 g，加水1 000 mL组成）。必要时可通过灌肠的方法补给，方法可参照"直肠投药法"。对饮食欲一般或较差的病畜，常常采用注射法补液。

（1）静脉注射补液法。为最常用的方法，注射部位及方法可参照"静脉注射法"，其作用迅速，效果确实，但要注意一次输入量不宜过多，大动物每次输入1 000～3 000 mL，中等动物每次输入500～1 500 mL，小动物每次输入50～300 mL，必要时可多次反复补液。

（2）腹腔注射补液法。猪、犬等动物需补液时，可通过腹腔注射来进行。

（3）皮下注射补液法。个别病例必要时可通过皮下分点注射的方法进行补液。

动物各途径补液的优点和缺点及禁忌证见表4-7。

4-7 动物各途径补液的优点和缺点及禁忌证

投给途径	优点	缺点	禁忌证
口服	为补充营养的最佳途径；电解质及葡萄糖易吸收	有时困难；强灌易呕吐，易造成异物性肺炎	
皮下	可短时间大量投给；高钾液（35Eq/L）	仅用于等渗无刺激性药物；休克及末梢循环不良时助长脱水（局部聚集）	脓皮症 皮肤损伤
静脉	水、电解质扩散最快；高、低渗均可；大量长时间无副作用	需控制速度；刺激性大的易致静脉炎；长时间需选择中心静脉	
腹腔	吸收较快	操作不当可损伤内脏；易发生腹膜炎	腹膜炎 腹水、休克
直肠	可很好地吸收水分；可少量多次投给	需等体温，等渗，无刺激性肠炎、下痢时吸收不良	

（四）临床输液注意事项

（1）补液时避免盲目性，应事先了解病史，认真做好临床检查和必要的实验室检查，根据病畜的具体情况，遵循"缺什么补什么、缺多少补多少"的原则，制定合理的补液方案。

（2）补液前应仔细检查药品的质量，注意有无杂质、沉淀及变质等，对加入其他药剂应避免配伍禁忌。

（3）补液时速度宜先慢后快，先输等渗溶液，再输高渗溶液，同时注意药液温度，不可过高或过低，以免造成心内膜炎或致休克，可将药液加温至机体温度。

（4）补液技术应熟练，避免中途因病畜的骚动，使针头脱至血管外，药液漏入皮下。

（5）补液时病畜需设专人看管，如遇输液反应，病畜表现不安、骚动、呼吸加快、大出汗、肌肉震颤、心跳加快或心律不齐时，应立即停止补液，仔细查找原因，并进行必要的处理。

（6）无论采用何种方法对病畜进行补液，都必须严格遵守无菌操作规程。

项目3　临床治疗技术

技能1　穿 刺 术

（一）腹膜腔穿刺术

采取腹腔内液体供实验室检验，以辅助诊断肠变位、胃肠破裂、膀胱破裂、肝脾破裂以及腹腔积水、腹膜炎等疾病；排除腹腔内积液，或向腹腔注射药液用以治疗疾病。

1. 穿刺准备　站立保定，术部剪毛，常规消毒。

2. 穿刺部位　牛、羊在脐与膝关节连线的中点。猪、犬、猫均在脐与耻骨前缘连线的中间腹白线上或腹白线的侧旁1～2 cm处。

3. 穿刺方法　大动物采取站立保定，小动物采取平卧位或侧卧位，术部剪毛消毒。术者左手固定穿刺部位的皮肤并稍向一侧移动皮肤，右手控制套管针或针头的深度，垂直刺入腹壁3～4 cm，待抵抗感消失时，表示已穿过腹壁层，即可回抽注射器，抽出腹水放入备好的试管中送检，如需要大量放液，可接一橡皮管，将腹水引入容器，以备定量和检查。橡皮管可夹一输液夹以调整放液速度。小动物可采用注射器抽出。放液后拔出穿刺针，无菌棉球压迫片刻，覆盖无菌纱布，胶布固定。牛在右侧肷窝中央；小动物在肷窝或两侧后腹部。右手持针头垂直刺入腹腔，连接输液瓶胶管或注射器，注入药液，再由穿刺部排出，如此反复冲洗2～3次。

4. 穿刺注意事项

（1）刺入深度不宜过深，以防刺伤肠管。穿刺位置应准确，要保定安全。

（2）抽、放腹水引流不畅时，可将穿刺针稍做移动或稍变动体位，抽、放液体速度不可过快。

（3）穿刺过程中应注意动物的反应，观察呼吸、脉搏和黏膜颜色的变化，发现有特殊变化时应停止操作，并进行适当处理。

（4）当腹腔过度紧张时，穿刺时易刺入肠管而将肠内容物误认为腹腔积液，造成错诊，穿刺时需特别注意。穿刺中应注意防止空气进入胸膜腔。针孔如被堵塞，可用针芯疏通。洗涤中要反复2～3次，放出后注入治疗性药物。

（二）胸膜腔穿刺术

临床用于胸膜疾病的诊断，并辅助胸膜疾病的治疗，如采取胸腔内液体进行实验室检验，冲洗胸腔并向胸腔内注入药液，排除胸腔内的积液、积气、积血，以减轻对胸腔器官的压力。

1. 穿刺准备　盐水、针头或静脉注射针头，外科刀与缝合器械等，站立保定，术部剪毛常规消毒。

2. 穿刺部位　牛、羊右侧第6肋间或左侧第7肋间，猪、犬右侧第7肋间，与肩关节水平线交点下方2～3 cm处，胸外静脉上方约2 cm处。

3. 穿刺方法

（1）动物站立保定，术部剪毛消毒。

（2）术者左手将术部皮肤稍向上方移动 1～2 cm，右手持套管针，手指控制在 3～5 cm处，在靠近肋骨前缘垂直刺入。穿刺肋间肌时有阻力感，当阻力消失而感空虚时，即表明已刺入胸腔内。

（3）套管针刺入胸腔后，左手持套管，右手拔去内针，即可流出积液或血液。放液时不宜过急，应用拇指不断堵住套管口，做间断性引流，防止胸腔减压过急，影响心、肺功能。如针孔堵塞不流时，可用内针疏通，直至放完为止。

（4）有时放完积液之后，需要洗涤胸腔，可将装有清洗液的输液瓶乳胶管或输液器连接在套管口或注射针上，高举输液瓶，药液即可流入胸腔，然后将其放出。如此反复冲洗 2～3 次，最后注入治疗性药物。

（5）操作完毕，插入内针，拔出套管针或针头，使局部皮肤复位，术部涂擦碘酊，用碘仿火棉胶封闭穿刺孔。

4. 穿刺注意事项

（1）穿刺或排出积液过程中，应注意无菌操作并防止空气进入胸腔。

（2）排出积液和注入清洗液时应缓慢进行，同时注意观察病畜有无异常表现。

（3）穿刺时需注意并防止损伤肋间血管与神经。

（4）套管针刺入时，应以手指控制套管针的刺入深度，以防过深刺伤心、肺。

（5）穿刺过程中遇有出血时，应充分止血，改变位置再行穿刺。

（6）需进行药物治疗时，可在抽液完毕后，将药物经穿刺针注入。

（7）穿刺中应注意防止空气进入胸膜腔，用套管针穿刺时，排液应缓慢进行不可过快。针孔如被堵塞，可用针芯疏通。洗涤中要反复 2～3 次，放出后注入治疗性药物。

（三）瘤胃穿刺术

牛、羊急性瘤胃臌气时穿刺放气紧急救治并向瘤胃内注入防腐制酵药液制止瘤胃内继续发酵产气。

1. 穿刺准备 站立保定，术部剪毛常规消毒。

2. 穿刺部位 在左侧肷窝部，由髋结节向最后肋骨所引水平线的中点，牛距腰椎横突下方 10～12 cm，羊距腰椎横突下方 3～5 cm 处，也可选在瘤胃隆起最高点穿刺（图 4－16）。

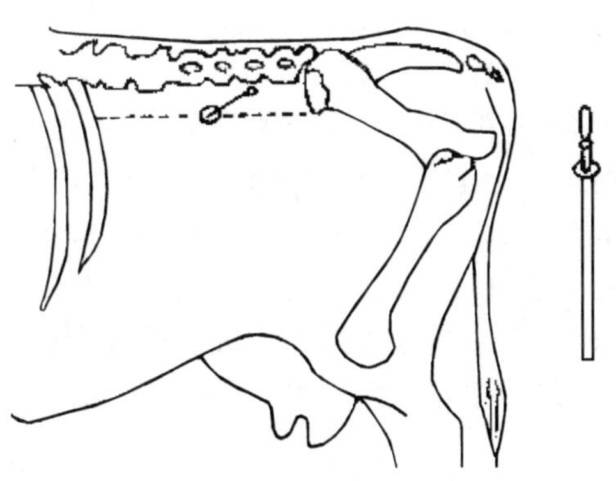

图 4－16 瘤胃穿刺部位

3. 穿刺方法 先在穿刺点旁1 cm处做一小的皮肤切口，有时也可不做切口，羊一般不切口。术者左手将皮肤切口移向穿刺点，右手持套管针将针尖置于皮肤切口内，向对侧肘头方向迅速刺入10～12 cm，左手固定套管，右手拔出内针，用手指不断堵住管口，间歇放气，使瘤胃内的气体间断排出。若套管堵塞，可插入内针疏通。气体排出后，为防止复发，可经套管向瘤胃内注入止酵剂。穿刺完毕，用力压住皮肤切口，拔出套管针，消毒创口，皮肤切口行结节缝合1针，涂碘酊，或以碘仿火棉胶封闭穿刺孔。

在紧急情况下，无套管针时，可就地取材，如竹管、鹅翎或静脉注射针头等进行穿刺，以挽救病畜生命，然后再采取抗感染措施。

4. 穿刺注意事项

(1) 放气速度不宜过快，防止发生急性脑贫血，造成虚脱。

(2) 套管堵塞，可插入针芯疏通。气体排出后为防止复发，可经套管向瘤胃内注入防腐消毒药。

(3) 拔针前需插入针芯，并用力压住皮肤慢慢拔出，以防套管内的污物污染创道或落入腹腔。

(4) 皮肤切口要行一针结节缝合。

(5) 必要时用火棉胶绷带覆盖针孔。

(四) 肠穿刺术

急性盲肠臌气，放气急救和向肠腔内注入防腐制酵药液用于治疗。

1. 穿刺准备 套管针或盐水针头、静脉注射针头，外科刀与缝合器械等。

2. 穿刺部位 马盲肠穿刺部位在右侧肷窝的中心，即距腰椎横突下方约一掌处，或选在肷窝最明显的突起点。马结肠穿刺部位在左侧腹部鼓胀最明显处。

3. 穿刺方法 病畜站立保定，术部剪毛消毒。必要时，穿刺点先用外科刀切一小口。操作要领同瘤胃穿刺。盲肠穿刺时，右手持套管针向对侧肘头方向刺入6～10 cm；左手立刻固定套管，右手将针芯拔出，让气体缓慢或断续排出。必要时，可以从套管针向盲肠内注入药液。当排气结束时，左手压紧针孔周围皮肤，右手拔出套管针。术部注意清洁消毒。结肠穿刺时，可向腹壁垂直刺入3～4 cm。其他按瘤胃穿刺要领进行。

(五) 心包穿刺术

用于排除心包积脓或向心包内注入药液进行冲洗和治疗心包疾病；采取心包液供实验室检查，辅助心包炎的诊断。

1. 穿刺部位 左侧第5肋间，肩关节水平线下2 cm处。

2. 穿刺方法 动物站立保定，使其左前肢前伸半步，充分暴露心区。术部剪毛消毒后，术者左手将术部皮肤稍向前移动，右手持穿刺针沿第6肋前缘垂直刺入2～4 cm，拔出针芯，心包积液即可自行流出。如果针孔堵塞，可用针芯疏通堵塞物，也可连接注射器回抽，取出的心包液可送往实验室进行检查。如为脓液需要冲洗时，可注入药液冲洗心包腔或最后注入抗菌药物。术后局部涂以碘酊消毒。

3. 穿刺注意事项

(1) 术者要控制针头刺入深度，以免过深而损伤心脏。

（2）动物要确实保定，防止其骚动，以确保穿刺成功。

（3）穿刺前，可以用手术刀在术部切一个0.5～1.0 cm的小口，以利于针头刺入。穿刺完毕后，要在创口涂以碘酊，并用火棉胶封闭。

（六）膀胱穿刺术

当患畜尿路阻塞或膀胱麻痹，尿液在膀胱内潴留，易导致膀胱破裂时，需采取膀胱穿刺排出尿液，以缓解症状，为进一步治疗提供条件。

1. 穿刺部位 牛、马可通过直肠对膀胱进行穿刺，猪、羊、犬在耻骨前缘白线侧旁1 cm处。

2. 穿刺方法 大家畜施行站立保定，先灌肠排除粪便，术者将事先消毒好的连有胶管的针头握于手掌中并使手呈锥形缓缓伸入直肠，在直肠正下方触到充满尿液的膀胱，在其最高处将针头向前下方刺入，并固定好针头，直至排完尿为止。必要时，也可在胶管外端连接注射器，向膀胱内注入药液。然后，要将针头同样握于掌中而带出肛门。

猪、羊、犬可采取横卧保定，助手将其左或右后肢向后牵引，充分暴露术部。术部剪毛消毒后，在耻骨前缘或触诊腹壁波动最明显处进针，向后下方刺入深达2～3 cm，刺入膀胱后，固定好针头，待尿液排完后拔出针头，术部涂以碘酊消毒。

3. 穿刺注意事项

（1）动物要确实保定，以确保人畜安全。

（2）针头刺入膀胱后，一定要固定好，防止滑脱，若进行多次穿刺易引起腹膜炎和膀胱炎。

（3）通过直肠进行膀胱穿刺时，应严格按照直肠检查的要求规范操作。若动物强烈努责，手无法进入直肠时，不可强行操作，可考虑在坐骨切迹下方施行尿道切开术。

（七）肝穿刺术

用于对肝机能状态进行诊断，可以采取肝组织做病理切片后进行组织学检查。

1. 穿刺部位 马右侧倒数第3或第4肋前缘的髂肋肌沟处，牛在右侧第11或12肋间与髋关节水平线的交点处。

2. 穿刺方法 动物站立保定，术部剪毛消毒后，先用采血针刺破穿刺部位皮肤，术者左手放于动物背部作支点，右手握穿刺器柄沿针孔向地面垂直刺入直至底部后，立即拔出穿刺器；送回针芯，取出肝组织块固定于10%甲醛溶液内。如用长针头时，按前法刺入后，捻转针头或接上注射器轻轻抽吸后，立即拔出并推出针管内的肝组织液做成涂片送检。

3. 穿刺注意事项

（1）动物确实保定，防止骚动，以确保穿刺准确。

（2）取得标本后应立即拔针，不得将针久留于肝内。

（3）如病畜有出血倾向、大量腹水、肝外阻塞性黄疸、严重贫血及怀疑肝血管瘤，不可实施肝穿刺。应先纠正全身状况并慎重穿刺。

（八）颈椎及腰椎穿刺术

临床应用于测定颅内压或排除脑脊髓腔内积液来降低颅内压，采取脑脊髓液进行理化检验和病理检查，或向脊髓腔内注入药液，进行特殊的治疗。

1. 穿刺部位

（1）腰椎穿刺部位。在最后腰椎和荐椎之间凹陷处，即腰十字部的“百会穴”位置（图4-17）。

（2）颈椎穿刺部位。在后头骨与第一颈椎或第一、二颈椎之间的脊上孔（图4-18）。

2. 穿刺方法 大动物站立保定，确实保定后躯，防止跳动；小动物横卧保定，并使其腰部稍向腹侧弯曲。颈椎穿刺时，应尽量使其头部向前下方屈曲，以充分暴露术部。术部剪毛消毒后，用拇指和中指握定针头，食指压定在针尾上，对准术部，按垂直方向缓缓刺入，待针穿透脊间韧带及硬膜进入脊髓腔时，手感阻力突然消失（如同穿透牛皮纸样的感觉），拔出针芯，脑脊液流出。穿刺完毕，插入针芯并用酒精棉压住穿刺孔周围的皮肤，然后拔出穿刺针，术部涂以碘酊。

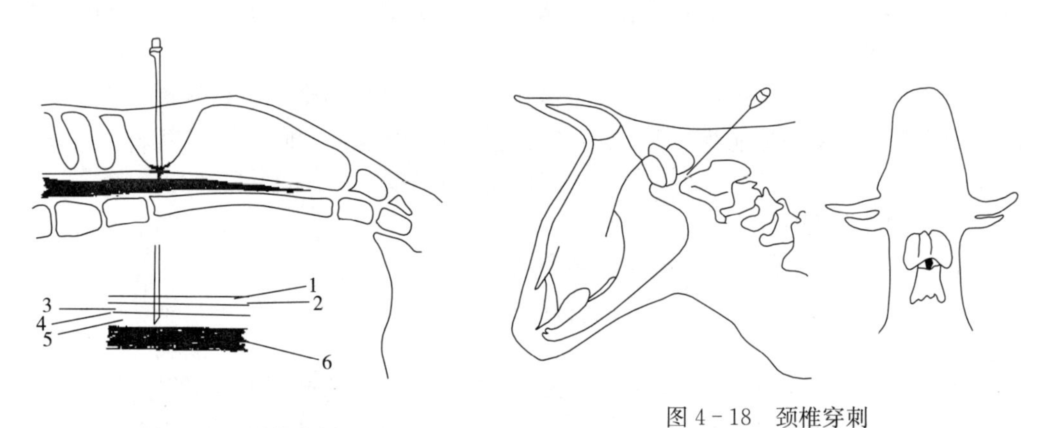

图4-17 腰椎穿刺

1. 脊膜 2. 脊髓腔 3. 脊髓 4. 脊蛛网膜
5. 蛛网膜下腔 6. 脊髓

图4-18 颈椎穿刺

3. 穿刺注意事项

（1）确实保定动物，穿刺过程中，如遇动物骚动不安时，应暂缓进针。

（2）操作中所用器械均要经过严格消毒，以免感染。

（3）穿刺不宜过深并切忌捻转穿刺针，以免损伤脊髓组织。

（4）对颅内压增高的病畜，排液速度不宜过快，排液量不宜过多，以免因椎管内压力骤减而发生脑疝。

技能2 冲 洗 术

（一）导胃与洗胃法

用一定量的溶液灌洗胃，清除胃内容物的方法即洗胃法，临床上主要用于治疗急性胃扩张、瘤胃积食、瘤胃酸中毒以及饲料或药物中毒，清除胃内容物及刺激物，避免毒物的吸收。

1. 动物保定 大动物于柱栏内站立保定，中、小动物可站立保定或在手术台上侧卧保定。

2. 冲洗准备 先用胃管测量从口、鼻到胃的长度，并做好标记。

3. 冲洗方法 导胃用具同胃管投药，但牛的导胃管较粗，内径应为2～4 cm。洗胃用36～39 ℃温水，根据需要也可用2%～3%碳酸氢钠溶液或石灰水溶液、1%～2%盐水、0.1%高锰酸钾溶液。此外，还应准备吸引器。

先用胃管测量从口、鼻到胃的长度，并做好标记。马是从鼻端到第14肋骨；牛是从唇至倒数第5肋骨；羊是从唇至倒数第3肋骨。马经鼻插入胃管，牛经口插入胃管进行导胃。

导胃时，将动物保定好并固定好头部，把胃管插入食管内，胃管到胸腔入口及贲门处时阻力较大，应缓慢插入，以免损伤食管黏膜。必要时灌入少量温水，待贲门弛缓后，再向前推送入胃。胃管前端经贲门到达胃内后，阻力突然消失，此时会有酸臭气体或食糜排出。如不能顺利排出胃内容物时，可接上漏斗，每次灌入温水或其他药液1 000～2 000 mL。利用虹吸原理，高举漏斗，不待药液流尽，随即放低头部和漏斗，或用抽气筒反复抽吸，以洗出胃内容物。如此反复多次，逐渐排出胃内大部分内容物，直至病情好转。

治疗胃炎时导出胃内容物后，要灌入防腐消毒药。冲洗完后，缓慢抽出胃管，解除保定。

4. 冲洗注意事项

（1）操作中动物易骚动，要注意人畜安全。

（2）不同种类的动物，应选择适宜长度和粗度的胃管。

（3）当中毒物质不明时，应抽出胃内容物送检。洗胃溶液可选用温开水或等渗盐水。

（4）洗胃过程中，应随时观察脉搏、呼吸的变化，并做好详细记录。

（5）每次灌入量与吸出量要基本相符。在动物胃扩张时，开始灌入温水使食糜膨胀，但不宜过多，以防胃破裂。瘤胃积食和瘤胃酸中毒时，要反复灌入大量温水，方能洗出瘤胃内容物。

（二）阴道及子宫冲洗法

阴道冲洗主要为了排出炎性分泌物，用于阴道炎的治疗。子宫冲洗用于治疗子宫内膜炎和子宫蓄脓，排出子宫内的分泌物及脓液，促进黏膜修复，以尽快恢复其生殖功能。

犬、猫的阴道冲洗

1. 冲洗方法 先充分洗净外阴部，而后插入开膣器开张阴道，即可用洗涤器冲洗阴道。如要冲洗子宫，先用颈管钳子钳住子宫外口左侧下壁，拉向阴唇附近。然后依次应用由细到粗的颈管扩张棒，插入颈管使之扩张，再插入子宫冲洗管，通过直肠检查确认冲洗管已插入子宫角内之后，用手固定好颈管钳子与冲洗管，然后将洗涤器的胶管连接在冲洗管上，将药液注入子宫内，边注入边排出，另一侧子宫角也用同样方法冲洗，直至排出液透明为止。

冲洗药液有温生理盐水、5%～10%葡萄糖、0.1%雷佛奴耳及0.1%～0.5%高锰酸钾等溶液，还可用抗菌药及磺胺类制剂。

2. 冲洗注意事项 操作过程要认真，防止粗暴，特别是在冲洗管插入子宫内时，需谨慎缓慢，以免造成子宫壁穿孔。不要应用强烈刺激性或腐蚀性的药物冲洗。冲洗液量不宜过大，一般500～1 000 mL即可。冲洗完后，应尽量排净子宫内残留的冲洗液。

（三）尿道及膀胱冲洗法

尿道冲洗和膀胱冲洗主要用于尿道炎及膀胱炎的治疗。目的是为了排除炎性渗出物和注入药液，促进炎症的治愈；也可用于导尿或采取尿液供化验诊断。本法对母畜操作容易，对公畜的难度较大。

1. 冲洗方法 根据动物种类及性别使用不同类型的导尿管，公畜选用不同口径的橡胶或软塑料导尿管，母畜选用不同口径的特制导尿管。用前将导尿管放在0.1%高锰酸钾溶液或温水中浸泡5～10 min，插入端涂布液状石蜡。冲洗药液宜选择刺激性或腐蚀性小的消毒、收敛剂，常用的有生理盐水、2%硼酸、0.1%～0.5%高锰酸钾、1%～2%石炭酸、0.1%～0.2%雷佛奴耳等溶液，也常用抗菌药及磺胺制剂的溶液，冲洗药液温度要与体温相等。注射器与洗涤器、术者的手和外阴部，以及公畜阴茎、尿道口均要清洗消毒。

（1）*母畜膀胱冲洗*。大动物于柱栏内站立保定，中、小动物在手术台上侧卧保定。助手将畜尾拉向一侧或吊起，术者将导尿管握于掌心，前端与食指平齐，呈圆锥形伸入阴道，先用手指触摸尿道口，轻轻刺激或扩张尿道口，适时插入导尿管，徐徐推进，当进入膀胱后，先排净尿液，然后用导尿管另一端连接洗涤器或注射器，注入冲洗药液，反复冲洗，直至排出药液透明为止。最后将膀胱内药液排出。当触摸识别尿道口有困难时，可用开膣器开张阴道，即可观察到尿道口。

（2）*公犬膀胱冲洗*。术者左手抓住阴茎，右手将导尿管经尿道外口徐徐插入尿道，并慢慢向膀胱推进。导尿管通过坐骨弓处的尿道弯曲时常发生困难，可用手指隔着皮肤向深部压迫，迫使导尿管末端进入膀胱，一旦进入膀胱内，尿液即从导尿管流出。冲洗方法与母畜相同（图4-19）。

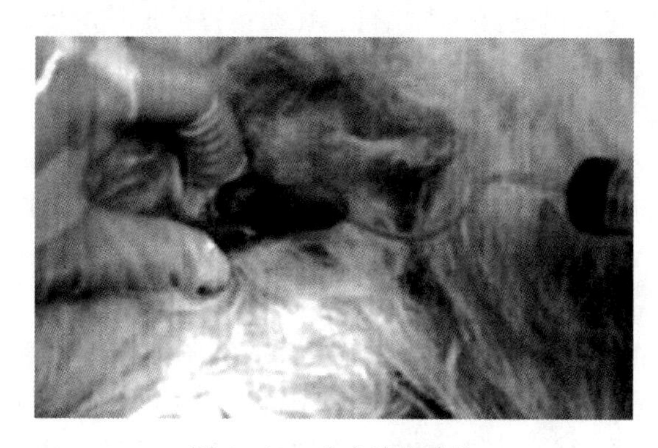

图4-19 公犬膀胱冲洗

2. 冲洗注意事项

（1）所用物品必须严格灭菌，并按无菌操作进行，以预防尿路感染。

（2）选择光滑和粗细适宜的导尿管，插管动作要轻柔，以防止粗暴操作损伤尿道及膀胱壁。

（3）插入导尿管时前端需涂润滑剂，以防损伤尿道黏膜。

（4）对膀胱高度膨胀且又极度虚弱的病畜，导尿不宜过快，导尿量不宜过多，以防腹压突然降低引起虚脱，或膀胱突然减压引起黏膜充血，发生血尿。

技能3 普鲁卡因封闭术

普鲁卡因封闭疗法是将一定浓度和剂量的普鲁卡因溶液，注射于机体一定部位的组织和血管内，从而达到治疗疾病目的的一种方法。普鲁卡因溶液可调节神经机能，并使其恢复正常的对组织和器官的调节作用，在炎症过程中可以使炎灶内血管收缩，渗出减少，疼痛减轻，促进炎症的修复，因而在兽医临床上得到广泛应用。封闭疗法临床上常用的有病灶周围封闭法和静脉内注射封闭法。其中病灶周围封闭法主要适用于创伤、烧伤、蜂窝织炎、乳房炎，以及各种急性、亚急性炎症等的治疗；静脉内注射封闭法适用于肠痉挛、风湿病、各种创伤、挫伤、烧伤、乳房炎的治疗。

（一）病灶周围封闭法

在病灶周围约2 cm处的健康组织内，分点注入0.25%～0.5%盐酸普鲁卡因溶液，所注药量以能达到浸润麻醉的程度即可，马、牛20～50 mL，猪、羊10～20 mL每天或隔天1次。为了提高治疗效果，可在药液中加入青霉素50万～100万IU，实践表明效果更佳。

本法常用于治疗创伤或局部炎症，但在治疗化脓创时需特别注意注射点不可距病灶太近，以免因注射而引起病灶扩展。

（二）环状分层封闭法

本法常用于治疗四肢蜂窝织炎初期，愈合迟缓的创伤及蹄部疾病。一般于四肢病灶上方3～5 cm处的健康组织上进行环状分层注射，前肢在前臂部及其下1/3处和掌骨中部，后肢在胫部及其下1/3处和跖骨中部。注射时，将针头刺入皮下再刺达骨膜，边注药边拔针，使药液浸润到皮下至骨的各层组织内，可分成3～4点注射。注射所用药量根据部位的直径大小而定，一般每次用0.25%盐酸普鲁卡因溶液100～200 mL，注射时应注意局部解剖结构。不要让针头损伤到较大的神经和血管。

（三）交感神经干胸膜上封闭法

交感神经干胸膜上封闭法是将普鲁卡因溶液注入胸膜外、胸椎下的蜂窝组织里，以浸润通向腹腔和盆腔脏器的交感神经而使其麻醉，控制腹腔及盆腔器官手术后炎症的发展，以及治疗这些器官的炎症，如腹膜炎、胃炎、子宫炎、膀胱炎、睾丸炎、去势后并发症、胃扩张、痉挛疝、肠臌气等。

病畜取站立保定，穿刺的术部在最后肋骨前缘，马在第18肋骨前缘，牛在第13肋骨前缘，背最长肌和髂肋肌的间隙里，剪毛消毒以后，用长12 cm的穿刺针头刺透皮肤，然后将针头与水平面呈30°～35°角刺向椎体，抵达椎体后，稍稍抽回针头，将针头略为立起5°～10°再向椎体下方推进少许，不见由针头流出血液，没有空气被吸入胸膜腔，证明针头确实在胸膜上即可注射药物。马和牛用0.5%的盐酸普鲁卡因按每千克体重0.5 mL计算总量，左、右两侧各注1/2。猪用0.5%的盐酸普鲁卡因溶液按每千克体重2 mL计算。

（四）腰部肾区封闭法

腰部肾区封闭法是将盐酸普鲁卡因溶液注入肾周围脂肪囊中，通过浸润麻醉肾区神经丛来治疗疾病的方法。临床上适用于治疗各种急性炎症，如创伤、蜂窝织炎、腱鞘炎、黏液囊炎、关节炎、溃疡、去势后水肿、精索炎等。此外，对胃扩张、肠臌气、肠便秘亦有效果。

进行腰部肾区封闭时，要严格消毒，马腰部肾区封闭的部位是左肾区在第一腰椎横突与最后肋骨之间，距背中线 8～10 cm；右肾区在第 18 肋骨前面，距背中线 10～12 cm 处，穿刺时用 10～12 cm 长的穿刺针头垂直刺入。左侧平均深度为 8 cm，右侧平均深度为 5～6 cm。针头到达肾区脂肪囊以后，拔出针芯不应有血液流出，这时可先试注少量药液，注射如注到皮下一样不应有阻力，分离针头与针筒，残留在针头内的药液不会被吸入，这时可注入温的 0.25%盐酸普鲁卡因溶液，马、牛的用量为每千克体重 1 mL/kg，总量不要超过 600 mL。注射速度要慢，每分钟约 60 mL。注射可选在一侧进行，也可分注在两侧，或者两侧交替进行，两次注射间隔 5～10 d。

牛腰部肾区封闭一般在右侧进行，术部选在最后肋骨与第一腰椎突之间，或在第一、第二腰椎之间，从横突末端向背中线退 1.5～2.0 cm 作为刺入点，刺入深度平均为 8～11 cm。

（五）静脉封闭法

静脉封闭法将普鲁卡因溶液注入患畜的静脉内，药物作用于血管内壁感受器而达到封闭治疗疾病的目的。静脉封闭法的注射部位、注射方法与一般的静脉注射法相同。临床上适用于马急性胃扩张、蹄叶炎、风湿症，牛乳房炎、创伤、烧伤、化脓性炎症和过敏性疾病。一般选用 0.1%普鲁卡因生理盐水缓慢注入，每分钟 50～60 滴为宜。马、牛用量为 100～200 mL，猪、羊为 20～50 mL。

在静脉封闭过程中，要密切注视患畜在注射后的表现，以便采取相应处理措施。如有些动物注射后呈兴奋状态，表现为脉搏加速、竖耳、刨地、不安或惊恐等；多数动物注射后呈抑制状态，表现为精神沉郁，站立不动，垂头闭眼等，以上表现多为药物作用的正常反应，一般不需处理，不久即可自行恢复。但是有个别动物在注射后会出现呼吸抑制、呕吐、出汗、黏膜发绀、瞳孔散大或惊厥等过敏反应，就应该立即给患畜皮下注射盐酸麻黄碱或静脉注射硫喷妥钠溶液进行救治。此外，为了防止此类过敏反应的发生，也可以在每 100 mL 的 0.1%普鲁卡因溶液中加入维生素 C 0.1 g。

（六）骨盆神经封闭法

骨盆神经封闭是将盐酸普鲁卡因溶液直接注入骨盆部结缔组织间隙内骨盆神经丛附近，通过浸润麻醉骨盆神经丛来治疗盆腔器官的急慢性炎症，临床上应用于子宫脱、阴道脱、直肠脱或上述各器官的急慢性炎症的治疗及其脱垂时的整复手术。

病畜站立保定，针刺部位在第三荐椎棘突顶点，两侧旁开一掌（5～8 cm）处，剪毛、消毒后，用长 12 cm 的封闭针垂直刺入皮肤后，以与刺入点外侧皮肤呈 55°由外上方向内下方进针，当针尖达荐椎横突边缘后，将进针角度稍加大，沿荐椎横突侧面穿过荐坐韧带（手感似刺破硬纸）1～2 cm，即达骨盆神经丛附近。此时可以注入 0.25%普鲁卡因溶液，剂量为每千克体重 1 mL。大动物需要注入药液总量大，需要分成左右两侧注射，每隔 2～3 d 注射 1 次。同时，可以在普鲁卡因溶液中加入青霉素 80 万～100 万 IU，以免感染。

（七）尾骶封闭法

尾骶封闭是将盐酸普鲁卡因溶液直接注入直肠与荐椎之间的尾骶处，通过药物作用于该部位的腰荐神经丛、阴部神经和直肠后神经来治疗盆腔器官的急慢性炎症，临床上用于子宫脱、阴道脱、直肠脱或上述各器官的急慢性炎症的治疗及其脱垂时的整复手术。

病畜站立保定，将尾部提起。刺入部位在尾根与肛门之间的三角区中央，即为中兽医中的后海穴。局部消毒后，用长 15～20 cm 的针垂直刺入皮下，将针头稍向上翘并与荐椎呈平行方向刺入。先沿正中方向边注边拔针，然后再分别向左右方向各注入一次，使药液呈扇形分布。所用药液的量，大动物一般为 0.25%普鲁卡因液 150～200 mL，猪、羊为 50～100 mL。

（八）穴位封闭法

穴位封闭是将盐酸普鲁卡因溶液直接注入患畜的抢风、百会、大胯等穴位，临床上用于马、牛、羊、犬等动物四肢的扭伤、风湿、类风湿等疾病。

病畜要确实保定，术者首先找准穴位，局部剪毛、消毒，依据不同穴位注入不同浓度的普鲁卡因溶液，刺入穴位后注入药液即可。为了确保疗效，可在盐酸普鲁卡因溶液中加入强的松龙、丹参（复方丹参）注射液、青霉素等药物。每天 1 次，连用 2～3 d即可。

技能 4　输氧疗法

输氧疗法是通过给病畜吸入高于空气中氧浓度的氧气，来提高病畜肺泡内的氧分压，达到改善组织缺氧目的的一种治疗方法。输氧疗法在兽医临床上主要用于急救。适用于任何原因引起的缺氧，如因呼吸系统疾病影响肺活量的患畜，心功能不全使肺部充血而引起的呼吸困难，各种中毒引起的呼吸困难，中枢神经性疾病引起的昏迷，外科手术及分娩时出现的大出血、休克，以及过度全身麻醉引起的呼吸麻痹等。

（一）输氧治疗方法

1. 3%过氧化氢静脉注射输氧法　新鲜 3%过氧化氢，用 10%～25%葡萄糖溶液稀释至 1/10 使其浓度达到 0.3%，供马属动物用；牛、羊等动物，在使用过氧化氢给氧时浓度不可超过 0.24%。稀释后的过氧化氢溶液，按照马每千克体重 5.0 mL、牛每千克体重 2.0 mL，其他动物每千克体重 1～2 mL 进行静脉注射，每天 2～3 次。溶液要现用现配，避免久置。

应用过氧化氢供氧的机理是当它与组织中的酶类相遇时，立即分解出大量氧为红细胞所吸收，从而增加血液中的可溶性氧。临床试验证明，除用法错误而发生溶血外，一般无任何毒性反应和气体栓塞现象。此种给氧方法，为基层抢救危重病畜提供了简便有效的给氧途径。

2. 鼻导管输氧法

（1）输氧装置。输氧装置见图 4－20。

① 氧气筒。为柱形无缝钢筒，顶端设总开关以控制氧气的输出量，侧边有与氧气表相连的气门，是氧气从筒中输出的途径。

② 压力表。从表上的指针能测知筒内氧气的压力，压力越大，则说明氧气贮存量越多。

③ 减压器。是一种弹簧自动减压装置，用于降低来自氧气筒内的氧气压力，使氧流量平衡，保证安全，便于使用。

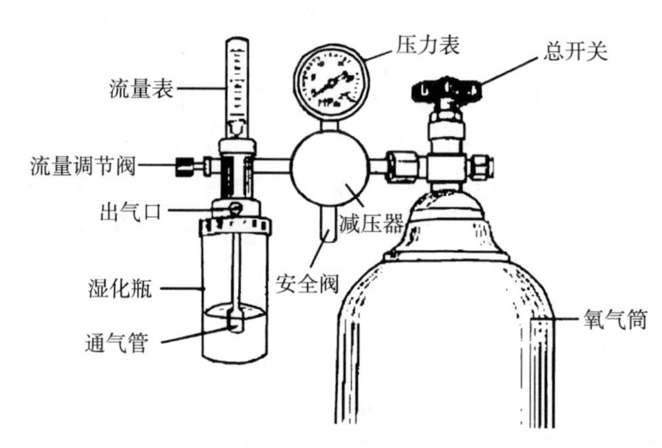

图 4-20 输氧装置

④ 流量表。用于测量每分钟氧气流出量，流量表内装有浮标，当氧气通过流量表时，即将浮标吹向上端平面所指刻度，测知每分钟氧气的流出量。

⑤ 湿化瓶。瓶内装入 1/3 或 1/2 的冷开水，通气管浸入水中，用于湿润氧气，以免呼吸道黏膜被干燥氧气刺激，出气管和鼻导管相连。

⑥ 安全阀。由于氧气表的种类不同，安全阀有的在湿化瓶上端，有的在流量表的下端，当氧气流量过大、压力过高时，内部活塞即自行上推，使过多的氧气由四周小孔流出，以保证安全。

（2）输氧方法。打开氧气筒总开关及流量表，检查氧气流出是否通畅，以及全套装置是否适用。根据动物个体大小选择粗细不同的橡皮鼻导管，一端连接湿化瓶上的玻璃管，一端插入动物鼻孔内并适当固定，打开总开关，输氧过程中观察病畜心跳、脉搏、血压、精神状态、皮肤颜色、温度与呼吸方式等有无改善来衡量效果，还可测定动脉血气分析判断疗效，选择适当的用氧浓度。停氧时，应先分离鼻导管接头，再关流量表开关，以免大量气体冲入呼吸道损伤肺组织。

3. 皮下管输氧法 把氧气注入肩后或两肋皮下疏松结缔组织中，通过皮下毛细血管内红细胞逐渐吸收而达到输氧的目的。

操作方法是将注射针头刺入皮下，把氧气输入导管和针头相连接，打开流量表的旁栓或氧气筒上的总阀门，则氧气输入，皮肤逐渐鼓起，待皮肤比较紧张时停止输入。如一次注入量不足，可另加一处。牛、马 6～10 L，中小动物 0.5～1 L，输入速度为每分钟 1～1.5 L，皮下给氧后一般于 6 h 内被吸收。

（二）输氧治疗注意事项

（1）为保证安全，输氧时病畜需妥善保定，氧气筒与病畜保持一定的距离，周围严禁烟火以防燃烧和爆炸。

（2）输氧导管宜选用便于穿插、较为细软的橡皮管，以减少对鼻、咽黏膜的刺激。给氧前应检查导管是否通畅，并清洁病畜鼻腔。

（3）搬运氧气筒不许倒置，不许剧烈震动，附件上不许涂油类。

（4）吸入氧气时，其流量的大小应按病畜呼吸困难的改善状况进行调节；皮下给氧时，不能把氧气注入血管内，以防形成气栓。

技能5 输血疗法

机体血液具有维持细胞内外的平衡、运输各种营养物质、调节酸碱平衡以及参与机体免疫防御的功能，动物在大失血、大出血、休克或衰竭时，通常要输注一定容量的血液给予补充，这就是输血疗法。输血是现代医学常用的急救和治疗措施，目前在兽医临床上已成为救治动物的一种有效措施。少量输血对机体有止血作用，大量输血则可以补充血浆蛋白、维持血液胶体渗透压、增加血容量、改善血液循环、增强细胞携氧能力，同时能增强机体抗感染能力和解毒能力。

输血疗法适用于大失血及各种原因引起的贫血的治疗，通过输血不仅可以有效维持循环血量，增强携氧能力，还有助于改善心脏机能；对于患白细胞、血小板减少症的病畜，输入新鲜血液，可刺激造血机能，纠正机体凝血机制；同时对于严重烧伤、营养性衰竭、败血症、持久和剧烈腹泻引起的体液大量丧失，输血不仅能补充血容量，还能及时补给γ球蛋白，提高机体抵抗力。

（一）血型与采血

1. 血型 各种家畜血型差别很大，马有8种血型；牛有12种血型、80种以上的血型因子；猪有15种血型、40种以上的血型因子；犬有8种血型，猫有3种血型，兔有1种血型，水貂有4种血型。

在理论上，输血时应输以同型血液或相同血液。那么，由于不同家畜有多种不同的血型，势必给配血工作造成很大困难，从而使输血疗法无法推广应用。但是临床实践证明，这种担心是多余的，因为家畜血液中天然存在的同种抗体并不像人类那样普遍，红细胞表面的抗原性也较弱，在给家畜输血时真正发生抗原和抗体反应的并不多见。各种动物首次输血都可以选用任何一个健康、成年、无传染病和血液寄生虫病、未孕、无体质过敏的同种动物作为供血者，而不必考虑它与受血者的血型是否相符，通常都不会发生严重危险。而无论何种动物，受血后都能在3～10 d内产生免疫抗体，如果此时又以同一供血动物再次供血，则容易产生输血反应。鉴于此，临床上常常对需多次或大量输血的动物，准备多个供血动物，并把重复输血的时间缩短在3 d以内。

一般对牛、马的第一次输血，即使不进行血液相合试验也多无危险，但是并不能保证万无一失。不同型血液在输血时可能造成血液凝集、溶血现象，使动物发生不良反应，严重时引起死亡。所以，在输血前应对供血动物与受血动物进行血液相合试验。

2. 采血 将抗凝剂（4%的枸橼酸钠溶液，10%的氯化钙或10%的水杨酸钠溶液等），置于灭菌的贮血瓶内，随后从供血动物颈静脉采血，应使血液沿瓶壁流入，并轻轻晃动贮血瓶，使血液与抗凝剂充分混合，以防血液凝固。4%的枸橼酸钠溶液、10%的氯化钙与血液比例应为1∶9，10%水杨酸钠溶液与血液比例为1∶5。健康大动物一次的采血量为每千克体重8～10 mL，牛、马一次可采血2 000 mL左右，犬的采血量为每千克体重10～20 mL，体重15 kg的犬可采血200～250 mL。

（二）血液的相合检验

1. 交叉配血试验（玻片凝集反应）

（1）预选供血动物（同种、同属、年轻体壮的健康动物）3～5头，各静脉采血

1～2 mL，以生理盐水做 1/10～1/5 倍稀释。

（2）采受血动物的血液 5～10 mL 于试管内，室温下静置或离心分离血清，也可加 4%枸橼酸钠 0.5 mL 或 1 mL，采血 4.5 mL 或 9 mL，混合后，离心取上层血浆备用。

（3）用吸管吸取受血动物血清（或血浆），于每一玻片（每一供血动物要用一张玻片）上各滴两滴，立即用另一吸管吸取供血动物血液稀释液，分别加一滴于血清（或血浆）内。

（4）用手轻轻晃动玻片，使血清（或血浆）与血液稀释液充分混合，在大约 20 ℃的室温下，静置 10～15 min，观察红细胞凝集反应结果。

（5）判定结果。红细胞呈沙砾状凝块，液体透明，显微镜下红细胞彼此堆积在一起，界限不清者为阳性反应，不能用于输血。玻片上液体呈均匀红色，无红细胞凝集现象，显微镜观察，每个红细胞界限清楚，无凝集现象者为阴性反应，可用于输血。

（6）注意事项。试验时室温以 18～20 ℃为宜，过低（8 ℃以下）或过高（24 ℃以上）均会影响试验结果的准确性；观察时间不能超过 30 min，以免液体蒸发而发生假凝集；必须用新鲜而无溶血现象的血液；所用玻片、吸管等器材必须清洁。

2. 血液的生物学试验 血液的生物学试验是检查血液是否相合的可靠依据。

试验时，首先检查动物的体温、呼吸、脉搏、黏膜色泽等，然后抽取供血动物一定量的血液注入受血动物静脉内，马、牛可注入 100～200 mL，中小家畜 10～20 mL，过 10 min 后，若受血动物无异常反应，如不安、脉搏加快、呼吸困难、肌肉震颤等，则可进行输血。若出现上述反应，即为血液不相合，不能用该供血动物进行输血。

另外，在对牛进行输血时，因其反应较迟钝，所以在生物学试验中需静脉注射两次，每次输入 100 mL，间隔 10～15 min，若不出现反应，即可输血；若出现不良反应，应更换供血动物。

3. 三滴试验法 吸取 4%枸橼酸钠 1 滴于清洁干燥的玻片上，再在上面滴供血动物和受血动物的血液各 1 滴，轻轻吹动使其混匀，观察有无凝集反应。若无凝集反应表示血液相合，可以输血；如有凝集反应，则表示血液不合，不可输血。

（三）输血方法

1. 全血输血 全血是指血液的全部成分，包括血细胞及血浆中的各种成分。将血液采入含有抗凝剂或保存液的容器中，不做任何加工，即为全血（图 4 - 21）。分新

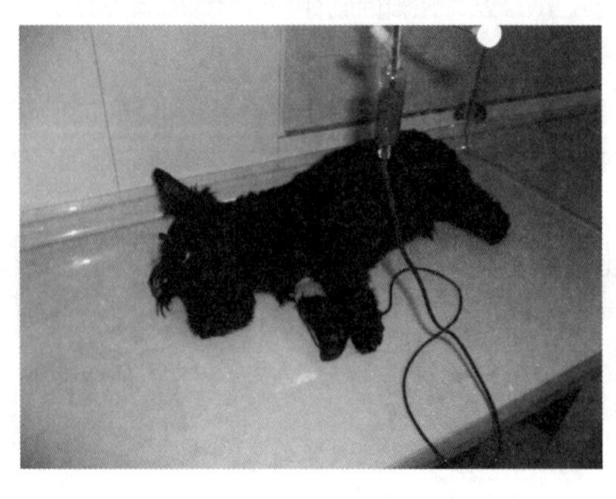

图 4 - 21 犬全血输血治疗

鲜全血和保存全血，血液采集后24 h以内的全血称为新鲜全血，各种成分的有效存活率在70%以上；将血液采入含有保存液容器后尽快放入（4±2)℃冰箱内，即为保存全血。保存期根据保存液的种类而定。

2. 血液成分输血 随着医学和科学技术的进步，近年来由于血液成分分离机的广泛应用以及分离技术和成分血质量的提高，输血疗法已由原来的单纯输全血，发展成为血液成分输血。血液成分通常是指血浆蛋白以外的各种血液成分制剂，包括红细胞制剂、白（粒）细胞制剂、血小板制剂、周围造血干细胞制剂、血浆制剂和各种凝血因子等由血液分离出的血液成分。

血液成分输血是将全血制备成各种不同成分，供不同用途使用的一种输血方法。这样既能提高血液使用的合理性，减少不良反应，又能一血多用，节约血液资源。该方法国外在小动物应用较多，国内也有报道，反映良好。因此，可在珍贵动物或宠物上应用，然后再进行推广，也是今后兽医临床输血技术发展的方向。

3. 特殊方式的输血

（1）亲缘之间输血。近年来，人们对动物亲缘关系（主要指母子或母女关系）之间能否任意输血，输血后能否发挥正常的输血效果，对受血者是否产生不良影响等问题进行了一系列研究，其目的主要是研究在紧急情况下当幼畜因某种原因需要输血时，母畜作为供血者的安全性。研究表明，具有母女关系的牛之间输血不仅可行，而且在某些方面还显示出积极的作用。从母牛体内采血1 L输给亲生小母牛后24 h、48 h、72 h检查，其血红蛋白明显升高，同时发现输血后血浆肌酐水平接近正常，说明输血后对肾功能无不良影响，其他血液学指标也均在正常范围之内。临床反应方面，输血后进行体温、呼吸频率和心搏数的检测。发现只是在输血之后呼吸频率有所增加，心搏数暂时稍减少，其他指标正常。可见具有母女关系的牛之间输血属于相合性输血，是能达到输血治疗要求和目的的。

（2）自身输血。自身输血收集患畜自身的血液，并将之用于患畜自身输注，以达到输血治疗的目的。临床实践证明这是一种安全、可靠、有效、经济的输血方法。

自身输血具有以下优点：可以杜绝输血引起的传染性疾病的传播，如病毒性肝炎、犬瘟热等；可以杜绝红细胞、白细胞、血小板以及蛋白质抗原产生的同种免疫反应；可以杜绝由于免疫反应导致的溶血、发热、变态反应等；术前多次采血，可以刺激红细胞再生；省略输血前配血交叉试验；血源有困难的地方，可避免寻找同种血型。

（四）自家血疗法

自家血疗法又称自体血液疗法，即从患畜的血管内采取一定量血液，立即回注到其特定部位或病灶周围健康组织的皮下，从而用来治疗疾病的一种方法。

自体血液疗法是一种蛋白刺激疗法，它兼有自体血清和自体疫苗的作用，可促进机体的免疫功能。同时，自体血液的注射对机体可起到积极的刺激作用，尤其对中枢神经系统的刺激作用更强，从而引起机体抵抗力和防御能力的增强，是一种特殊的非特异性治疗方法，在外科临床上用以治疗皮肤病、感染性疾病、某些眼病、淋巴结炎、睾丸炎、肌肉风湿等。

自家血疗法具体的操作方法因患畜种类的不同而异，一般是在严格的消毒下，从颈静脉（马、牛等）或后肢外侧隐静脉（犬）采血。为了防止凝血，可以先在注射器内吸入少量抗凝剂。采血量的多少应根据动物大小及病灶范围确定，一般在治疗马、牛等大动物的角膜炎、结膜炎时，可采血 5～10 mL。采血后应立即将血液回注到患畜的指定部位，如较为常见的颈部皮下或者病灶周围健康组织的皮下。注射完毕，局部消毒处理。每隔两天注射一次，可以连续治疗 4～5 次。

近年来，有些临床兽医工作者采用普鲁卡因自体血液疗法，同时配合使用抗菌药物，来治疗患畜的眼病，效果也非常理想。洪开祥用 0.25%～0.5%盐酸普鲁卡因和青霉素，配合自体血液注射治疗 6 例牛的外伤性角膜炎，全部治愈。刘勇等、李国忠等、周新民等都用相似或相同的方法治疗不同动物的角膜炎，也获得理想效果。

自体血液疗法没有严格的禁忌证，但是对于高热病畜、网状内皮系统有明显抑制的病畜不宜使用。

该疗法虽然在兽医临床上已经有了很长的应用历史，但时至今日，也没有完全阐明其作用机理，因而极大地限制了它的发展，这还有待于广大的兽医科研人员和临床工作者不断地探索、总结，从而为这一传统疗法的发展、完善而做出应有的贡献。

（五）输血不良反应及防制

1. 溶血反应 若输入大量不相合的血液，尤其是第一次输血 7 d 后第二次输血时，会引起严重的溶血反应。病畜在输血过程中会突然出现不安，呼吸、脉搏频数，肌肉震颤，不时排尿、排粪，高热、尿中出现血红蛋白，可视黏膜发绀，休克。猪在鼻盘、腹侧、臀部出现紫癜，全身发抖、咳嗽、呕吐、精神沉郁、血尿等。一般牛、马多在输入血液 200 mL 时、猪在输入血液 10～100 mL 时出现反应。

当在输血过程中出现溶血反应时，应该立即停止输血，改用 5%～10%葡萄糖或生理盐水等，随后再注入 5%碳酸氢钠溶液，皮下注射 0.1%盐酸肾上腺素 5～10 mL（马、牛）。出现血红蛋白尿时，可用 0.25%普鲁卡因溶液进行双侧肾区封闭。肝功能不全时，还需要注射 B 族维生素、维生素 C、维生素 K 等。

2. 发热反应 在输血期间或输血后 1～2 h 内体温升高 1 ℃以上并有发热症状，称为发热反应。主要是由抗凝剂或输血器械中含有的致热原所致，轻者只发生短时间体温升高，猪可出现呕吐，多在输血后 12 h 内消失。重者表现恶寒战栗，食欲废绝，体温升高持续 2～3 d。

为防止动物出现发热反应，要严格执行无菌和无致热原技术。在 100 mL 血液中加入 2%普鲁卡因溶液 5 mL 或氢化可的松 50 mg。反应严重者，停止输血，并肌内注射盐酸哌替啶或盐酸氯丙嗪，或者两者合用。

3. 过敏反应 可能因输入的血液中含有致敏物质，或因多次输血后体内产生过敏性抗体所致，个别情况也可能是一种对蛋白过敏的反应现象。病畜主要表现为呼吸急促、痉挛，皮肤上出现荨麻疹等症状，甚至发生过敏性休克，此时应停止输血，肌内注射苯海拉明、扑尔敏等抗组胺的药物，并用钙剂等解救。

（六）输血疗法注意事项

（1）输血过程的一切操作均需严格遵守无菌操作规程。

（2）每次输血前要做生物学试验，以免出现较严重的输血反应。

（3）采血时，要注意所用抗凝剂与所采血液的比例。采血和输血过程中，要轻轻摇动贮血瓶，防止出现血凝块、破坏血细胞和产生气泡。

（4）在输血过程中，要严防空气注入血管，密切注意病畜表现，若出现异常反应，应该立即停止输血。

（5）输血时，血液不需加热，否则容易造成血浆中的蛋白凝固或变性及红细胞被破坏。

（6）在使用枸橼酸钠作为抗凝剂输血时，由于枸橼酸钠进入血液后很快与钙离子结合，致血液中游离钙下降，因此输血后应立即补充钙剂，以防止血钙降低导致心肌机能障碍。

（7）严重溶血的血液，不宜应用，应废弃。

（8）在输血前要对病畜及供血动物做详细的病史调查，尤其要询问有无输血史。第一次输血后于3～10 d内产生抗体。如果反复输血，可间隔24 h后进行，但是一般只能重复3～4次。输血主要用于牛、羊、马、犬。一般不用种公牛（马）的血液给已配的母牛（马）或待配的母牛（马）输血，以防新生仔畜发生溶血性疾病。

技能6 雾化吸入术

雾化吸入治疗是将药物或水经吸入装置分散成悬浮于气体中的雾粒或微粒，通过吸入的方式沉积于呼吸道和（或）肺部，以缓解支气管痉挛、稀化痰液、防治呼吸道感染，从而达到呼吸道局部治疗的目的。

雾化治疗是过敏性或感染性鼻炎和副鼻窦炎、咽炎、喉梗阻、感染性喉炎、上呼吸道感染、气管炎、支气管炎、毛细支气管炎、支气管哮喘、支气管扩张、细菌性或病毒性肺炎、吸入性肺炎、急性呼吸衰竭等呼吸道疾病的辅助治疗方法。

（一）雾化吸入治疗方法

（1）雾化器组装时取下药杯开盖，检查药杯是否完好，在药杯中加入配好的药液，在水箱中加入350 mL净水使浮子浮起，盖好盖子，连好管道及面罩，接通电源，检查机器是否正常运转，调整时间、雾量和风挡，直到满足需要。

（2）宠物适当保定，最好由宠物主人保定。

（3）将雾化器所连接面罩放至口部，雾化器设定时间，调整雾气量和风挡，一般雾化吸入时间为20～30 min/次，1～2次/d（图4-22）。

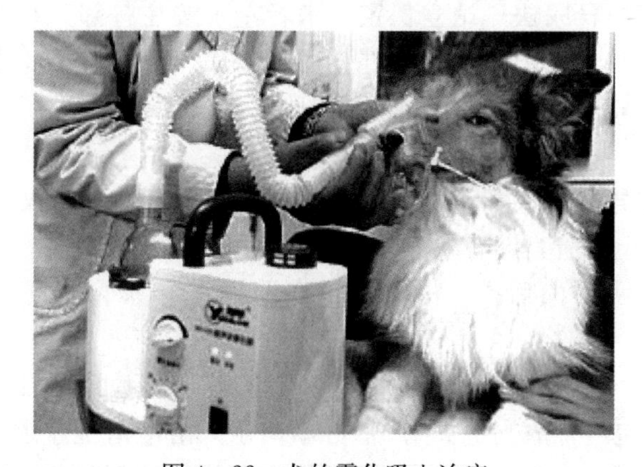

图4-22 犬的雾化吸入治疗

（4）治疗完毕，将雾化器所用管道、面罩、药杯等取下，用季铵盐类消毒剂（1∶400稀释）或84消毒剂（1∶200稀释）清洗消毒，然后擦拭干净，装箱。

（二）雾化吸入治疗注意事项

（1）雾化吸入的药物需选择无强烈刺激性，pH6～8，中性或近中性，不易发生过敏反应的药物。根据不同病症，不同治疗目的选择不同的药物。

（2）使用皮质类固醇雾化吸入给药后，要注意清洗动物面部和口腔，防止接触药物的局部发生真菌感染。

（3）雾化吸入给药在治疗呼吸道疾病中是重要的辅助疗法，动物全身给药仍然是主要的治疗方法，这一点一定要明确，不可本末倒置。

（4）雾化吸入过程中若出现咳嗽或痰液堵塞气管的现象，应先停止雾化，待其咳出痰液后再开始雾化，以防止呛咳、窒息。

（5）雾化量不宜过大，雾化时间不宜过长，以免引起水中毒。

（6）雾化过程中若出现剧烈挣扎、反复咳嗽，应考虑药物刺激性过大或有过敏现象，应根据实际情况更换药物。

（7）注意消毒，避免雾化器的污染和交叉感染，药液每次都要现用现配，每次雾化治疗后，面罩、连接管、雾化罐均用消毒液浸泡后再用水冲净，晾干备用。

技能7　导尿术

（一）导尿术适应证

（1）在不能通过经皮的膀胱穿刺术获取标本时，用导尿术收集用于分析或细菌培养的尿液。

（2）直接经膀胱内给药或X线造影剂。

（3）提供封闭式的连续尿液引流（如需要仔细监测尿液排出时）。

（4）清理尿道阻塞。

（二）导尿术准备

将导尿管、注射器和其他用具煮沸消毒，也可用0.1%新洁尔灭溶液或0.1%高锰酸钾溶液中浸泡5～10 min，前端蘸上液状石蜡，术者手臂清洗消毒。

（三）导尿术方法

1. 大动物母畜的导尿法　站立保定，术者左手按住臀部，右手将导尿管握于掌心，前端与食指同长，手呈圆锥形伸入阴道（大动物15～20 cm），先用手指触摸尿道口，轻轻刺激或扩张尿道口，伺机插入导尿管，将其慢慢推进膀胱，尿液即可自然流出。

犬、猫导尿术

2. 母犬、母猫导尿法　术者用左手拨开母犬阴唇，右手持犬用导尿管或缓慢插入尿道后，然后插至膀胱，即有尿液排出。母猫可用公猫导尿管，首先在阴道穹隆处局部麻醉，并拉住阴唇向后推，沿着阴道底壁插进导尿管入尿道开口。母猫导尿容易。

3. 公犬导尿法　仰卧保定，必要时镇静或麻醉，助手将两后腿向上拉开呈屈曲状态，并一手翻开包皮，露出龟头用0.1%新洁尔灭溶液清洗尿道外口，犬用导尿管前端涂少量液状石蜡，与腹壁呈45°角插入尿道，缓慢插至膀胱，即有尿液排出，收集尿液，以后进行冲洗（图 4－23）。

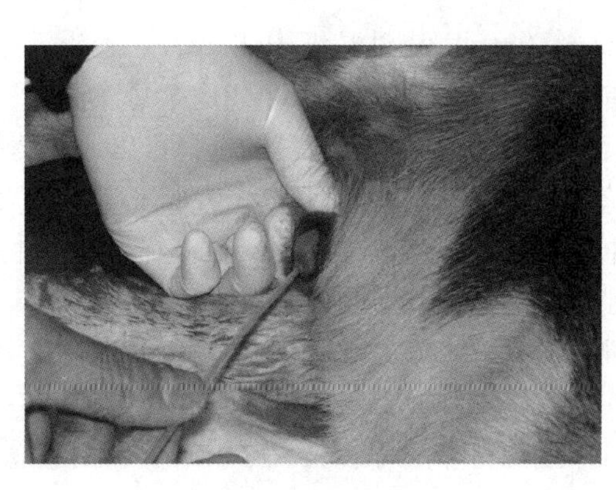

图 4－23　公犬的导尿术

4. 公猫导尿法　导尿前应镇静或麻醉，仰卧保定，两后腿拉向前方，将阴茎鞘向后推，从中拉出阴茎，清洗消毒，在尿道开口处插入导尿管，轻轻推入膀胱。插管时，不能强行插入，可先注射生理盐水 3～5 mL 于尿道内，冲洗尿道中的阻塞物以使导尿管容易通过尿道进入膀胱。

（四）导尿术注意事项

（1）严格无菌操作，以防感染。

（2）选择光滑和粗细适合的导尿管，动作要轻以免损伤尿道黏膜。

（3）当膀胱高度膨胀而病畜极度衰弱时，第一次放尿量不应过大。因为大量放尿，腹腔压力突然降低，血液大量滞留在腹腔血管中，导致血压下降；膀胱内压力突然减低，引起膀胱内黏膜急剧充血而发生血尿。

技能 8　腹膜透析疗法

（一）腹膜透析法基础

腹膜透析法将平衡电解质液体注入腹腔，2 h 后再排出。这种方法对于清除体内的尿素、苯巴比妥、铊等多种有毒物质有效。但操作时必须注意无菌，并进行必要的除毛等术前准备。

腹膜透析是治疗急、慢性肾衰的主要的肾替代疗法。腹膜是一种面积庞大的半透膜。腹膜透析的效能与透析物质的浓度梯度差、透析液容量和流速、透析液在腹腔内的停留时间、透析液与腹膜接触的面积、透析液的温度、透析液内葡萄糖的浓度等有直接关系。透析液温度超过 37 ℃，则腹膜对低分子物质的廓清比例随温度的升高而增大。本疗法适于急性、慢性肾衰竭及抢救重症药物中毒时。对于心脏衰竭、肺水肿的抢救可以使用 4.25％的葡萄糖透析液；对于轻、中度的心脏衰竭，可以选用 2.5％葡萄糖透析液。市售的透析液中含有 1.5％、4.5％及 7％的葡萄糖。

腹膜透析的并发症有机械性并发症、代谢性并发症及腹膜炎等。机械性并发症有导管阻塞引起的排液障碍（可以通过改变导管的方向、注入肝素 5 mg 或尿激酶 5 000～10 000 IU来改善）、腹痛（通过减慢排液速度、降低透析液渗透压、调整透析液 pH 和温度及在透析液中加入 1％～2％利多卡因 3～10 mL 来改善）。代谢性并发症主要有水过多或肺水肿（可以通过控制水量、通畅引流和调整透析液比例来改善）、高渗性脱水和反应性低血糖（通过降低透析液的渗透压来改善，停止透析时出现低血糖可通过滴糖或投给食物来解决）、低蛋白血症（透析丢失，特别是腹膜炎时更易出现低蛋白血症，可在饮食中提高蛋白质的摄入量）、低钾血症（由患病宠物不食、呕吐、腹泻而致，可以通过投给含钾透析液来改善心脏功能）。腹膜炎是透析中最常发生的并发症，影响透析的疗效和病死率，可以由细菌、真菌及代谢性化学毒物（内毒素）引起，当透析液不清亮、含有蛋白物质时，通过透析液检查（白细胞数>

100个/mm^2、中性粒细胞达50%、透析液中细菌、真菌培养阳性）来确诊，治疗时首先用透析液快速冲洗3～4次，每次200～2 000 mL，待透析液清亮后，用混有抗生素的透析液透析，抗生素的选择可以通过药敏试验，也可以根据经验。革兰氏阳性菌感染时，可以应用头孢唑啉0.25 g/L，或万古霉素首次0.05 g/L，维持量15 mg/L；革兰氏阴性菌感染时，投给氨基糖苷类药物如链霉素，首次每千克体重1.5 mg/kg；绿脓杆菌感染时投给庆大霉素、妥布霉素；厌氧菌感染时投给甲硝唑。腹腔感染时纤维蛋白增多，可加入肝素3～5 mg以防止透析管阻塞，必要时应用尿激酶5 000～10 000 U封管；真菌性腹膜炎时，多为白色念珠菌和酵母菌感染，长期应用抗生素或机体抵抗力降低时出现，可以培养出白色念珠菌，在迅速冲洗2～3次后，透析液中加入两性霉素B 0.5～1 mg/L，或应用5-氟尿嘧啶0.2 g腹腔注射，维持为0.005～0.1 g/L。通常在良好的无菌条件下及采用闭锁式排液法时极少发生。腹膜透析液的配方见表4-8。

如果没有透析液而紧急需要时，可以按下面的配方进行配制：

NaCl 1 000 mL+10%葡萄糖500 mL+5% $NaHCO_3$ 70 mL（或11.2%乳酸钠52 mL)+5% $CaCl_2$ 8 mL。需要钾离子时林格氏液1 000 mL+10%葡萄糖500 mL+5% $NaHCO_3$ 70 mL。

表4-8 腹膜透析液配方

成分/（g/L）	配方1	配方2
NaCl	5.67	5.5
$CaCl_2$	0.26	0.3
$MgCl_2$	0.15	0.15
乳酸钠	3.92	3.92（醋酸钠5.6）
葡萄糖	15	20

（二）腹膜透析方法

（1）在进行腹膜透析前，应采取导尿、排尿及灌肠等措施，以便于顺利放置透析管。腹膜透析可以采用专用透析装置，也可以采用硅橡胶管。在脐后数厘米腹中线略旁开的皮肤上进行局部浸润麻醉，采用专用透析用器械或注射针穿刺，如果需要反复进行透析，则可以进行透析管插管，将插管置于直肠陷窝处，以保证流出快，缩短引出时间，并将插管固定于皮肤上。

（2）将温的透析液缓缓注入腹腔，直至腹腔膨满（200～2 000 mL）。透析液的配制应注意，渗透浓度应高于血浆，以防止液体在体内蓄积，高钾血症者应用无钾透析液，增加葡萄糖的浓度可以加快排出水分，但葡萄糖浓度超过4.25%则可能会发生高血糖性、高渗性昏迷和对腹膜的刺激，适量减少钠离子，可以使心衰易于控制和减少高渗引发的综合病症。选用乳酸钠（在肝功能障碍或明显的代谢性酸中毒时选用碳酸氢钠），一般不选择碳酸氢钠，以免碳酸氢钠与氯化钙形成不溶解的碳酸钙而在腹腔中沉积。透析液的pH应接近6，低于5.5则引起腹痛，透析液中不必按常规加抗生素和肝素，禁用新霉素。

（3）注入透析液1 h后排出平衡液。可以用虹吸式灭菌瓶回收。最初的透析液因被部分吸收而不能全量回收。重症肾功能不全的病例，应每天进行3～5次的腹膜透析。

技能9　直肠检查与诊断

直肠检查是将手伸入直肠内隔着肠壁对腹腔及骨盆腔器官，进行触诊的一种方法，简称直检。直检对大家畜发情鉴定、妊娠诊断、腹痛病、母畜生殖器官疾病、泌尿器官疾病具有一定的诊断价值，对某些疾病具有重要的治疗作用（如隔肠破结等）。

（一）直肠检查前准备

（1）四柱栏站立保定，为防卧下及跳跃，要加腹带及肩部压绳。

（2）术者剪短、磨光指甲，戴上一次性长臂薄膜手套，涂肥皂水或液状石蜡润滑。

（3）对腹围增大的病畜应先行盲肠穿刺术或瘤胃穿刺术放气，否则腹压过高，不宜检查。

（4）对腹痛剧烈的病马应先行镇静，然后检查。

（5）用适量肥皂水灌肠，可排除积粪，松弛肠壁，便于检查。

（二）直肠检查操作方法

术者站于病畜的左后方，以右手检查。检查时五指并拢呈圆锥形，旋转插入肛门并向前伸入直肠，如遇粪球可纳手掌心取出。如膀胱积尿，可下压膀胱，排出尿液。病畜骚动努责时可停止前进或稍后退，待其安静后再慢慢伸入，直至将手伸到直肠狭窄部后，即可进行检查。如病畜努责过甚，可用1%普鲁卡因10～15 mL行后海穴封闭，使直肠及肛门括约肌松弛。

（三）直肠检查顺序与内容

1. 肛门及直肠检查　检查肛门的紧张程度及其附近有无寄生虫、黏液、血液、肿瘤等，并注意直肠内容物的多少与性状，黏膜的温度及湿度等。

2. 骨盆腔的检查　术者的手稍向前下方即可摸到膀胱、子宫等。膀胱空虚，可感知呈梨形的软物体；当膀胱过度充盈时，感觉似一球形囊状物，有弹性和波动感。触诊骨盆壁是否光滑，有无脏器充塞和粘连现象。如后肢呈现跛行，必须检查有无盆骨骨折。

3. 腹腔检查

（1）马腹腔检查。小结肠大部分位于骨盆口左前方，肠内有成串的鸡蛋大小粪球，由于小结肠游离性较大，便于检查；左侧结肠位于腹腔左侧、耻骨水平面的下方，其骨盆弯曲部在骨盆腔前口的左前下方，其下层结肠内外各具有一条纵带和许多囊状隆起，当左侧结肠便秘时容易摸到；左肾位于第二、三腰椎左侧横突下，质地坚实，呈半圆形，手掌向上即可感知；由左肾下方向左腹壁滑动，在最后肋骨部可感知脾的后缘，脾后缘呈镰刀状；从左肾前下方前伸，当患急性胃扩张时可摸到膨大的胃后壁，并随呼吸而前后移动；盲肠位于右欣部，触诊呈膨大的囊状，并可摸到由后上方走向前下方的盲肠纵带；于前肠系膜根稍右前方可触胃状膨大部，便秘时，可感知坚实而呈半球形；沿前肠系膜根后方，向下距腹主动脉10～15 cm下方，当十二指肠便秘时，可触到由右而左呈弯形横走的圆柱状体，移动性较小，即是积食的十二指肠。

（2）牛腹腔检查。耻骨前缘左侧是瘤胃上下后盲囊，感觉呈捏粉样硬度，当瘤胃上后盲囊抵至骨盆入口甚至进入骨盆腔内，多为瘤胃臌气或积食；当真胃扩张或瓣胃阻塞，有时于骨盆腔入口的前下方，可摸到其后缘；大肠、小肠位于腹腔右半部，盲肠在骨盆口前方，其尖端的一部分达骨盆腔内，结肠袢在右肷窝部上方，空肠及回肠位于结肠袢及盲肠的下方；第3～6腰椎下方，可触到左肾，右肾稍前不易摸到，如肾体积增大，触之敏感，见于肾炎；母畜可触诊子宫及卵巢的形态、大小和性状；公畜触诊其骨盆部尿道的变化（图 4-24）。

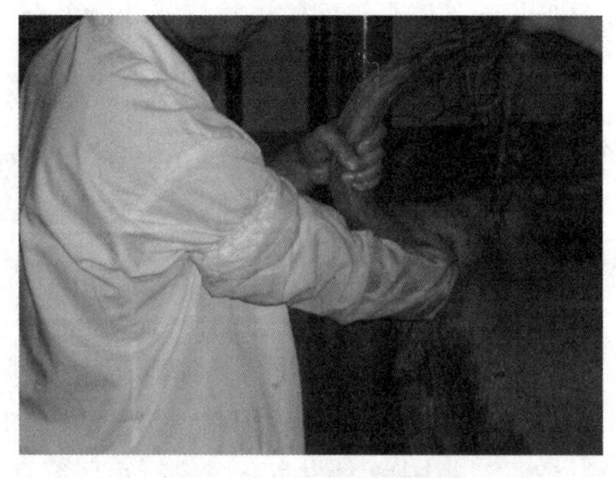

图 4-24　牛的直肠检查

（四）直肠检查病理变化

（1）脾位后移，胃膨大，提示马胃扩张。

（2）小结肠，大结肠的骨盆曲、胃状膨大部或左侧上、下大结肠，盲肠，十二指肠等部位发现较硬的积粪，提示各部位的肠便秘。

（3）大结肠及盲肠内充满气体，腹内压过高，提示肠臌气。

（五）直肠检查注意事项

1. 检查人员要注意安全　为了检查人员的安全，应注意以下几点：

（1）严冬及早春季节施行操作时，注意保暖防寒措施，防止术者受冻感冒。

（2）手臂如有伤口，不应操作。有条件时应提供长臂手套后，再进行直肠检查。

（3）保定架的后两柱之间，不可架设横木，或拴系绳索，以免牛滑倒卧下时，导致检查人员手臂骨折或关节脱臼。

（4）检查过程中，时刻提防牛蹴踢。

（5）每次直肠检查操作完毕后，要用消毒剂洗涤消毒手臂，并涂以皮肤滋润保护剂，以免皮肤皴裂。

2. 要注意被检动物的安全

（1）检查者的指甲必须剪短磨光。

（2）检查者的手臂上须涂以滑润剂，切忌用干涩的手臂向牛肛门内硬插。

（3）在直肠探查过程中，只能使用指腹，切不可用指尖乱抠、乱抓、乱划。

（4）在直肠内经久寻找不到目的物时，应间隔一定时间将手臂取出查看有无血迹，以便及时发现肠壁是否破损并进行医治处理。一旦肠壁有轻度破损可灌注 3%明矾水 500～1 000 mL，或涂以碘甘油和磺胺粉于创面。

（5）检查动作应轻缓，对于不知生理状况的母牛，尤应注意动作轻缓，以免造成孕牛流产。

（6）如需进行参照阴道检查，务必做好手臂的消毒及母畜外阴部的消毒工作，以防将粪便及其他脏物带入阴道，造成感染。

（7）直肠检查可能传播牛病毒性腹泻病毒、牛白血病病毒等病原，具有高危险性，因此，直检时每检查完一头母畜要更换手套或消毒手臂，这有助于减少妊娠早期感染的危险性。

技能10 光 疗 法

光疗法是利用一些波长较短的光线照射病畜患部，以达到治疗疾病目的的一种方法。临床上经常用到的疗法有红外线疗法、紫外线疗法和激光疗法。

（一）紫外线疗法

紫外线位于可见光谱中紫色光线之外，是光疗中应用比较广泛的一种光线。医学上常用的紫外线包括短波紫外线（波长为200～275 nm）和中波紫外线（波长为275～300 nm）两种，前者因具有较强的杀菌作用而被用于室内消毒，后者因具可以使皮肤内血管扩张、改善血液循环和新陈代谢而多用于治疗。

1. 紫外线疗法适应证 紫外线常用于治疗皮肤损伤、疖、湿疹、皮肤炎、肌炎、久不愈合的创伤、溃疡、炎性浸润、风湿症、骨及关节病等。在动物患有血液性疾病和心脏代偿机能减退时禁用。

2. 紫外线疗法的应用 紫外线疗法可分为全身照射和局部照射，临床上多用于局部照射。照射前，要先清除患部的污垢、痂皮、脓汁等。照射时，紫外线灯距患部50 cm，第一次照射5 min，以后每天增加5 min，连用5 d，但是最长时间不能超过30 min，另外，要用防护面罩保护动物的眼睛，操作人员也应戴上黑色护眼镜。

目前，在临床上常用的紫外线治疗器械有水银-石英灯（石英弧光灯），氩气-水银-石英灯以及冷光水银石英灯。

（二）红外线疗法

红外线位于可见光谱中红色光线之外，是不可见光，临床上用于治疗的红外线波长范围为760～3 000 nm。在合理的剂量作用下，红外线可使局部血液循环旺盛，新陈代谢活跃，酶的活性增强，白细胞游走和吞噬作用增强，具有镇静、镇痛，促进炎性产物的吸收和排出，以及促进肉芽创时肉芽和上皮的生长等作用。

1. 红外线疗法适应证 该疗法多用于亚急性和慢性炎症过程，如创伤、挫伤、溃疡、湿疹、神经炎及风湿症等。对急性炎症、肿瘤、血栓性静脉炎等禁用。

2. 红外线疗法的应用 红外线疗法可选用太阳灯或红外线灯作为红外线光源。操作时确实保定动物，把灯光对准治疗部位，灯头距体表60～100 cm，调节距离使光线照射处的体表温度为45 ℃。每天进行1～2次，每次20～40 min。

（三）激光疗法

因为激光具有方向性好、单色性强、亮度高和相干性好的特性，所以在医学临床中主要用来治疗疾病。激光对生物体的作用主要表现在热效应、光化效应、压强效应及电磁场效应等四方面，并且因激光器的种类和输出功率不同，它对活组织的作用也不同。目前在兽医临床上常用的激光器有低功率的氦-氖激光治疗机和中等功率、大功率的二氧化碳激光治疗机。

1. 激光疗法作用与适应证

（1）氦-氖激光治疗机。其治疗作用有提高机体免疫机能及防御适应能力，刺激组织再生和修复，生物刺激和调节以及消炎镇痛作用。临床上用于治疗创伤、挫伤、溃疡、烧伤、脓肿、疖、蜂窝织炎、关节炎、湿疹、睾丸炎、奶牛疾病性不育症（如卵巢机能不全、卵泡囊肿、黄体囊肿、持久黄体、卡他性及化脓性子宫内膜炎）、乳房炎、阴道炎、阴道脱垂等，还用于激光麻醉。

（2）*二氧化碳激光治疗机*。常用小功率的二氧化碳激光（10 W以下）扩焦照射，可使局部组织血管扩张，血液循环加快，新陈代谢旺盛，同时具有刺激、消炎、镇痛和改善局部组织营养的功能。临床上用于治疗化脓创，溃疡，褥疮，慢性肌炎及仔猪黄痢、白痢，羔羊下痢，犊牛、马驹下痢及消化不良，奶牛腹泻、瘤胃弛缓，马的胃肠卡他、肠闭结等。大功率的二氧化碳激光（30～100 W）主要利用其“破坏”作用，用于手术切割和气化，如利用它切除奶牛乳房的乳头状瘤以及其他部位的肿瘤。

另外，二氧化碳激光经聚焦后，其光点处能量高度集中，在极短的时间内可使局部高温，组织凝固、脱水和组织细胞被破坏，从而达到烧灼、止血的目的。

2. 激光疗法的应用 激光治疗中最常用的一种方法就是照射法，可根据照射部位的不同，分为局部照射（患部照射）、穴位照射和经络照射。

（1）*局部照射（患部照射）*。将激光直接对准病变部位进行照射，是治疗各种疾病的一种常见方法。

（2）*穴位照射*。将激光聚焦或用光纤对准病畜某些穴位进行照射，又称为激光针灸。

（3）*神经经络照射*。将激光束进行聚焦后或用原来光束、光纤，对准某一神经经络进行照射。如氦-氖激光照射马、牛、羊、猪及犬的正中神经及胫神经，持续20～30 min，即可达到麻醉的目的。

采用激光治疗疾病时，应将激光器射出窗口到照射部位之间的距离控制在50～100 cm，每天1次，每次的照射时间为10～20 min（二氧化碳激光烧灼每次0.5～1.0 min），连续10～14 d为一个疗程，连续两个疗程之间应间隔一周为宜。

3. 激光疗法注意事项

（1）操作过程中病畜要确实保定，激光器要合理放置，操作人员应戴防护眼镜，以确保人、畜、机的安全。

（2）在照射前，创面应用生理盐水清洗干净，除去污物，创缘周围剪毛；穴位应剪毛，除去污垢，拭净，并以龙胆紫标记。

（3）激光束（光斑）与被照射部位尽量垂直，使光斑呈圆形，准确地照射在病变部位或穴位上，若不便直接照射穴位的，可通过光纤使激光垂直照射在治疗部位。

（4）照射时间系指激光准确地照射在被照射部位的时间，若因病畜移动使光斑移开，此段时间不能包括在照射时间内。

（5）二氧化碳激光照射器进行照射时，需采用扩焦照射，照射距离为50～100 cm，以局部皮肤有适宜的温热感为宜，不要使其过热，以免烫伤病畜。若为了达到烧灼的目的，必须采用聚焦照射且越接近焦点越好。

（6）激光器的使用，应该严格按照生产厂家所提供的说明书上的使用操作方法和注意事项进行操作，以免发生意外。

（7）激光器一般可连续工作4 h以上，不必中途关机。

技能11 电 疗 法

电疗法是利用电流或电场作用于机体而达到治疗疾病目的的方法。临床上常用的有直流电疗法、感应电疗法、短波电疗法和超短波电疗法等。

（一）直流电疗法

直流电疗法是使用低电压的平稳直流电通过畜体一定部位来治疗疾病的方法。

1. 直流电疗法适应证 临床上主要应用于亚急性或慢性炎症，如腱鞘炎、腱炎、黏液囊炎、肌炎、关节周围炎、神经麻痹或不全麻痹等的治疗，以及促进神经再生和恢复神经传导机能的治疗，但是湿疹、皮炎、溃疡、化脓性炎症、急性炎症，以及个别对直流电特别病畜不可应用该疗法。

2. 直流电疗法的应用 直流电疗法的具体方法是患部剪毛洗净。把用8～10层纱布制成的、稍大于金属电极的衬垫物浸透生理盐水后敷于患部，其上放置有效电极，但要避开损伤面，并用绷带加以固定。为直流电提供回路的无效电极可用并置法（即将两个电极置于患部同一侧）或对置法（即将两个电极置于患部同一水平的相对两侧）安放在患部的附近或对应部，由于阴极具有促进吸收、刺激神经机能恢复和再生，使瘢痕软化的作用，所以在治疗时把有效电极（治疗电极）连接在阴极上。同时，由于当电流强度相同时，其电极上的电流密度大小与电极面积成反比，所以为了使治疗电极上的电流密度大一些，通常把它做得小一些。直流电疗时的剂量是用有效电极下的衬垫面积来计算的，每平方厘米不超过0.3～0.5 mA为宜。每次治疗20～30 min，每日或隔日1次，25～30次为一个疗程。

（二）直流电离子透入疗法

直流电离子透入疗法是直流电疗法的一种，既具有直流电的治疗作用，又具有药物离子的作用，因为在直流电的作用下，药物溶液电离后的正离子、负离子会向相反极性方向移动，从而透入机体组织而起到治疗作用。这种方法的特点是：①对皮肤无损害；②药物积聚患部，有利于集中发挥疗效；③用药量小，药效维持时间长。直流电离子透入疗法与直流电疗法的操作方法与适应证基本相似，但前者更应主要考虑药物离子的药理作用。不同药物离子的药理作用是不同的，如碘离子透入适用于腱鞘炎、黏液囊炎、纤维性关节周围炎、骨膜炎以及外伤性肌炎的治疗；钙离子透入适用于治疗佝偻病、软骨症及促进骨折后的骨痂形成；水杨酸离子适用于抗风湿；铜和锌离子用于系凹部痂状皮肤炎等；士的宁离子适用于神经麻痹；普鲁卡因离子透入用于消除疼痛等。

直流电离子透入疗法的具体步骤：选择有效成分能电离的药物，用蒸馏水配成水溶液，并用其浸润治疗电极的衬垫，使治疗电极连接在与药物离子电荷相同的电极上，即在碘离子透入时，治疗电极是与碘离子所带的负电荷相同的负极；而在钙离子透入时，则选择与钙离子的正电荷一致的正极。无效电极仍用生理盐水浸润。

（三）感应电疗法及低频脉冲电疗法

感应电疗法及低频脉冲电疗法都是利用低频率的脉冲电流治疗疾病的方法。感应电具有兴奋肌肉，改善肌肉营养和代谢，促进分布于肌肉上的神经机能恢复等功能。

1. 感应电疗法及低频脉冲电疗法适应证 临床上常用于治疗神经麻痹、不全麻痹、肌肉萎缩、无力、跛行等，还可以用于止痛和麻醉，但是不能用于急性炎症、化脓性炎症及出血性疾病。

2. 感应电疗法及低频脉冲电疗法的应用

（1）*感应电疗法*。感应电疗机的无效电极通过衬垫安置在靠近患畜肌肉附近或一端，治疗电极则安置在患部或肌肉的另一端。治疗时，用手控制断续地通以感应电流，每分钟不超过 40 次，每次治疗 20～60 min，每天 1 次，感应电流的强弱以能引起肌肉明显收缩为度。

（2）*低频脉冲电疗法*。首先选好穴位进行针刺，然后把电针治疗机上的输出插口用带夹子的导线与针相连，再选择波形与工作状态，调节输出电压到所需程度即可。弱刺激用于促进神经的再生及功能恢复、止痛；中等刺激用于消炎、消肿，促进血液循环，改善组织营养；强刺激在治疗时少用，有时用于电针麻醉。

（四）短波电疗法

短波电疗法又称为高频电疗法，是利用频率为 30 万～300 万 Hz 的电磁波来治疗疾病的一种电疗法。短波电疗法的主要作用是止痛、解痉、消炎、增强血液循环，使血管扩张、血液加速，组织的供氧和营养供给加强，促进渗出液的吸收，增强机体免疫力，适用于急性疼痛，常用于亚急性慢性疾病。

1. 短波电疗法适应证 临床上用于治疗各种急慢性炎症，如神经炎、关节炎、肌炎、支气管炎、肺炎、挫伤、创伤、神经痛、肠痉挛等，在化脓性炎症、肿瘤及急性失血等情况下禁用。

2. 短波电疗法的应用

（1）*电容电场治疗法*。将治疗部位置于短波电疗机的两极之间，极板与机体之间用毡子、毛巾等隔分，使之保留一定间隙。连接导线后接通电源及总输出开关至“灯丝”的位置，5 min 后接通高压旋动调谐旋钮达到 200～300 mA，并开始计时。治疗期间操作人员应离开机器 2 m 以外，每次治疗 20～30 min。

（2）*电缆治疗法*。用绝缘电缆包绕于患部，或将电缆盘成长条状或圆盘状，用绷带固定于患部，此法多用于四肢部疾病的治疗。

（五）超短波电疗法

超短波电疗法是使用频率为 300 万～3 000 万 Hz 的电磁波治疗疾病的一种电疗法。超短波与短波相似，同样具有热效应，而且还具有促进神经末梢再生，加强化脓性炎症过程中渗出物的吸收；使白细胞增加，增强网状内皮系统的功能；促进肉芽组织的再生，加速瘢痕及上皮形成；消除酸中毒及镇痛等。

1. 超短波电疗法适应证 临床上应用于神经、肌肉、腱、腱鞘、黏液囊、韧带、关节等的急性和慢性炎症，以及疖、急性化脓性淋巴管炎及蜂窝织炎等，而在肿瘤、有出血倾向及严重的循环系统紊乱时禁用。

2. 超短波电疗法的应用 治疗时将病畜保定好，安装好电极板并加以固定。接通电源，调节灯丝电压到所规定的数值，最后旋动调谐旋钮使指示灯发光最亮即可。治疗时，操作人员要离开机器 2 m，并准确记录治疗时间。每次治疗 15～30 min，每日或隔日 1 次，10～20 次为一个疗程。

技能 12　冷却与温热疗法

水疗法是利用不同温度、压力、成分的水，以不同形式作用于畜体外部进行疾病治疗的一种方法，一般包括冷却疗法和温热疗法。

（一）冷却疗法

冷却疗法主要应用在急性炎症的最早期，其作用是使患部血管收缩，减少炎性渗出和炎性浸润，防止炎症扩散和局部肿胀，以及消除疼痛。

1. 冷却疗法适应证 临床上常用于肌肉、腱、腱鞘、韧带、关节等各种急性和亚急性炎症初期。一切化脓性炎症忌用冷疗，有外伤的部位不可用湿的冷疗。

2. 冷却疗法的应用

（1）*冷敷*。用冷水把毛巾或脱脂棉浸湿，稍微拧干后敷于患部，也可用装有冷水、冰块或雪块的胶皮袋冷敷于患部，并用绷带固定。每天数次，每次 30 min。

（2）*冷蹄浴*。用于治疗蹄、趾、指关节的疾患。让患肢站在冷水桶内浸泡，不断更换桶内冷水，每次浸泡 30 min。冷水中最好加入高锰酸钾（浓度为 0.1%），以增强防腐作用。有条件时也可用自来水浇注患部或将患畜牵至小河中浸泡 30 min，同样可达到治疗目的。

（二）温热疗法

温热疗法的作用是使患部温度提高，血液循环旺盛，血管扩张，使细胞氧化作用增强，机体新陈代谢增强，以及局部白细胞吞噬作用加强等。

1. 温热疗法适应证 临床上常用于治疗各种急性炎症的后期和亚急性炎症，如亚急性腱炎、腱鞘炎、肌炎及关节炎和尚未出现组织化脓溶解的化脓性炎症的初期。对于恶性肿瘤和有出血倾向的病例禁用温热疗法。对于有创口的炎症不宜使用湿的温热疗法。

2. 温热疗法的应用

（1）*热敷*。在 40～50 ℃的温水中浸湿毛巾，或用温热水装入胶皮袋中，敷于患部，每天 3 次，每次 30 min。为加强热敷效果，可用热药液替代普通水，如复方醋酸铅液（醋酸铅 25 g、明矾 5 g、水 5 000 mL），10%～25%的硫酸镁液，食醋以及中药等，均有较好的热敷效果。

（2）*温蹄浴*。用于治疗蹄、趾、指关节的疾患。让患肢站在 42 ℃的温水桶内浸泡，不断更换桶内温水，每次浸泡 30 min。温水中最好加入高锰酸钾（浓度为 0.1%），以增强防腐作用。

（3）*酒精热绷带*。将 95%的酒精或白酒放在水浴中加热到 50 ℃，用棉花浸渍，趁热包裹患部，再用塑料薄膜包于其外，防止挥发，塑料膜外包上棉花以保持温度，最后用绷带固定。这种绷带维持治疗作用的时间可长达 10～12 h，所以每天更换一次绷带即可。

（4）*石蜡疗法*。患部仔细剪毛，用排笔蘸 65 ℃的熔化石蜡，反复涂于患部，使局部形成 0.5 cm 厚的防烫层。然后根据患部不同，选用以下适当方法。石蜡疗法可隔日进行一次。

① 石蜡棉纱热敷法。适用于各种患部。用 4～8 层纱布，按患部大小叠好，浸于石蜡中（第一次使用时，石蜡温度为 65 ℃，以后逐渐提高温度，但最高不要超过 80 ℃），取出，挤去多余蜡液，敷于患部，外面加棉垫保温并固定。也可把熔化的石蜡灌于各种规格的塑料袋中，密封，备用。使用时，用 70～80 ℃水浴加热后，敷于患部，外面用绷带固定，治疗效果很好。

② 石蜡热溶法。适用于四肢游离部。做好防烫层后，从肢端套上一个胶皮套，用绷带把胶皮套下口绑在腿上固定，把 65 ℃石蜡从上口灌入，上口用绷带绑紧，外

面包上保温棉花并用绷带固定。

【理论考核】

1. 动物的各种给药技术的动物解剖学、生理学、药物学理论基础，临床应用范围与适应证，操作注意事项。

2. 临床输液疗法的动物解剖学、生理学、药物学理论基础，临床应用范围与适应证，操作注意事项。

3. 临床治疗技术的动物解剖学、生理学、药物学理论基础，临床应用范围与适应证，操作注意事项。

【操作考核】

按照兽医临床操作规则，对下列各项治疗技术进行操作，对治疗操作项目进行病例记录：

1. 经口鼻投药法。
2. 直肠投药法。
3. 眼、鼻、耳投药法。
4. 皮内注射给药。
5. 皮下注射给药。
6. 肌内注射给药。
7. 静脉内注射给药。
8. 腹腔注射给药。
9. 心内注射给药。
10. 气管内注射给药。
11. 临床输液药物的选择。
12. 临床输液方法。
13. 穿刺术。
14. 冲洗术。
15. 普鲁卡因封闭术。
16. 输氧疗法。
17. 输血疗法。
18. 雾化吸入术。
19. 导尿术。
20. 腹膜透析疗法。
21. 直肠检查与诊断。
22. 光疗法。
23. 电疗法。
24. 冷却与温热疗法。

模块 5

动物急诊救治技术

【思政故事】战功显著的“活马王”中兽医学家——高国景

岗位		治疗急诊室、兽医室
岗位技术		对动物突发疾病、意外损伤及突然加剧疾病进行救治
岗位目标	应掌握理论	急症处置、急症救治、动物急性中毒与解毒技术的解剖与生理学基础、病因分析、临床适应证、救治诊疗意义及注意事项
	应熟练技能	发热、水肿、脱水、昏迷、瘫痪、呼吸困难、咯血、休克、呕吐、腹痛、便血、腹泻、血尿、尿闭、阴道出血等急症处置操作；创伤、出血与止血、眼球脱出、瞬膜腺突出、气管异物、咽喉水肿、气胸、骨折、关节脱位、流产、难产、子宫蓄脓、胎衣不下、中暑、新生仔动物溶血病、新生仔动物低血糖、气管切开术、胃切开术、肠管切开术、肠管切除术、膀胱切开术、剖宫产术等急症救治技术；食物中毒、灭鼠药中毒、一氧化碳中毒、食盐中毒、杀虫药中毒、青霉素等药物过敏等动物急性中毒与解毒技术
	职业素养培养	对动物的爱心和责任心，注重安全防范的意识；头脑冷静、沉着而迅速迎战，不怕苦和脏、敢于实践敢于操作的作风；认真仔细、实事求是的态度；善于思考、科学分析的习惯

项目 1　动物急症处置

技能 1　发　　热

【病因】

（1）感染性疾病。感染性疾病是发热最常见的病因，各种细菌、病毒、支原体、寄生虫、立克次体等感染均可引起发热。

（2）非感染性疾病。多由组织坏死、细胞破坏、无菌性坏死物质的吸收所致，如大面积烧伤、大手术组织损伤、内出血、恶性肿瘤等；风湿热、结缔组织病等所致的抗原抗体反应；中暑、颅脑损伤使体温调节功能失常等均可致发热。

【诊断】

（一）病史

（1）高温情况下，动物外出或运动，注意中暑。

（2）使用血清或特殊药物如磺胺、苯巴比妥等，应考虑药物过敏反应。

（3）传染病流行史与接触史有助于诊断，特别是犬瘟热、犬细小病毒病等。

（二）症状

1. 体温上升期 动物精神沉郁、食欲减退，并出现恶寒战栗、被毛松乱、呼吸和脉搏频率加快、皮肤及鼻镜干燥。

2. 高热期 当体温升高到一定程度，即不再上升而维持在较高的水平上，故又称为极热期。特点是体温已上升到新的调定点，产热与散热在高水平上趋于平衡。在这一阶段，动物皮肤血管扩张，汗腺分泌增强，呼吸和心跳加快。

（三）实验室检查

对动物进行血液常规、尿液常规检查。必要时进行胸部X线检查。

【救治措施】

（1）发热的动物立即停止运动，使其安静休息。

（2）给予清淡易清化的高热量、高蛋白流质或半流质饮食。给动物多饮水，保证摄入充足水分，促进其多排尿。

（3）口服或注射解热镇痛药物。可选用阿司匹林、安乃近、对乙酰氨基酚等解热镇痛药物。

（4）物理降温。可采用75%乙醇或温水擦拭四肢、胸、背及颈等处，也可以用冰水或凉水浸湿毛巾冷敷，一般敷于颈旁、腹股沟、腋下等处，每隔5 min左右更换1次。

（5）烦躁不安的患病动物可给镇静剂，如苯巴比妥钠皮下注射。

（6）输液。若病情较重或有脱水现象，给予5%葡萄糖生理盐水静脉滴注。

（7）发热较高，病情较重，白细胞显著升高而原因尚不明了的，应给予青霉素、先锋霉素或其他抗生素治疗。

（8）查明病因，根据病因采取相应的治疗措施。

技能2 水　　肿

【病因】

（一）全身性水肿

1. 心脏疾病 如先天性心脏病、心丝虫病、心肌炎等发生充血性心力衰竭时引起全身性水肿。

2. 肾疾病 多见于急性、亚急性、慢性肾小球性肾炎。

3. 营养不良性疾病 如食物中蛋白含量不足、慢性腹泻、恶性肿瘤等慢性消耗性疾病。

4. 肝疾病 如慢性肝炎、肝硬化等。

5. 其他疾病 如妊娠毒血症等。

（二）局部水肿

1. 局部炎症 如蜂窝织炎、蛇毒中毒等。

2. 变态反应 如荨麻疹、食物过敏、药物过敏等。

3. 静脉梗阻或受压迫 如形成了血栓、肿瘤或其他包块等。

【诊断】

（一）病史

（1）水肿先发部位。肾炎水肿常伴有眼眶周围浮肿，很快发生全身性水肿。心脏病引起的水肿多出现在胸腹下四肢，以后逐渐蔓延至全身。肝硬化的患病动物常有腹水，然后才有四肢水肿。

（2）饲料中蛋白质含量长期不足，慢性腹泻或有长期消耗性疾病等历史时，应怀疑为营养不良性水肿。

（3）有少尿、无尿、血尿、肾区疼痛等症状，应怀疑为肾炎水肿。

（4）过敏性水肿常常突然发生，常伴有出血点等，经抗过敏治疗后，水肿很快消退。

（二）症状

1. 心源性水肿　主要是动物右心衰竭的表现，其特点是水肿出现于身体下体部位（如四肢末端、胸腹下），颜面部一般无水肿，水肿为对称性、凹陷性和无热、无痛。

2. 肾源性水肿　主要见于各型肾炎和肾病，其特点是水肿迅速出现，水肿部位不受重力影响，水肿多以富含疏松结缔组织的部位最明显，最初出现于眼睑和颜面水肿，以后发展为全身水肿。

3. 肝源性水肿　主要表现为腹水，也可首先出现四肢下部水肿，逐渐向上蔓延，头、面部及上体部位常无水肿。

4. 营养不良性水肿　主要表现为水肿发生前常有消瘦、体重减轻等表现，水肿常从四肢下部开始逐渐蔓延到全身。

5. 其他原因的全身性水肿　药物性水肿，见于糖皮质激素、雄激素、雌激素、胰岛素等治疗过程中，以及妊娠毒血症、荨麻疹等。

6. 局部性水肿　常由于局部炎症、蚊虫叮咬、创伤或过敏等。

（三）实验室检查

对动物进行血液常规、尿液常规及粪便检查。在患病动物营养性水肿、慢性肝炎、慢性肾炎等的血液生化检查时多有血浆白蛋白减少；肝疾病的患病动物可见有肝功能减退。

（四）伴随症状

（1）水肿伴有肝肿大者，可为心源性、肝源性与营养不良性。

（2）水肿伴有重度蛋白尿，常为肾源性，而轻度蛋白尿也可见于心源性。

（3）水肿伴有呼吸困难与发绀者，常提示为心脏病。

【救治措施】

（1）停止训练或运动，使动物安静休息。

（2）严格限制患病动物吃含有钠盐的食物或药物，如碳酸氢钠等。

（3）给予利尿剂，一般可用双氢克尿噻、呋塞米等。

（4）查找病因，对症进行治疗。

技能3　脱　水

【病因】

（1）水分摄入不足或吸收障碍。如吞咽困难（食管梗阻、破伤风）可在几天之内甚至在一夜内就能引起动物体脱水。

（2）体液消耗过多。如急性消化不良、胃肠炎、犬瘟热、犬细小病毒病、唾液腺炎、有机磷中毒，均可引起大量体液丢失。

（3）严重的组织损伤。如烧伤、烫伤。

（4）尿量增多性脱水。如慢性肾炎、糖尿病等，因长期排尿量增多引起脱水。

（5）急剧而连续的严重腹泻，以及严重呕吐等引起的脱水，短时间内即可导致大量失液。尤其在出现体温升高或降低，心率增速，皮肤弹性恢复时间和毛细血管再充盈时间延长时，表明严重脱水，预后多数不良。

【诊断】

（一）病史

（1）动物有无饮食不洁、过食或突然更换饲料等所致的呕吐和腹泻史。脱水严重而伴有中毒现象及各种代谢紊乱的，多提示为中毒性消化不良，轻者多为单纯性消化不良。

（2）成年动物饮食过多或食物中毒等引起的呕吐、腹泻，常为急性胃肠炎。

（3）持续呕吐，呕吐物含有胆汁并有臭味，同时有便秘、腹痛、腹胀，多提示为肠梗阻。

（4）注意有无烧伤、烫伤史及其程度。

（5）有无高温环境下作业或训练而又未饮水的历史。

（二）体格检查

（1）注意检查体温、脉搏和呼吸情况。

（2）精神状态、皮肤干燥度、皮肤弹性、眼球凹陷度等是临床诊断脱水的主要指标。脱水轻者，可见眼球稍稍凹陷，皮肤松弛或弹性减退，皮肤和口腔黏膜干燥；严重时可见皮肤呈青灰色，眼球明显凹陷，四肢发冷，或鼻端和裸露的皮肤发绀。

（3）如果是烧伤、烫伤的动物，应检查其面积和灼伤程度。

（三）实验室检查

（1）严重脱水时血液常浓缩，故红细胞、白细胞、血红蛋白均升高。

（2）粪便检查，注意显微镜下发现有红细胞、白细胞、脓细胞和吞噬细胞，应考虑为细菌性肠炎。

（3）尿液检查，注意有无糖尿。

（4）血液生化检查，因胃肠疾病所致的严重脱水及酸中毒时，一般有二氧化碳结合力下降，非蛋白氮升高。

（四）伴随症状

（1）急性腹泻性疾病引起的脱水。急性腹泻性疾病多引起急性等渗性脱水，随着腹泻加剧，动物很快出现脱水症状，精神沉郁，眼球凹陷，腹部蜷缩，尿少、色深，血液黏稠、暗黑等。急性腹泻性疾病除了引起脱水外，还引起代谢性酸中毒。

（2）急性呕吐性疾病引起的脱水。呕吐是动物保护机体的一种反应。持续的剧烈呕吐多引起等渗性脱水，同时引起代谢性碱中毒。

（3）慢性疾病引起的脱水。见于慢性消化不良，慢性肾疾病尿量增加，如糖尿病等。

【救治措施】

(一) 加强管理

使患病动物休息、加强保暖。

(二) 补液

1. 补液量 补液的量可以根据脱水程度大致确定。

(1) 轻度脱水。失水量占体重的 4%～6%，血细胞比容（PCV）40%～45%，血浆总蛋白（TP）70～80 g/L，毛细血管再充盈时间（CRT）延长。患病动物精神沉郁，有渴感，尿量略减、相对密度增加，皮肤弹性减退，口腔干燥，血液轻度浓缩，全血相对密度升高，补液量为 50 kg 体重补液 2.5 L。

(2) 中度脱水。失水占体重的 6%～8%，PCV 45%～50%，TP80～90 g/L，CRT 大于 3 s。患病动物兴奋不安，有较强饮欲，体弱无力，行动倦怠，喜卧，皮肤弹性减退，被毛粗乱，眼球内陷，口腔干燥，尿少、相对密度明显上升，心跳加快，血液浓缩，PCV 和 Hb 等平行上升，血清中 Na^+ 增加，补液量为 50 kg 体重 3.5 L。

(3) 重度脱水。失水占体重的 8%以上，TP80～100 g/L，PCV 50%以上，CRT 大于 6 s。患病动物高度沉郁或昏迷，眼球及体表静脉塌陷，角膜干燥无光，结膜发绀，皮肤弹性消失，口干舌燥，鼻镜龟裂，脉细而弱，频数减少，补液量为 50 kg 体重 4.5 L。

2. 补液途径

(1) 口服补液。高温下有脱水症状，但表现轻微，同时又不具备输液条件的均可口服补液，多次少量给予。

(2) 静脉补液。因饮水不足，咽下功能障碍或呼吸显著加快等原因引起的脱水，脱水患病动物饮水量增加，血液黏稠度增高的，属于高渗性脱水，应以补水为主，可静脉注射 5%葡萄糖溶液，或 2 份 5%葡萄糖溶液加 1 份生理盐水。大量出汗后，脱水患病动物血液黏稠度正常或较高，以静脉注射生理盐水或复方氯化钠溶液为宜。因腹泻、出汗中暑导致的脱水，脱水动物饮水量增加，血液黏稠度明显增高的，为等渗性脱水，应输注生理盐水或复方氯化钠溶液。

3. 补液速度 补液速度原则上是越慢越好，但限于各方面条件，往往在数小时内完成。动物的临床补液安全速度为每千克体重每小时 90 mL，麻醉状态下不能超过每千克体重每小时 50 mL。输液药物中含有下列药品时应注意限速：K^+ 为每千克体重每小时 0.5 mmol，Ca^{2+} 为每千克体重每小时 0.5～0.8 mmol，葡萄糖为每千克体重每小时 0.5 g 以下。

4. 液体温度 一般要与体温相同，以 37～39 ℃为宜。温度过低，在输液过程中动物出现颤抖，因此在补液前应对液体预热，尤其是在冬季；温度过高，会造成局部热胀感，动物由于不适而出现抗拒。

技能 4 昏 迷

【病因】

(1) 脑血管病。脑出血、蛛网膜下腔出血、脑栓塞等。

(2) 脑外伤。脑震荡、脑挫伤等。

（3）脑膜感染。如化脓性脑膜炎。

（4）代谢紊乱。如糖尿病、尿毒症、低血糖症、肝性昏迷等。

（5）中毒。如一氧化碳中毒。

（6）物理因素。如中暑。

（7）癫痫。如产后子痫。

【诊断】

（一）病史

（1）有心脏病史的，应疑为脑血管病。

（2）脑部有外伤后陷入昏迷的，应考虑脑出血。

（3）发热、呕吐、颈部僵直的，应考虑脑膜炎。

（4）有多饮、多尿史的，应考虑糖尿病。

（5）有营养不良、传染性肝炎或肝硬化病史的，应考虑肝性脑病。

（6）有受凉、饥饿或胃肠功能紊乱病史的，表现为精神沉郁、步态不稳、颜面肌肉抽搐、全身阵发性痉挛，很快陷入昏迷状态，应考虑年幼动物低血糖症（暂时性低血糖）。

（7）有与多种毒物接触史的，应考虑中毒。

（8）有高温环境下作业，或烈日暴晒下突然昏迷的，应考虑中暑。

（二）体格检查

（1）呼吸气味。糖尿病昏迷有酮体味（类似烂苹果味），肝性脑病有肝臭味，尿毒症有尿骚臭味。

（2）头部有损伤及骨折，首先应考虑脑部外伤。

（3）有肝、脾肿大，伴有黄疸的，应考虑肝性脑病。

（4）患病动物昏迷，瞳孔异常缩小或显著放大，呼吸变慢，应疑为中毒。

（三）实验室检查

（1）血液常规。细菌感染常有白细胞升高，病毒感染常有白细胞显著减少。如有大量失血，红细胞及血红蛋白可降低。

（2）尿液常规。因糖尿病酸中毒昏迷的患病动物，尿内常有糖和酮体。尿毒症的患病动物，其尿内有少量红细胞、白细胞和管型。

（3）血液生化检查。因糖尿病而昏迷的患病动物，其血糖显著升高，患病动物空腹血糖可达 100 mL 中 140 mg 以上；因低血糖而昏迷的动物，其血糖多在 100 mL 中 50 mg 以下。

（4）必要时应做动物心丝虫检测。

（5）胸部 X 线检查。

（6）怀疑有心脏疾病时，要做心电图检查。

【救治措施】

（1）使用注射法维持足够的营养和水分。

（2）预防吸入性肺炎。将喉内痰吸出，如有感染现象应及时使用抗生素。

（3）皮下注射肾上腺素 0.1～0.5 mL（静脉注射量为 0.1～0.3 mL）等药物进行强心。

（4）尽快找出病因，并对因治疗。

技能5 瘫 痪

【病因】

（一）中枢性瘫痪

中枢性瘫痪由大脑皮层脑干、延髓和脊髓腹角受损引起，见于颅脑损伤、脑水肿、脑出血、脑肿瘤、弓形虫病、脑血栓、病毒性脑炎、犬瘟热、狂犬病、肉毒梭菌中毒等疾病。

（二）外周性瘫痪

外周性瘫痪见于椎骨骨折和关节脱位、脊髓炎、肿瘤、脓肿、外周神经损伤等。临床上单瘫多为脊髓损伤引起，也可见于脑疾病；偏瘫多为脑疾病引起；截瘫则由脊髓损伤引起。

【诊断】

（一）病史

（1）动物突然出现偏瘫及昏迷，应疑为脑出血。

（2）有外伤史，并有偏瘫或截瘫的，多为外伤性。

（3）出现畏寒、高热、嗜睡甚至昏迷、惊厥，并出现单瘫或偏瘫的，应疑为脑炎。

（二）体格检查

（1）体温升高，意识不清或丧失的，可为脑出血、脑炎。

（2）颅骨或脊柱外伤的患病动物，可能有骨折。

（三）实验室检查

腰椎穿刺时，若有阻塞现象，可能为硬膜外脓肿或者脊椎外伤。若脑脊液含有红细胞，多为脑出血。若白细胞及蛋白都增加，多为脑炎、脊髓炎。

（四）伴随症状

（1）伴有发热。临床上见于脑炎、脑膜炎、脊髓炎或脑脊髓炎等病原微生物引起的中枢神经系统炎症。诊断可进行脑脊髓液检验。

（2）伴有骨折或关节脱位。见于外伤性骨折或关节脱位引起的瘫痪。

【救治措施】

瘫痪发生后，对于动物来说治疗意义不大，建议实施安乐死。方法是静脉快速注射10%氯化钾，剂量为每千克体重1.5～2 mL，注射部位在前臂头静脉或颈静脉，动物在瞬间因心脏处于舒张期停搏而死亡。也可以应用大剂量的全身麻醉药物，如速眠新每千克体重0.5 mL，静脉或肌内注射。

技能6 呼吸困难

【病因】

（1）呼吸系统疾病。

① 气管与支气管的炎症、水肿、肿瘤或有异物导致气管与支气管狭窄或阻塞。

② 肺疾病，如大叶性肺炎、支气管肺炎、肺脓肿、肺水肿等；肋骨骨折，胸腔积液等。

③ 膈运动障碍，如膈肌麻痹、膈疝，腹水、急性胃扩张和妊娠末期等。

（2）心血管系统疾病。各种原因引起的动物心力衰竭、先天性心脏病等。

（3）贫血和中毒。如亚硝酸盐中毒、一氧化碳中毒等。

（4）神经系统疾病。如脑出血、脑肿瘤、脑炎及脑膜炎等。

（5）其他因素。如过敏等。

【诊断】

（一）病史

（1）发病的缓急。肺炎、异物阻塞发病较急；支气管哮喘常有反复发作、注射麻黄碱可获得缓解。

（2）心脏病的患病动物常有运动后呼吸急迫或四肢水肿的历史。

（3）有无咳嗽、咯血、咳痰及痰的性状。铁锈色痰常见于肺炎，粉红色浆液泡沫痰表明是肺水肿，气管、支气管受压迫或胸膜炎常见于刺激性干咳。

（4）不同动物种类呼吸困难的原因也不同。如短头动物常发生上呼吸道疾病，而猎犬等动物的呼吸困难多由重度的真菌病引起，警犬等动物的呼吸困难多由甲状腺激素水平过低所致的喉头麻痹引起。

（二）体格检查。

（1）有无发热，皮肤、黏膜颜色状态。

（2）注意呼吸困难是吸气性、呼气性还是混合性呼吸困难。吸气性呼吸困难主要由上呼吸道狭窄或阻塞引起，表现为患病动物吸气费力、时间延长、鼻孔开张、头颈伸直、肋骨上举，常伴有干咳和高调吸气性口哨音。呼气性呼吸困难主要由肺泡弹性减弱和小支气管狭窄或阻塞（炎症、痉挛）引起，常见于动物的慢性支气管炎和慢性肺气肿，表现为患病动物呼气费力、呼气时间明显延长而缓慢、脊背弓起、肷窝扁平、肛门外突、沿肋骨弓部出现一条凹沟，常伴有干啰音。混合性呼吸困难常见于动物的胸膜炎、肺炎、肺水肿、肺纤维化、气胸等，表现为患病动物呼气和吸气均感费力，呼吸频率加快、变浅，常伴有病理性呼吸音。

（3）为寻找病因，可进一步引发呼吸困难和其特征性症状，如强迫患病动物运动，对于某些上呼吸道疾病如喉头麻痹的诊断尤其有效。

（三）实验室检查

（1）血液检查。注意有无贫血，白细胞是否升高，有无血糖升高，二氧化碳结合力是否降低等；有无非蛋白氮、肌酐升高的尿毒症情况。

（2）痰检查。涂片检查及细菌培养。

（3）胸腔积液、血胸、脓胸的患病动物，可采集穿刺液检查。

（4）胸部X线检查。

【救治措施】

（1）保持安静，避免患病动物乱动以防加重呼吸困难；伴有发绀的，应吸入氧气。

（2）保持呼吸道畅通。呼吸困难是由呼吸道梗阻引起，应尽快解除梗阻，支气管哮喘给予氨茶碱、异丙肾上腺素治疗；气管阻塞的，及时切开气管取出异物。

（3）呼吸中枢受到抑制导致的呼吸困难，多见于吗啡、巴比妥中毒，应立即注射呼吸中枢兴奋剂，如肌内或静脉注射安钠咖，每次0.1～0.3 g，或肌内或静脉注射尼可刹米，每次 0.125～0.5 g。

（4）心力衰竭应进行强心、利尿、平喘治疗。

技能 7 咯　　血

【病因】

（1）肺部疾病。如肺结核、肺脓肿咯血最为常见，其次是肺炎、肺肿瘤或肺外伤（扎伤、肋骨骨折）。

（2）支气管疾病。支气管扩张咯血最为常见，其次是支气管炎、支气管异物。

（3）心血管疾病。如左心衰竭等。

（4）血液疾病。紫癜、再生障碍性贫血、血友病等。

【诊断】

（一）病史

（1）倦怠无力，食欲下降、进行性消瘦、低热、咳嗽等，均应考虑肺结核。这是引起咯血最为常见的疾病。

（2）发病急骤、高热、咳嗽、有脓性痰，多为急性肺部感染或支气管炎；痰多而有臭味的，多为肺脓肿。

（3）咯血伴有身体其他部位出血的，应怀疑血液疾病。

（4）有心脏疾病的患病动物，出现了不同程度的呼吸困难、咳嗽有泡沫痰或粉红色泡沫痰，应怀疑肺充血或肺水肿。

（二）体格检查

（1）检查体温、脉搏、呼吸和血压。

（2）检查皮肤及关节有出血征，应考虑是血液疾病。

（3）检查肺部有无异常浊音区及呼吸音改变、浊音等。局限的湿啰音，可能与该部出血有关。

（三）实验室检查

（1）血液常规。白细胞显著升高，多为急性炎症。

（2）痰检查。检查结核菌。

（3）疑为血液病时，应根据情况检查出血时间、凝血时间、血小板计数、血液常规检查等。

（4）特殊检查包括胸部 X 线透视或摄片检查。

【救治措施】

（1）停止运动使动物休息。

（2）镇静。对烦躁但无呼吸功能障碍和体质极度衰弱的患病动物，可适当给予镇静药，肌内注射每千克体重氯丙嗪 1～2 mL，或口服地西泮 5～10 mg。

（3）镇咳。对剧烈咳嗽的咯血患病动物给予药物镇咳，但禁用吗啡等抑制呼吸的药物。

（4）止血。根据不同的病因及患病动物情况选择合适的止血药，可选用止血敏 2～4 mL肌内或静脉注射；或维生素 K 10～30 mg 肌内注射。

（5）失血过多的动物应输血。

（6）气促者给予氧疗，输氧浓度为30%～60%为宜，以防氧中毒或“氧烧伤”。氧气流量以3～4 L/min为宜，每次吸入5～10 min或症状缓解时即可停止。

（7）定期记录咯血量，测量呼吸、脉搏、血压。

（8）咯血停止后可饲喂温或凉的流质或半流质食物，不可饲喂可使血管扩张而咯血加重的食物。

技能8 休　　克

【病因】

1. 低血容量性休克　常由大量出血或丢失大量体液而引起，如外伤或内脏大量出血，急剧呕吐、腹泻等，都会使毛细血管极度收缩、扩张或出现缺血和淤血。

2. 感染性休克　由病毒、细菌感染引起，如中毒性痢疾、败血症等。

3. 心源性休克　因心脏排血量急剧减少所致，如急性心肌梗死，严重的心律失常、急性心力衰竭及急性心肌炎等。

4. 过敏性休克　因动物对某种药物或物质过敏引起，如青霉素、链霉素、庆大霉素、疫苗、抗毒血清等，可造成瞬间死亡。

5. 神经性休克　由剧烈疼痛、脊髓麻醉意外等而发病。

6. 创伤性休克　常因骨折，严重的撕裂伤、挤压伤、烧伤等引起。

【诊断】

（一）症状

（1）出现很短的兴奋期，动物不安，不久转入沉郁期。

（2）沉郁期时，患病动物低头、闭眼，运动功能减弱，感觉降低或消失。血压下降，体温降低，呼吸浅表不规则，脉弱，可视黏膜苍白或发绀，尿量减少。

（3）沉郁期过后转为麻痹期。患病动物表现瞳孔散大，皮温降低、结膜变紫，血压极度下降，脉搏消失，对外界刺激失去反应。

（二）实验室检查

（1）测定红细胞数、血红蛋白及血细胞比容。

（2）测定静脉血液二氧化碳结合力、动脉血液pH、动脉血乳酸含量。特别是乳酸含量的高低，对休克预后的判断很有意义，乳酸含量的正常值在2 mg以下。

（3）计数血小板、凝血酶原凝血时间和纤维蛋白原含量。如果血小板含量降低，凝血酶原凝血时间比对照延长3 s以上，在每百毫升160 mg以下，说明休克已进入了弥散性血管内凝血（DIC）阶段。

【救治措施】

（1）如休克是由外伤失血、剧烈疼痛所致，应紧急止血，适当止痛，肌内注射强痛定50 mg。如有骨折应先固定，防止继续损伤。

（2）平卧于空气流通处，四肢抬高，头部放低，并用冷水打湿毛巾敷头，以利于静脉血液回流。

（3）保证呼吸。若呼吸微弱、不规则或停止，立即解开项圈，打开口腔，排除口腔内的唾液、血液、呕吐物或任何异物，插气管导管，戴氧气面罩。

（4）过敏所致者立即停用致敏药，0.1%肾上腺素0.5～1 mL，肌内注射，并根据需要，间隔 20～30 min 注射 1 次。在昆虫刺蜇部位可以直接注射 0.3 mL 的肾上腺素稀释液。也可用异丙嗪 50 mg，或地塞米松 10 mg，就地救治。

（5）体温下降的患病动物应注意保暖，可以采取提高室温或加盖被子的方法保暖，但不能采取任何形式的局部加热（如热水袋），以免皮肤血管扩张而减少生命器官的血液灌流量。高热者可以用冰袋或凉水浸湿毛巾敷头部帮助降温。

（6）恢复心跳。若无法测到脉搏，可在左侧胸部靠近肘部后方直接检测心跳。若无心跳，则进行“心脏按压”（在左侧胸部靠近肘部后方用力挤压心脏，每秒 1 次。心脏停止跳动超过 5 min 会造成脑部无法复原的损伤）。心跳恢复后，进行人工辅助呼吸。

（7）补充血容量，输入全血、代血浆（或右旋糖酐）、复方氯化钠等。紧急情况下，可输入生理盐水、葡萄糖盐水、林格溶液等。补液量根据病情而定。

技能 9 呕　吐

【病因】

（一）中枢性呕吐

（1）由颅部病变直接压迫，或者药物刺激延髓内的呕吐中枢增加其兴奋性而引起。

（2）中枢神经感染。常见于各种细菌感染引起的脑膜炎，病毒引起的脑膜脑炎、脑脓肿，寄生虫引起的脑寄生虫病等。

（3）中枢非感染性疾病。包括脑血管病、脑肿瘤等。

（二）反射性呕吐

（1）咽喉部疾病。咽喉炎症、异物存在时均可引起呕吐，如咽炎、扁桃体炎、食物刺激等。

（2）食管疾病。如食管异物。

（3）胃部疾病。炎症性病变可见于各种胃炎、胃肠炎等；非炎症性病变可见于胃扭转、幽门痉挛、幽门梗阻等。

（4）肠道疾病。肠道感染性疾病中，以各种病原体引起的肠炎常见；非感染性炎症，以肠梗阻、肠套叠多见。

（5）腹腔脏器疾病。肝胆疾病，各种原因引起的肝炎、胆囊炎、急性或慢性胰腺炎，各种原因引起的原发性或继发性腹膜炎等。

（6）呼吸系统疾病。呼吸道感染可引起呕吐。

（7）泌尿系统疾病。感染、尿毒症等。

（8）循环系统疾病。各种心脏病伴发心功能不全时、严重的心律失常等，可出现不同程度的呕吐。

（9）各种中毒及药物反应。误食或误用各种药物、毒物而引起的中毒。

（10）代谢障碍。在各种代谢性疾病或代谢过程紊乱时，均可发生呕吐。常见者有水、电解质紊乱，各种原因引起的酸碱平衡失调、尿毒症、糖尿病等。

（11）脑前庭受到刺激。如晕车、晕船、内耳疾病等。

【诊断】

（一）病史

（1）病程长短。一般神经性呕吐、脑肿瘤、幽门梗阻等病程较长；传染病、腹内炎症、药物等所致的呕吐病程较短。

（2）呕吐与进食的关系。呕吐与进食有关者，首先应考虑消化道病变。病变位置越靠上则进食后出现呕吐的时间越短。食管和贲门病变多在进食后立即吐出，且不包括胃内容物而是刚刚吃入的食物；胃内病变出现呕吐，进食后稍久，其最大的特点是伴有胃内容物；肠道病变与进食无直接关系；咽喉部病变，通过食物刺激也可发生进食后呕吐。

（3）呕吐内容物与病变部位。根据呕吐内容物性质，有时可判定病变的部位。如呕吐物为刚进入的食物，则病变在食管；如呕吐物为胃内容物，则病变在胃部；如呕吐物中有胆汁，病变在中消化道；呕吐物带有粪臭味提示大肠堵塞；如呕吐物中带有血液、鲜血或咖啡样物，则说明病变部位多在上消化道。

（4）腹痛。呕吐及伴有腹痛者，提示为腹部内脏的炎症、胃肠道梗阻、结石症等。

（5）呕吐程度。如呕吐频繁为主要表现，应考虑消化道疾病和中枢性病变；如呕吐偶尔发生，以其他表现为主，则为其他系统病变，呕吐仅为伴随症状。但是在中枢性病变时，有时呕吐并非主要表现，只有伴有颅内压升高时呕吐才会频繁发生，即使呕吐次数不多，但呈喷射性，也应考虑中枢性病变。

（6）其他。注意有无服用刺激性药物史。

（二）体格检查

（1）注意一般营养状况及精神状态，主要为脑膜刺激症状。

（2）胸部检查。各种气管、肺部病变，包括感染性与非感染性疾病，可伴有不同程度的呕吐，有时呕吐发生在咳嗽后。呼吸困难、呼吸急促、缺氧明显时，也可出现呕吐，咳嗽不明显。心脏病伴呕吐，常见于心力衰竭时。所以，在心脏检查时，注意心脏是否扩大、心杂音的有无及有无心率紊乱。心包炎、胸膜炎也可引起反射性呕吐，因此听诊时要注意区别胸膜磨擦音和心包磨擦音。

（3）腹部检查。腹部检查是重点。当然，有些引起呕吐的消化道病变，尤其是上消化道疾病，可无明显的腹部体征。首先观察腹部外形，腹部膨隆可见于肠梗阻、腹膜炎、腹水等；腹部触诊压痛伴肌紧张见于腹膜炎等。

（4）其他部位检查。四肢浮肿见于肾炎；皮肤化脓灶存在，提示败血症的可能；代谢性疾病常伴有肝脾肿大、骨骼和体型改变。

（三）实验室检查

（1）血、尿、粪便常规检查。外周白细胞总数及中性粒细胞明显升高，见于严重的细菌感染。对于呕吐而言，首先要排除中枢神经系统感染、急腹症、败血症。慢性贫血要注意消化道出血，如胃肠溃疡、钩虫病、尿毒症。尿液检查以排除肾炎和泌尿系统感染。粪便检查检出有形成分出现见于各种肠炎，潜血试验阳性说明消化道出血，虫卵存在说明有寄生虫存在，可能与本病有关。

（2）血液检查。包括血液电解质、血糖、尿素氮、肾功能及内分泌病、代谢障碍病的有关检查。

（3）X线检查。这是有诊断价值的检查项目，它对于食管异常、胃扭转等疾病有确诊性价值，对肠梗阻、十二指肠溃疡、腹膜炎有重要的参考价值。

（四）伴随症状

呕吐伴有发热，首先应考虑感染性疾病；同时有咳嗽、呼吸困难，则为呼吸道感染；同时伴有腹泻，则为胃肠道感染；同时伴有尿液改变，则为泌尿系统感染；同时伴有定位性腹痛者，根据不同部位，考虑急性胰腺炎、急性腹膜炎等。还应想到可伴有呕吐的急性传染病，如犬瘟热、细小病毒病等。

【救治措施】

（1）呕吐的处理。频繁呕吐影响进食，应禁食，静脉补充营养和水分。

（2）感染性疾病所致呕吐。控制感染是主要措施。对于细菌感染使用相应的抗生素，一般病例可以口服治疗，严重的患病动物应静脉注射抗生素。病毒感染主要是对症处理。中枢神经系统感染时，呕吐是颅压升高的一种表现，应用脱水剂降低颅压。

（3）手术治疗。由先天或后天造成的急腹症，应进行手术治疗。

（4）非感染性疾病的内科治疗。

① 由心力衰竭引起的呕吐，积极控制心力衰竭，同时治疗原发病。

② 水、电解质紊乱和酸碱平衡失调所致呕吐，应补液，调节电解质，纠正酸中毒或碱中毒，同时治疗原发病。

③ 呕吐型癫痫，应用抗癫痫药物。

④ 药物引起的呕吐，按照病情需要必须应用时，可减量观察，停药后对病情无过多影响时，立即停药。

技能10 腹　　痛

【病因】

腹腔脏器发生急性功能失常或各种器质性病变均可发生腹痛，如肠管梗阻、尿道结石、急性胰腺炎、急性胃肠炎、急性腹膜炎等。此外，腹腔外其他脏器的疾病以及全身感染、内分泌与代谢紊乱、过敏、血液病等也常引起不同程度的腹痛。

【分类】

1. 真性腹痛　是指由胃肠疾病所引起的腹痛。按发病部位分为胃性腹痛和肠性腹痛，如胃扩张，肠痉挛、变位、阻塞等。

2. 假性腹痛　是指除了胃肠疾病以外，其他脏器的病变所引起的腹痛，如膀胱结石、子宫扭转、腹膜炎等。

3. 症候性腹痛　是指除了真性腹痛和假性腹痛以外，由其他疾病所引起的腹痛，如疝、中毒性疾病等。

【诊断】

（一）病史调查

1. 发病时间与发病经过　问清发病时间与发病的经过，对腹痛的诊断很有意义。如胃肠破裂，发病急剧，死亡较快；肠阻塞，发病较慢，病程较长。

2. 有无呕吐　如呕吐先于腹泻，可能由饲喂不当或吞食异物、毒物引起；如呕吐出现在腹泻之后，多表示腹腔、内脏的疾病引起胃肠道反射，如肠梗阻时呕吐多在腹痛之后。

3. 腹痛表现 持续性腹痛表示腹部有炎症性疾病；阵发性腹痛多表示腹腔脏器有梗阻或痉挛性疾病。

4. 排粪和排尿情况 了解排粪的次数、数量及粪便的干、稀、软、硬等情况。如肠痉挛排稀粪，无恶臭，粪便中不含黏液、脓汁；急性胃肠炎排出恶臭、混有脓血的稀粪或呈水样；肠梗阻时可能导致排粪、排尿停止；不排尿可能为尿道阻塞或膀胱破裂。

（二）临床检查

1. 体温、脉搏和呼吸数的测定 体温变化，可判断是炎症性疾病还是非炎症性疾病。胃肠疾病所致的腹痛，脉搏数的增加对脱水程度的判断及预后的估计有一定的参考价值。

2. 观察腹痛程度 对推断疾病的性质、部位有一定的参考价值，同时腹痛程度与疾病发展的快慢有关。一般来说，在病的初期和中期，腹痛比较明显而剧烈，待发展到后期，往往腹痛会有所缓和。

3. 观察腹部大小及对称性 腹部急剧膨大，可能为胃扩张-扭转综合征。

4. 听诊胃肠蠕动音 听诊胃肠蠕动音有助于分析病情。

5. 粪便的观察 注意排粪量及其硬度，同时注意粪便内有无血液、黏液、脓汁等。

（三）特殊检查

1. 血液检查 可提示有无炎症变化，并对疾病的治疗和预后的判断有一定的意义。

2. 腹腔穿刺 通过腹腔穿刺判断腹腔液的量和性状，对诊断疾病有很大帮助。如腹膜炎时，腹腔液增多；胃肠破裂时，腹腔液中有血液、粪便等。

3. 双手深部触诊 对疾病的部位、疾病的程度及预后的判断都有重要意义。

【救治措施】

（1）出现休克症状的，立即进行抗休克处理，补充血容量等。

（2）诊断疑难症时，应密切观察，不给予止痛药物。有下列情况，可考虑手术。

① 腹痛突然发作，程度剧烈，持续时间长，症状未见减轻或症状加重的。

② 有明显的腹膜刺激症状并疑有胃肠道、膀胱等空腔器官穿孔或大出血的。

③ 疑有肠梗阻、肠套叠等疾病的。

（3）腹痛已好转或腹膜刺激症状不明显的，可采用非手术疗法。

（4）手术治疗前，应为患病动物做好准备，如纠正水、电解质紊乱和酸碱平衡。

技能 11 便 血

【原因】

（1）胃肠损伤。如胃肠道异物损伤，胃肠黏膜、黏膜下层破裂出血，出现便血。

（2）胃肠道炎症。见于病原微生物或寄生虫性疾病，病原体及毒素作用于胃肠壁导致发炎或溃疡，引起毛细血管损伤出血，出现便血。

(3) 肠道血液循环障碍。如肠套叠、肠梗阻等病时，因肠道梗阻及肠系膜动脉栓塞，常常在短时间内发生肠道血液循环障碍，造成组织缺血、坏死，甚至出血。

(4) 毛细血管通透性增加。某些中毒性疾病引起毛细血管的通透性改变，发生胃肠道出血。

【诊断】

(一) 病史

(1) 排便后，鲜血自肛门滴下，不与大便相混的，多为直肠出血。

(2) 血色较暗，与粪便相混合均匀的，出血部位多在小肠，但出血量多、肠蠕动较快的，仍可为鲜红色。

(3) 粪便带有脓、血、黏液的，应考虑结肠炎。

(4) 经常便鲜血，无其他症状，偶尔带有黏液或腹泻，应考虑到肠息肉。

(5) 伴有全身其他部位出血的，应考虑血液病。

(6) 腹痛伴有呕吐，腹部触诊有香肠样物并有少量鲜血黏液便排出的，应考虑肠套叠。

(7) 有无食物过敏、中毒、钩虫病等病史。

(二) 体格检查

(1) 有无脉细弱而快、血压下降等休克表现，有无发热等感染表现。

(2) 全身系统检查。若有贫血表现，应考虑血液病；伴有淋巴结、肝脾肿大，应考虑白血病；伴有荨麻疹，应考虑过敏性紫癜。

(3) 腹部检查。有包块，触诊敏感，可触摸到坚实而有弹性、似香肠样物的，应考虑肠套叠。

(三) 实验室检查及特殊检查

(1) 粪便检查。注意肉眼观察，有无脓汁、黏液及混合情况；显微镜下检查虫卵等。

(2) 血液常规。注意有无贫血。

(3) X线检查。套叠肠管呈圆桶样软组织阴影，为肠管粗细的2倍。

【救治措施】

(1) 轻症患病动物不需紧急处理，应积极找出病原，按病因治疗。

(2) 便血严重有休克的，按休克救治处理。

(3) 有外科情况如肠套叠等，应考虑手术。

(4) 便血不止可用止血药物，如安络血0.5 mg，每天2次，肌内注射；酚磺乙胺5～15 mg，每天2次，肌内注射；维生素K 10～30 mg，每天2次，肌内或静脉注射。

(5) 消炎。氨苄西林每千克体重5～10 mg，肌内注射，每天2次；庆大霉素每千克体重2.2～4.4 mg，肌内或皮下注射，每天2次；卡那霉素每千克体重5～10 mg，肌内注射，每天2次。

技能12 腹 泻

【病因】

(一) 感染

兽医临床上最常见的就是感染。临床上各种年龄的动物均可发生，但以幼龄动物多发。常由细菌感染（如致病性大肠杆菌、沙门氏菌、金黄色葡萄球菌等）、病毒感染（如细小病毒、犬瘟热病毒、冠状病毒等）、真菌感染（如假丝酵母菌、组织胞浆菌）、寄生虫感染（如弓形虫、蛔虫等）造成。当感染时，病原体吸附于肠黏膜表面，不侵入肠黏膜，通过产生毒素引起肠黏膜上皮细胞变性坏死，蛋白质、黏液渗出，同时炎症刺激肠运动加快，造成腹泻。有些病原体吸附侵入肠黏膜，繁殖产生毒素，引起肠黏膜变性坏死，大量渗出，如痢疾杆菌、大肠杆菌等。有些病毒感染侵入小肠上皮细胞，在细胞内繁殖，引起上皮细胞受损脱落，导致吸收功能障碍，产生腹泻，如细小病毒感染、冠状病毒感染等。病原体在侵入肠黏膜细胞时还引起炎性浸润，这些炎症细胞释放炎性介质，引起肠黏膜的变性坏死和渗出，从而导致腹泻。

（二）非感染因素

如应激反应、肠道肿瘤、肠道过敏等均可造成肠黏膜损害和渗出，引起腹泻。

（三）消化功能不全或吸收不良

消化功能不全多见于断奶仔动物。由于断奶仔动物胃肠功能不健全，消化酶分泌不足，从吃母乳变成了以饲料为主，加上断奶应激，体内酶的水平下降，影响营养成分的消化和吸收，从而导致腹泻。吸收不良多见于小肠段，如体内胰酶缺乏、消化功能障碍等。

（四）过食

过多的食物还未来得及消化分解就排出体外，这样的腹泻物中含有大量的消化不全的颗粒饲料和食糜。患病动物可能出现暂时的精神萎靡，食欲不振，待胃排空后给予米汤或半流质食物，动物可迅速恢复体力。

（五）菌群失调

正常情况下，胃肠道处于有益菌和有害菌相对平衡的状态。长期大量使用抗生素，造成机体菌群失调，平衡被打破，容易发生腹泻。.

【诊断】

（一）病史

（1）有无食入生冷或腐败变质食物的历史，与患病动物一起饲喂的动物有无类似疾病。如有这种情况，应考虑食物中毒或胃肠道细菌感染。

（2）大量进食油腻食物的，应考虑动物的单纯性腹泻。

（3）注意观察排粪情况和粪便的性状。患病动物腹泻腹痛，有时排出黏液便、脓便并带有酸臭味；里急后重症状的，常为细菌感染；动物消瘦，被毛无光泽，营养不良，机体无力，排出黏液便，常混有血丝或混有寄生虫虫体或虫卵，常为寄生虫感染；粪便较稀，颜色灰白或黄，逐渐变为水样或番茄汁样的血便，恶臭，肛门被粪水污染严重，常为病毒感染。

（二）体格检查

（1）密切观察脉搏、呼吸和体温，注意有无眼球下陷、皮肤干燥皱缩等脱水表现；有无脉快而细弱、四肢发冷等休克现象；有无深呼吸；有无腹胀、肌肉软弱无力等低血钾现象。有这些现象时，说明病情严重，应立即输液治疗。

（2）腹部检查。注意排除急腹症，如腹膜炎等。一般腹泻病例，仅有轻微腹部触痛而无肌肉强直。

（三）实验室检查

（1）血液常规。注意嗜酸性粒细胞的变化。

（2）粪便检查。对腹泻的诊断极为重要，应注意粪便色泽观察及显微镜检查，如有无脓球、血细胞、黏液、寄生虫的虫卵。若有多量不消化的食物残渣，而无脓球、血细胞，说明是患病动物过食。

（3）毒物分析。怀疑中毒时，可留呕吐物、尿和粪便送检。

【救治措施】

（1）调节饮食。暂时禁食 6～8 h，以免增加胃肠的负担，多给动物饮用淡糖盐开水以补充腹泻失去的水分和无机盐，待病情好转，逐渐恢复饮食，也可先给少量米汤，逐步过渡到正常饮食。

（2）抗菌消炎。当出现腹泻、腹痛、血便、里急后重等症状及粪便镜检白细胞满视野时，应及时使用抗菌药。常用药物有磷霉素钙胶囊、庆大霉素注射液等。

（3）补充液体。为预防和纠正脱水，在动物有饮食欲的情况下，可口服补液盐（ORS）。口服补液盐可用于各种原因引起的腹泻，使用方便、安全、有效。没有补液盐时可用糖盐水代替，即白开水 500 mL＋白糖 20 g＋细盐 2 g；也可以用米汤盐溶液来代替，即米汤 500 mL＋细盐 2 g。糖盐水或米汤盐溶液给动物口服，任其饮用。动物不能自己饮用时，需灌服。

（4）对中、重型腹泻患病动物应静脉补液，以纠正水、电解质及酸碱平衡紊乱。

（5）对于幼龄动物的消化不良，可给予蒙脱石散、乳酶生等药物止泻。

（6）注意饮食卫生，食物应新鲜、清洁，食具应煮沸消毒，避免苍蝇及灰尘污染。

技能 13　血　　尿

【病因】

（一）泌尿系统本身的疾病

血尿 95％以上是由泌尿系统本身疾病所致。

（1）感染。如膀胱炎，肾盂肾炎，尿道炎，急、慢性肾炎、肾结核等可直接损害泌尿器官引起血尿。

（2）肿瘤。肾癌、肾盂癌等。

（3）泌尿结石。肾、输尿管、膀胱结石可引起机械性损伤造成血尿，但往往伴随有相应部位的钝痛和放射性疼痛。

（4）各种原因造成的泌尿系统损伤、梗阻，或其他原因如膀胱异物、物理或化学物品、药品造成的损害，剧烈运动均可引起血尿。

（二）全身性疾病

（1）血液系统病。血小板减少性紫癜、过敏性紫癜、再生障碍性贫血、白血病、血友病、尿毒症综合征、血红蛋白病等。

（2）结缔组织病。痛风及其他变态反应性疾病。

（3）其他感染性疾病。钩端螺旋体病、丝虫病等。

（4）心血管及内分泌代谢疾病。心脏功能衰竭、甲状旁腺功能亢进症等。

（三）尿路邻近器官疾病

盆腔炎，输卵管炎，直肠、结肠癌，宫颈及卵巢恶性肿瘤。

（四）暂时性血尿

饮水过少引起的，增加饮水后很快消失。

【诊断】

（一）定位诊断

（1）初始血尿。排尿开始就有血尿，以后尿液逐渐变清，一般多为尿道疾病，常提示前尿道（球部和阴茎）的病变。这些部位的异物、炎症、肿瘤、息肉、结石和狭窄均可造成初始血尿。

（2）终末血尿。排尿开始正常，快结束时出现血尿或排尿结束后仍有血液从尿道口滴出。多为膀胱炎或膀胱颈部、后尿道的病变。

（3）全程血尿。整个排尿过程中均有血为全程血尿。提示病变发生在膀胱颈部以上的泌尿道，可分为肾小球性血尿和非肾小球性血尿，如肾小管髓质病变、肾盂肾炎、肾结石、结核、肿瘤等。

（二）诊断

首先确认是否存在假性血尿。假性血尿通常有以下情况：如母犬“月经”；某些食物或药物引起的红色尿等；有些药物对肾有损害，服用后可引起血尿，如庆大霉素、磺胺类药物、卡那霉素、氨基比林、利福平等。然后定位诊断，血尿的定位诊断具有重要意义，可提示病变部位。

【救治措施】

（1）避免服用对泌尿系有损害药物，如磺胺类、多黏菌类、卡那霉素等。

（2）出血可口服维生素 K 10 mg/次，2 次/d。维生素 C，口服片剂 0.2 g/次，3 次/d；针剂肌内注射或以 5%～10%葡萄糖稀释静脉注射，每日 0.25～0.5 g。云南白药口服 0.2～0.3 g，3～4 次/d。

（3）止痛。可皮下注射阿托品每次 0.5 mg 或安痛定肌内注射剂每次 25～100 mg。

（4）避免吃刺激食物，禁洗澡，防感染。

技能 14　尿　　闭

【病因】

常见原因是青年动物首次交配，由于过度兴奋紧张，诱发膀胱括约肌痉挛，使尿液不能排出体外。

【诊断】

（1）症状。动物有食欲，能排大便，却时时做出排尿动作，但不排尿，动物呻吟不停，触摸腹部膀胱部位胀大如拳，当动物两天排不出尿，则开始呕吐。

（2）体格检查。通过腹壁触诊膀胱时产生疼痛，膀胱高度充盈，按压不能引起排尿，导尿管探诊插入困难。

（3）特殊检查。X 线透视膀胱和尿道未见结石。

（4）鉴别诊断。

① 尿结石患病动物绝大多数开始还呈现尿淋漓，而尿闭一般是突然无尿。

② 尿结石，尤其是雄性动物在阴茎骨后方常会触摸到结石颗粒，而尿闭无此症状。

③ 尿结石发生于不同年龄的雄性动物，较大年龄的雌性动物；尿闭常发于第一次交配的雄性、雌性动物。

④ 用X线检查，会发现尿结石患病动物膀胱和尿道有结石颗粒，而尿闭则无。

【救治措施】

(1) 仰卧保定。将动物四肢保定桌。

(2) 全身麻醉。肌内注射速眠新每千克体重0.1～0.2 mL，待刺激动物不动后开始手术。

(3) 消毒。用温肥皂水清洗阴部，再用0.2%新洁尔灭消毒阴部。

(4) 导尿。用灭菌凡士林涂擦尿道口和导尿管，然后用导尿管轻缓螺旋式插入尿道至膀胱，尿随导尿管排出体外，待尿液排尽后，把导尿管留滞在膀胱里，其外端剪平固定在尿道口内壁上，保留3 d。

(5) 输液。用适量葡萄糖生理盐水和适合输液的几种维生素输液排毒、增强体质，若有膀胱出血用止血药治疗，另加适量抗菌消炎药物注射，连用3～5 d可愈。

技能15 阴道出血

【病因与症状】

1. 雌性动物发情前期延长 雌性动物的发情前期时间超过21 d，即可定为发情前期延长。这时，雌性动物持续流出血水样液体，虽然有发情表现，但不接受交配，阴道上皮角质化细胞不足50%。原因可能与促性腺激素的分泌不足有关。

2. 雌性动物发情期延长 雌性动物接受交配的时间超过21 d，可定为发情期延长。雌性动物持续从阴道中流出血水样液体，接受交配，阴道上皮以角质化细胞为主。发情期延长的雌性动物可在1周内成功完成交配后仍然接受交配，往往为单侧卵泡形成囊肿。但由于雌激素的持续分泌，最终会造成子宫内膜腺囊肿性增生及子宫蓄脓。

3. 雌性动物阴道损伤 阴道损伤主要是当胎儿卡在阴道时进行人工助产导致。正常分娩情况下，有时也会造成阴道损伤。症状是从阴道中流出血水，然后逐渐掺杂一些绿色，并逐渐味道难闻。

4. 产后母体胎盘坏死 又称胎盘溃疡或胎盘复旧不全，多见于两岁半以内的青年雌性动物。典型症状是雌性动物在产后无任何全身症状的情况下，阴道中持续流出血水样液体，胎盘处呈球样变大。进行子宫内膜和组织学检查时，有明显的局部出血和坏死灶。个别情况下，在溃疡处会形成穿孔，并使液体流入腹腔，这时会造成雌性动物全身情况迅速恶化，应立即进行子宫卵巢全摘除术。

5. 产后子宫出血 产后子宫持续出血少见，但大都呈顽固性经过，最终会危及雌性动物的生命。这种几乎是纯血性的排出物，大部分在正常分娩后的数天出现。雌性动物没有任何全身症状，可以正常哺乳。鲜血从阴道排出，部分形成凝块，应用止血药、催产素或麦角碱均无效。但治愈后怀孕和分娩均不受影响。

【救治措施】

1. 发情前期延长　皮下注射0.01～0.02 mg雌二醇，24 h后皮下注射200～500 IU的绒毛膜促性腺激素（HCG）。

2. 发情期延长　皮下注射甲地孕酮20～50 mg或HCG 50～100 IU。

3. 阴道损伤　在没有阴道穿孔的情况下可进行冲洗治疗，尽可能使用一些温和性的抗炎冲洗液。当有阴道穿孔时，应进行重复性局部治疗。

4. 产后胎盘坏死　可考虑卵巢、子宫全切除。

项目2　急症救治

技能1　创　　伤

【病因】

1. 刺伤　多由针、钉等尖锐物刺扎引起。伤口小，创腔深，一般外部出血量不多，如尖端刺入体腔内时，容易引起内部大出血。若有折断的尖端或其他异物存留于伤腔内时，容易招致感染，若不及时取出异物，很容易形成难治的瘘管。针类折断于体内时，伤口不久可愈合，但残存的针类有时可以游走变位或停留于某部被结缔组织包裹。

2. 切伤　多由刀、玻璃等切割引起。伤口平滑呈直线形，若在受伤同时机械作用改变方向则形成瓣状伤口、组织缺损或切断伤等。切伤伤口裂开较大，伤口底部比较浅，出血量大。

3. 挫伤　多由钝性物体的冲击、跌倒、车压、踢、咬等引起。伤形复杂不整，伤口边缘组织常坏死，或伤口边缘卷缩，伤口内常包藏很多异物，容易导致感染，伤口周围皮下带有溢血，若刺激过强能形成瓣状伤或组织缺损伤，出血量较少。

4. 裂伤　在受伤时暴力作用于附近组织发生破裂及断裂，有时可能由于强压或炸药的爆炸而发生。伤口边缘不整，裂口很大。

5. 粉碎伤　机体某部，特别是四肢，受车压或机械的高度挫灭，造成软部组织挫碎、骨折、内脏破裂或脱出。

6. 枪伤　枪弹的射伤。根据损伤程度不同，可分为贯通伤、盲贯伤、擦伤等。射入口小，射出口大，伤口深，一般出血不多；往往损伤大血管和内脏，造成内出血，而且容易感染。

7. 咬伤　常出现组织缺损或末梢咬断，容易感染。

8. 毒伤　由于毒蛇的牙咬、蜂的刺蜇等损伤软部组织所引起，伤口非常小，稍出血或不出血，局部肿大，常引起严重的功能障碍。

【诊断】

创伤的主要临床症状是出血、疼痛、伤口裂开及功能障碍等。在受伤后，伤口内立即流出血液，出血量的多少决定于受伤血管的大小、受伤的面积、部位和组织的深度。大量失血时，可引起贮血器官，如肝、脾、肺的功能紊乱。在出血的同时出现疼痛现象。如果局部神经、血管、肌腱、韧带及关节受到损伤，则会出现功能障碍，如跛行等。重大的外伤失血过多或疼痛过剧时，可能出现急性贫血及失血性或疼痛性休克等症状。

【救治措施】

（一）处理原则

（1）消除致病因素和残留在伤口内异物等。

（2）注意预防外伤感染和全身治疗，改善机体状况，增强全身抵抗力。

（3）消除外伤愈合迟缓的因素，用外科处理方法加强局部组织修复力量，促进伤口愈合过程的正常发展和组织的新生增殖功能。

（4）根据外伤的状态及处于不同过程给予不同的治疗。

（二）处理方法

（1）一般新鲜创的处理。一般小的擦皮伤，为了消除感染，在受伤后立即用碘酊等消毒伤口，或应用碘仿火棉胶封包伤部。发生较大外伤，必须立即根据出血情况采取不同的止血方法，以后再清洁伤口。伤口皮肤的机械清洁，不仅能将病原菌清除，预防外伤继发感染，而且对愈合过程也有良好的作用。

在清洁外伤时，首先用灭菌的纱布块将整个创伤面覆盖上。用剪刀逆向将伤口周围的被毛紧贴皮肤剪掉，为了防止断毛掉落于伤口上并使动物处于安静状态，可先从伤口外周开始剪毛，逐渐向伤口周缘进行，最后剪除伤口边的被毛。然后用浸过石炭酸或乙醇的纱布擦拭伤口周围（自伤口向外擦拭，不可让药液接触伤口）。最后用5%碘酊、0.01%～0.02%洗必泰或新洁尔灭或5%甲醛乙醇溶液，以5 min的间隔将伤口周围涂擦两次。清洁伤口周围后，先将覆盖的纱布取下，然后用消毒镊子除去伤口内异物等，最后用生理盐水或弱消毒药液如双氧水反复冲洗伤口，直至干净为止。

（2）外伤的手术处理。有些严重的外伤需要手术处理，手术前首先要对伤口进行清理和修整。用一般方法清理伤口周围被毛，用生理盐水或弱消毒药液冲洗伤口。然后扩创彻底除去伤口内挫碎的坏死组织、异物及凝血或消除伤口内盲囊，便于渗出液及脓液排出。最后根据手术常规充分止血，并将抗生素（磺胺类药、青霉素、呋喃西林或磺胺青霉素合剂等）撒布伤口内，预防感染。伤口过大，可进行初期缝合，注意充分引流。为了避免感染可用纱布、绷带包扎。

（3）严寒期与暑热期外伤的处理。严寒期处理外伤时，伤口周围不必过多剪毛，覆用保温带，尽力避免使用水剂消毒剂，最好用油剂，如红汞肝油（4%红汞5 mL、鱼肝油10 mL、乙醇5 mL）、黄色素肝油（0.2%黄色素5 mL、鱼肝油10 mL、乙醇5 mL）、呋喃西林肝油（0.02%呋喃西林5 mL、鱼肝油10 mL、乙醇5 mL）或粉剂等。暑热期处理外伤时，伤口周围应用防虫剂，消毒剂多应用粉剂，并进行引流和注意全身反应。

（4）大面积外伤的处理。对于大面积外伤除进行一般的外伤处理外，必须注意全身疗法，注意止血和防止休克；注射破伤风类毒素；维持体液平衡和酸碱平衡，施行输血和补液；加强饲养管理和饮食；合理而及时地应用磺胺类药或抗生素，消除感染。

（5）感染创的处理。清洁创围及创口，冲洗创腔至脓液洗净，可用0.1%新洁尔灭或0.1%雷佛奴耳、0.1%高锰酸钾、3%双氧水；切除坏死组织，可用3%～10%氯化钠纱布条引流后缝合及包扎。

（6）肉芽创的处理。用生理盐水冲洗创面，用硫酸铜或高锰酸钾粉腐蚀，可选用氧化锌软膏或20%甲紫溶液涂布等。

技能2　出血与止血

【病因】

（1）外出血。常见的为肢体及躯干损伤，其次为伤口的继发感染等并发出血。

（2）内出血。常由外伤引起，常见的有颅内出血、血胸、肝脾破裂性损伤及手术后出血等。

【诊断】

（一）出血性质

（1）动脉出血。血液从近心端喷射出来，血色鲜红，流血速度快，有脉搏般节奏。见于大的创伤损伤了动脉血管。

（2）静脉出血。血液从血管远心端不断流出，血色暗红。

（3）毛细血管出血。血液由伤口慢慢渗出，混有细小动脉和静脉出血，全部伤口都有浸血，见于划伤、刺伤等。

（4）实质器官出血。如肝、脾、肾、肺等破裂。

（二）全身症状

全身症状是诊断内出血的主要依据。主要表现有出血部位疼痛和休克的症状，如全身无力、不安、昏睡、对周围刺激淡漠、皮肤和黏膜苍白、四肢厥冷、脉搏细弱、呼吸急促、血压下降、体温逐渐降低等。

（三）实验室检查

（1）血液常规。血红蛋白和红细胞下降，白细胞上升，为出血的特征。

（2）尿液常规。泌尿系统出血时，尿内常有红细胞出现。

（四）穿刺检查

怀疑胸腔或腹腔出血时，在诊断时应进行穿刺。

【救治措施】

（1）剪毛和消毒。可以采用下面任何一种方法消毒。

① 用自备消毒药水稀释，冲洗伤口（大小伤口都适用）。

② 用清水及肥皂清洗伤口（只限于较小伤口）。

③ 用棉签或消毒棉球蘸2%～3%雷佛奴耳（俗称黄药水）抹净伤口，每次每个棉球只可以向一个方向抹一次就要换新的，直至伤口清洁为止。对擦伤或怀疑会沾上污物的伤口，更要注意小心做好消毒工作。

（2）止血。让患病动物侧卧位并提高伤肢，用一块消毒敷料盖住伤口，用手压在敷料上，施以适量压力，协助止血。通常不太严重的出血（如误伤），都可以在20 s左右止血。如果为擦伤的伤口，由于血不是流出只是渗出，不必抬高伤肢止血。

（3）包扎。若敷料上没发现有血渗出，就可以认为伤口已经基本止血，这时用胶布将敷料固定即可。

（4）出血量较大，伤口出血呈喷射状或鲜红血液涌出时，立即用清洁手指压迫出血点上方（近心点）使血流中断，并将出血肢体抬高或举高，以减少出血量。用止血带止血时，应先用柔软布片数层垫在止血带下面，用电线、铁丝、细绳等作为止血带使用。

技能3 眼球脱出

【病因】

眼球脱出是由于外力作用造成眼球突出眶窝及眼组织的损伤，常继发严重的角膜炎、结膜炎及全眼球炎。多见于小型观赏动物，如北京犬、西施犬。

【诊断】

患病动物多数一侧眼球突出眶窝，两侧眼球明显不对称，少数病例两侧眼球均突出眶窝。突出的眼球表现不同程度的结膜、角膜出血，上下眼睑和周围组织炎性反应。严重病例由于角膜破损造成房液外流，眼球塌陷。陈旧性病例，突出的眼球呈现角膜翳、角膜增生突出、结膜充血、眼球及周围组织炎性肿胀。更严重者，出现全眼球炎及眼组织坏死，并发全身症状。

【救治措施】

(1) 对轻症病例，可用青霉素生理盐水冲洗突出的眼球，在全麻状态下牵开上下眼睑，压迫眼球复位。

(2) 对重症病例可施行外科手术复位。患病动物全身麻醉，从眼外眦至眶韧带进行外眦切开术，扩大眼裂（有些眼裂够大的可不切开），便于复位。用湿灭菌纱布轻轻压迫眼球，使其退回眼眶内。随后进行第三眼睑瓣遮盖术以保护角膜和加强眼睑缝合（或用结膜瓣遮盖术）（图5-1）。然后上下眼睑对合，进行睑板固定术。一般用结节缝合或水平纽扣状缝合，最后闭合眼外眦。

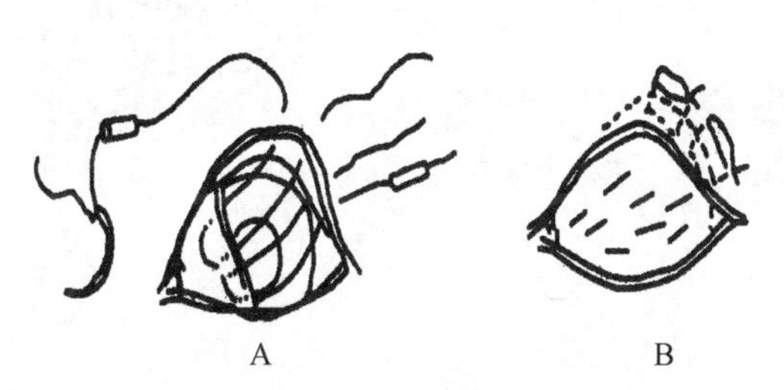

图5-1 第三眼睑瓣遮盖术

A. 进行上下眼睑对合和第三眼睑的水平纽扣状缝合，套上胶管

B. 拉紧打结后第三眼睑遮盖眼球表面

(3) 术后全身治疗应用抗生素，眼睑内滴加阿托品、皮质类固醇和抗生素类眼药膏或药水。眼睑的假缝合5～7 d拆线，如肿胀明显的可延迟至10～15 d拆线。术后常伴发斜视。

(4) 对脱出时间长、眼球坏死或不能复位的，可采用眼球摘除术。

技能4 瞬膜腺突出

【病因】

(1) 遗传因素。因腺体基部与眼周围组织间结缔组织附着先天性缺陷或者发育不全导致发病。

（2）季节因素。气温过高或者温差变化大的时候动物容易发病。

（3）饮食习惯。大多数患病动物都偏食，经常饲喂火腿肠、鸡鸭肝、肉类、猪油渣等高能量的食物。

（4）异物刺激。如眼周围的睫毛刺激、动物主人经常用卫生纸等粗糙异物擦拭动物的眼睛等。

（5）其他因素。如发生某些疾病，瞬膜腺分泌过剩，鼻泪管堵塞，沐浴液入眼引起眼睛发炎，动物之间相互嬉闹、打架等。

【诊断】

瞬膜腺突出大多发生在内侧眼角，很少有患病动物发生在下眼睑结膜的正中央。肿物可大可小，可单眼或双眼同时发生。病程短的1周左右，长成黄豆大小的增生物；病程长的可达1年左右。大多数患病动物起初只见患眼畏光、流泪，轻度充血。轻症的患病动物通过药物或眼药水局部滴眼会自然缩小一些，但很可能会再肿大。随着病情的加重，因增生的瞬膜长时间暴露在体外，会影响到动物的视野，眼睛的分泌物也随之增加。瞬膜腺突出一般不会影响到食欲和精神，但是所造成的痒感会导致患病动物抓挠，或以患眼蹭外界物品，有可能导致患眼炎症的加重，引起结膜炎、角膜炎、角膜溃疡甚至角膜穿孔以致失明的后果。

【救治措施】

动物瞬膜腺一旦突出则需要手术切除或手术复位。轻症的瞬膜腺突出，给予口服药、针剂或局部点眼会有效果，但复发率很高。外科手术是简单、快速的治疗方法，增生的瞬膜切除后，不会再发病（图5－2）。

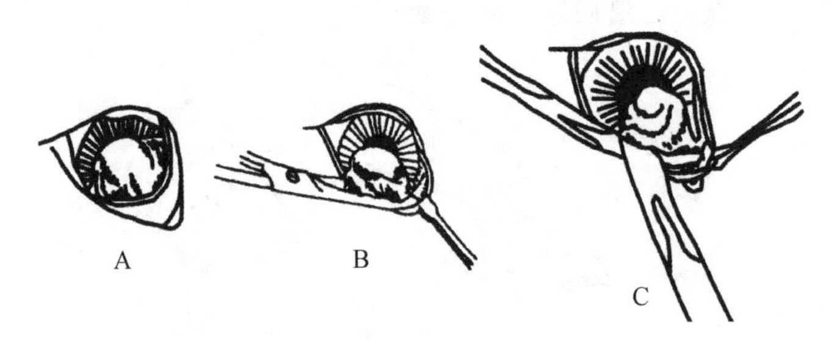

图5－2　瞬膜腺突出及切除手术

A. 发生于第三眼睑　B. 发生于下眼睑

C. 以止血钳夹出脱出增生物，用手术刀在止血钳外缘切除腺体

技能5　气管异物

【病因】

食物不慎吸入气管或处理方法不当，使异物落入气管。

【诊断】

（1）临床症状。患病动物突发呼吸困难，精神紧张，两前肢张开，后肢蜷卧于地，头颈前伸或左右摇摆擦地，张口喘息，呼吸急促，不时发出痛苦的呻吟。

（2）特殊检查。X线透视可见在喉头下方有异物，紧贴于气管壁，其他部位则无异常。

【救治措施】

(1) 术前速眠新每千克体重 0.1 mL 肌内注射，动物进入麻醉状态后术部喷湿、剃毛、消毒、铺设创巾。

(2) 手术于颈腹侧上 1/3 处纵行切开皮肤 5～7 cm，钝性分离皮下组织，用创钩将肌肉牵引向两侧，暴露出气管。用右手中指压向气管 C 形软骨的开放处，自下而上感觉异物，同时由助手将舌拉出口腔，在手电光的引导下，左手持肠钳深入气管与右手中指配合，取出异物。闭合手术通路，用医用白色 4 号线连续缝合皮肤并修正创缘，用碘酊消毒。

(3) 术后加强护理，给动物以松软食物并用抗生素连续治疗 5 d，以防继发感染。

技能 6 咽喉水肿

【病因】

常由感冒引起或由过热、体温升高或兴奋时剧烈地浅表呼吸，造成喉头过分运动所致。

【诊断】

患病动物初期流鼻涕、咳嗽、精神沉郁、食欲减退，后期全身症状明显，食欲废绝，体温时高时低，脉搏增数，倒地侧躺，四肢蹬直，头颈伸直向后，鼻翼扇动明显，呼吸高度困难，黏液充塞咽喉。触诊咽喉肿胀，可听到捻发音。

【救治措施】

(1) *手术治疗*。施行气管切开术比药物抢救效果好，可防止窒息，缓解病情。患病动物侧卧保定，伸展颈部，使头向后扬起，固定头部。手术部位选在颈腹中线咽喉下 1.5～2 cm 处。术部剪毛、消毒，用 2%普鲁卡因 3～5 mL 进行局部浸润麻醉，然后切一长 2～3 cm 的切口，切透皮肤、皮下组织，分开左右两侧胸甲状舌骨肌，并分离肌肉与气管间的蜂窝组织。用扩创钩将切口的两缘拉开，再按气导管的形状、大小在相邻的二气管软骨环上切一半月形切口，然后插入气导管，并固定于患病动物颈部。手术后要配合药物治疗和护理，治疗不当或护理不周还会引起其他病症。待原发病治愈、呼吸困难消除后，将气导管去掉，创口按开放治疗直到痊愈为止。

(2) *药物治疗*

① 消炎。氨苄西林 40 万 IU、链霉素 20 万 U 肌内注射，每天 3 次，连用 3 d，或加用 10%磺胺嘧啶钠注射液 5 mL，每天 2 次，连用 3 d，首次量加倍。

② 缓解呼吸困难、防止自体中毒。可用 5%碳酸氢钠注射液，每天 1 次，每次 5 mL，连用 3 d。

③ 制止渗出和促进炎性渗出物吸收，可静脉注射 10%葡萄糖酸钙。

④ 若频发咳嗽，分泌物黏稠，可用 10%～20%N-乙酰半胱氨酸溶液行咽喉部上呼吸道喷雾，每次用量 2～5 mL，每天 2～3 次，连用 5～7 d。

技能 7 气 胸

【病因】

(1) *外伤性*。通常由外伤致使胸膜壁层、胸膜脏层或肺破裂，空气自裂孔进入胸膜腔，使肺萎缩。如锐器刺伤、胸壁透创、肋骨骨折等，使胸腔负压消失。

（2）自发性。如肺、支气管、气管自发性破裂，多见于肺结核、肺气肿、肺肿瘤等。

【诊断】

（1）发病特点。突发性呼吸困难。有长期肺病史或肿瘤的，多为自发性气胸。胸壁外伤的多引起创伤性气胸。

（2）症状。若少量的胸膜腔内积气，一般无明显症状，严重者表现为明显的腹式呼吸，呼吸困难、有疼痛表情。可视黏膜发绀，患侧胸侧运动性差，肋间隙张开，胸廓扩大。

（3）临床检查。听诊呼吸音减弱或消失，叩诊呈鼓音。

（4）特殊检查。X线检查，气胸部分透明度增强，肺纹理消失，心脏明显移位，其外围透明度增加。

【救治措施】

（1）对少量胸腔积气的患病动物，无需特殊处理，让其休息，保持安静，一般1～2 d可自行痊愈。

（2）对于外伤性气胸，应立即进行外科处理，清理创口并严密缝合，用无菌纱布或棉垫覆盖伤口，外用胶布及绷带扎紧，使外界空气不再进入胸膜腔，然后进行胸膜腔穿刺，抽气减压。外伤性气胸多数伴有血胸，如出现休克症状，应立即补液，有条件时应输血。若肺和呼吸道破裂，必须手术处理。严重呼吸困难病例，应给予氧气。严重创伤或疑有感染应全身给予抗生素。

技能8 骨　　折

【病因】

被车撞倒或从楼梯上滚下来时，容易发生骨折。尤其是博美犬、吉娃娃犬等小型犬以及骨骼尚未发育完全的幼犬，即使从梯子上跳下来，也有发生骨折的可能。

【诊断】

（1）是否出现变形。

（2）是否不愿意被触摸。

（3）行走步态如何，如出现骨折不要随便动。

（4）如为挫伤需要进一步观察。

【救治措施】

（1）止血。对开放性骨折，出现大出血者，应及时进行止血，可根据具体情况，应用压迫、加压包扎或止血带等方法。

（2）保护伤口。伤口表面有明显异物可以去掉，然后用清洁的布类覆盖包扎伤口。对外露的骨折端，不要还纳，以免将污染物带入深层，但要进行保护性包扎。

（3）伤肢固定。伤肢及时固定，可减轻疼痛，避免造成神经、血管的损伤。固定材料可就地取材，使用木板、树枝、竹竿等将断骨上、下方两个关节固定，避免骨折部位移动，以减少疼痛，防止伤势恶化。切勿将外露的断骨推回伤口内，尽快送兽医院治疗。

(4) 整复与固定。根据骨折的严重程度，选择适宜的整复固定时间。对中、轻度骨折手术应在骨折后 1～2 d，肿胀减轻后进行。手术不宜过迟，否则血肿机化，骨痂形成，造成手术时严重出血，术野模糊，甚至引起继发感染。

① 闭合性骨折整复与固定法。用于新鲜、较稳定的四肢闭合性骨折。术者手持近侧骨折段，助手纵轴牵引远侧段，保持一定的对抗牵引力。根据其变形或 X 线诊断，旋转、屈伸使骨折矫正复位。若四肢骨折，肌肉强直收缩整复困难时，可将动物仰卧保定于手术台上，患肢垂直悬吊，利用身体自重产生对抗牵引力，在肌肉疲劳后（10～30 min）进行整复。已整复的骨折，必须用铝条、硬塑料板、竹片或树枝等材料做小夹板固定，也可用石膏绷带，以保证骨折端不再移位，促进其愈合。

② 开放性骨折整复与固定法。包括开放性骨折或某些复杂的闭合性骨折的切开整复。以内固定为主，并配合外固定。切开整复与固定应在直视下进行，确保骨折达到解剖复位和固定。

(5) *术后护理与治疗*

① 动物是跑走型动物，术后应限制走动 2 周以上。以后在人的保护下辅助行走，并逐步加大运动量，直至自由活动。

② 外固定拆除时间应根据 X 线检查骨愈合情况而定，一般 6～7 周。内固定物如接骨板和骨髓针的拆除，视动物年龄而定。3 个月龄以下，拆除时间为术后 4 周；3～6 月龄为 2～3 个月；6～12 月龄为 3～5 个月；1 岁以上为 5～14 个月。

③ 为促进使骨折愈合，饲料中可加喂石粉、碳酸钙。幼龄动物可补充维生素 AD，必要时静脉注射葡萄糖酸钙、维生素 D 胶性钙等。

④ 术后，尤其开放性骨折的手术，局部和全身炎症反应甚重，全身应用广谱抗生素、肾上腺皮质甾醇类药物，并注射破伤风抗毒素，以防发生破伤风。如食欲不振、脱水等应进行输液等支持疗法。对手术后局部严重感染或有严重骨髓炎的病例，宜采用截肢术。图 5－3 所示为利用器械发挥杠杆作用，如拉钩柄或刀柄等，借以增加整复的力量。

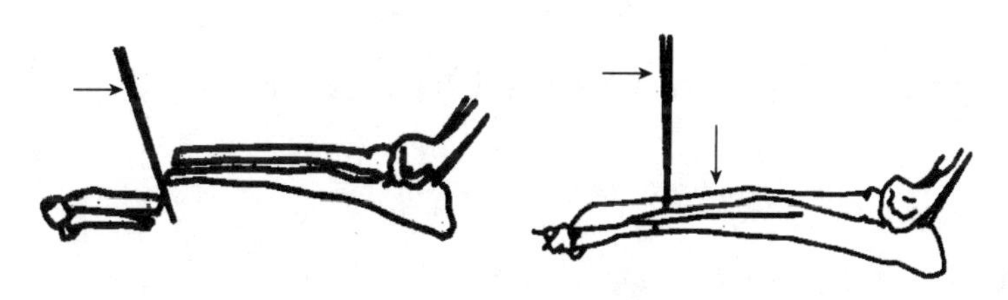

图 5－3　利用杠杆力整复骨折

图 5－4 所示为利用抓骨钳直接作用于骨片上，使其复位。图 5－5 所示为将力直接加在骨片上，向相反方向牵拉和矫正、转动，使骨片复位，并用抓骨钳或创巾钳施行暂时固定。

图 5－6 所示为利用杠杆作用，将骨折断端复位。

图 5－7 所示为重叠骨折，其整复比较困难，特别是受伤后肌肉发生挛缩，可翘起两断端，对准并压迫到正常位置。

图 5-4　利用抓骨钳使其复位

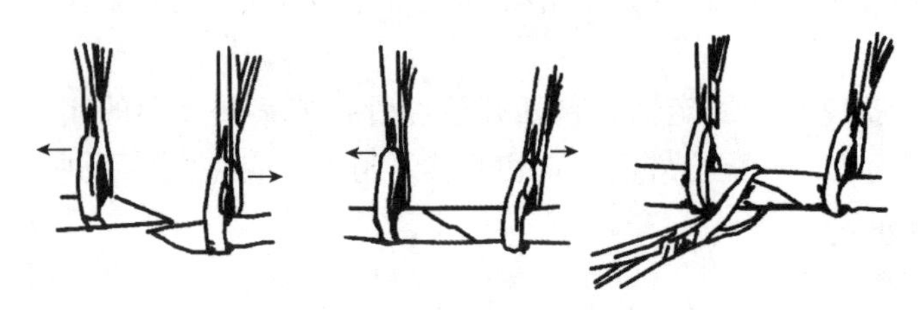

图 5-5　用抓骨钳或创巾钳施行暂时固定

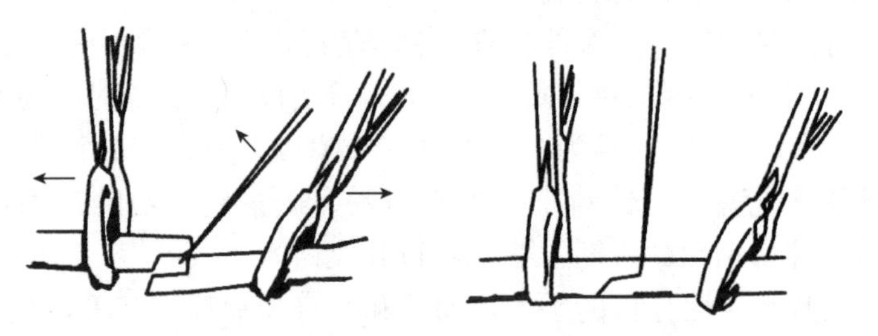

图 5-6　抓骨钳杠杆同时使用使骨折复位

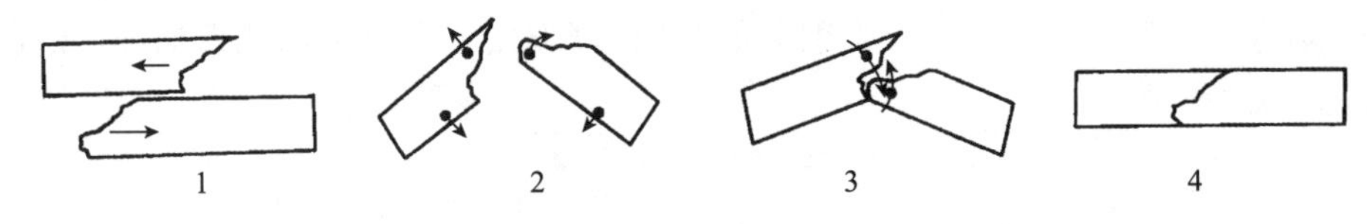

图 5-7　重叠骨折的复位（1～4 为操作顺序）

技能 9　关节脱位

【病因】

(1) 外伤所致。临床最常见的是外伤性脱位，如打击、冲撞、跌倒、高空坠落、关节突然的强烈屈伸、强烈的牵引等。

(2) 先天性（遗传因素）引起。如动物髋关节发育异常而引起髋关节脱位；肘关节因肘关节内侧韧带、肘突发育不全而诱发肘关节脱位；膝关节因股骨结构异常而引起膝盖骨脱位。

【诊断】

(1) 由于各关节的功能、位置和结构不同，临床上出现跛行的种类和程度也各不相同，但各关节脱位有其共同的症状。

① 关节变形。由于关节骨端离开原位，关节出现隆起或凹陷。

② 异常固定。因关节骨头与关节窝错开卡住，加之有关韧带和肌肉的高度紧张，在非正常的位置上固定不动。

③ 肢势的改变。在脱位关节的下方发生肢势改变，如内收、外展、屈曲或伸展等肢势。

④ 功能障碍。在伤后立即出现跛行。

⑤ 外伤性脱位往往出现关节肿胀，这是因关节及其周围组织受到破坏较重而出现的炎性反应。

(2) 根据临床症状容易诊断，但各关节的脱位却有各自的特征性症状，如膝盖骨脱位常关节屈曲呈弓形腿；髋关节脱位站立时患肢外旋，抬腿严重受限，运步强拘。

(3) 用X线检查可正确判断有无骨端变位和并发骨折等。

【救治措施】

(1) 对于髋关节脱位，当前常用拖拉法，即在全身麻醉的情况下，助手握住患肢用力拉，使股骨头向髋臼窝移动，术者也按住股骨头向髋臼窝推入，当股骨头推入到髋臼窝后，固定患肢。由于髋关节脱位而引起韧带的撕裂或断裂、出血和髋关节炎症，长期不愈合；髋关节脱位整复后也常复发。

(2) 膝盖骨脱位的治疗常用保守疗法，即局部涂擦樟脑油等刺激药、针灸等。如果效果不理想，应尽早进行手术治疗。

技能10 流　　产

【病因】

(1) 感染性原因。主要见于布鲁氏菌、葡萄球菌、大肠杆菌、沙门氏菌、胎儿弧菌感染。

(2) 黄体酮缺乏。黄体形成不全或黄体早期退化均可造成流产。

(3) 生殖器官疾病。如子宫内膜炎。

(4) 饲养管理不当。饲喂霉变食物，营养不合理，外伤，强行驱赶捕捉等。

(5) 其他原因。如胎儿异常或死亡，可发生流产；近亲繁殖导致胎儿畸形；用药失误等。

【诊断】

根据病史和临床症状，即可做出诊断。对于感染性流产，可通过流产胎儿或胎盘的细菌分离培养，以及母畜血清凝集试验来确诊。弓形虫感染时，可通过胎儿脏器，尤其是胎儿脑组织的检查，或采用组织切片进行确诊，或用母畜血清进行补体结合来诊断。

【救治措施】

(1) 发现母畜有流产征兆时，应及时安胎、保胎，可肌内注射黄体酮5～10 mg，每天1次，连用3～5 d。

(2) 当胎膜已破，羊水流出，胎儿不能排出时，可肌内注射己烯雌酚0.5～1 mg。

（3）当胎儿已腐败，在排出胎儿之前先用0.1%高锰酸钾溶液注入子宫内，再注入适量的润滑剂，然后助产拉出胎儿。

（4）为预防子宫内膜及全身感染，可用抗生素及磺胺药进行治疗。

（5）有习惯性流产的动物，可在妊娠的一定时间，预计发生流产之前注射孕酮。禁止进行阴道检查，以免刺激母畜，造成流产。

技能11 难 产

【病因】

（1）胎儿性难产。激素含量不足，由于胎儿垂体及肾上腺皮质激素不足而引起分娩发动无力。胎儿过大、胎向异常、胎位不正、胎势异常等也可引起。

（2）母体性难产。硬产道发育未成熟、骨折等，软产道如子宫颈、阴道、阴门扩张不全，或子宫扭转、钙缺乏、年老体弱产力不足等。

【诊断】

（1）有难产或生殖道阻塞的既往病史。

（2）直肠降温（降至37℃）持续24 h未生产。

（3）腹壁强力收缩持续30～60 min，新生胎儿未产出。

（4）主动分娩1～2 h无新生胎儿露出。

（5）主动分娩时，其休息期超过4～6 h。

（6）动物疼痛明显（呻吟，舔啃阴门）。

（7）阴道有暗黑脓汁或血样分泌物排出。

（8）有全身疾病症状，妊娠期延长。

【救治措施】

（1）诱发阵缩。可通过腹壁按摩子宫，灌肠刺激，手指刺激产道或扩张产道（严格消毒后进行，以防止感染），也可用手指插入肛门刺激。

（2）应用催产药物。若宫颈已开放时，可皮下注射催产素或垂体后叶素5～10 IU。若宫颈尚未开放时，则先注射雌激素（或己烯雌酚0.5～1 mL），同时注射地塞米松3～5 mg，隔1～2 h后再注射催产素或垂体后叶素。

（3）对胎位不正、胎向异常或胎势异常的，可试着整复、牵引，帮助胎儿娩出。

（4）对胎儿过大，畸胎，严重的胎向、胎位异常，软产道阻塞，骨盆狭窄，子宫扭转以及催产药应用无效，而检查确有胎儿产程过长的，应及早进行剖腹取胎术。

技能12 子宫蓄脓

【病因】

（1）内分泌因素。内、外因性黄体激素长期持续作用于子宫内膜引起子宫内膜囊泡状增生是本病的主要原因。

（2）细菌感染。当子宫内膜过度发育时，子宫抵抗力下降，当某些病原微生物如大肠杆菌、葡萄球菌、链球菌、变形杆菌及沙门氏菌等侵入和繁殖时，即会引起本病。

【诊断】

（1）症状。患病动物精神沉郁，多饮，多尿，食欲不振，多伴发呕吐、体温升高。子宫颈开放或间隙性开放者，阴门排出脓性或血性分泌物，阴门周围、尾或飞节附近的被毛被阴道分泌物污染。患病动物频频舔阴门，散发特殊的臭味。

（2）临床检查。子宫颈闭塞的病例，腹部膨大，触诊敏感，并可摸到扩大的子宫角，子宫肥大者可见到腹壁静脉怒张，并伴有中毒症状。

（3）实验室检查。血液常规检查可见中性粒细胞增多、幼稚型比例增加。非再生性贫血，血细胞比容28%～35%，血浆蛋白质增高。

（4）特殊检查。

① X线检查。腹中、腹后下部出现液体密度、均质的管状结构，有时能见到滞留的死胎。

② B超检查。可评价子宫的大小和子宫壁的厚度，区别液体蓄积与早期妊娠。

③ 阴道镜检查。子宫颈开放的子宫蓄脓，可见大量脓性分泌物经子宫颈流出，按压腹壁时流出增多。

【救治措施】

（1）抗菌消炎。可用青霉素与链霉素混合溶解后肌内注射。也可用先锋霉素Ⅵ（头孢唑林钠、头孢菌素Ⅵ或头孢拉啶）配生理盐水静脉注射。

（2）激素治疗。对子宫颈已开放的病例，可用己烯雌酚、垂体后叶素促进子宫收缩，有助于排脓；对子宫颈未开放的病例，可试用己烯雌酚、前列腺素肌内注射，使子宫颈开放排脓。

（3）补充体液。为补充水分和调解电解质紊乱，适当输入林格溶液。

（4）手术治疗。对其他方法治疗无效的，可进行子宫、卵巢切除术。

（5）动物的运动场所及圈舍要清洁卫生，定期消毒，特别是发情期间要保持外阴清洁，可用温盐水或其他消毒药水清洗外阴，每天2～3次；尽量避免使用孕酮及雌激素；做剖宫产手术时严格遵守手术操作规程，要无菌操作，子宫要冲洗干净；配种时先将种公畜的外生殖器清洗消毒；对患子宫内膜炎的动物要彻底根治。

技能13　胎衣不下

【病因】

（1）子宫收缩无力。引起子宫收缩无力的因素如钙、磷、镁比例不当；运动不足；动物消瘦或肥胖，子宫肌过度疲劳；雌性激素不足。

（2）胎儿胎盘与母体胎盘联结牢固。如布鲁氏菌、胎儿弧菌、结核杆菌等微生物感染；维生素A缺乏。

（3）饲料质和量的不足，也是导致胎衣不下的诱因。

（4）气血运行不畅。中兽医认为，本病多由气血运行不畅而使胞宫收缩减弱所致。导致气血运行不畅主要有气虚和气血凝滞两种原因。

① 气虚。产前运动过度，饮喂失调，致使营养不良，体质虚弱，元气不足；或因产程过长，用力过度，造成分娩后气血耗损，精疲力竭，无力排出胎衣。

② 气血凝滞。由于产时护理不好，感受外邪，致使气血凝滞，胎衣不能及时排出。

【诊断】

（1）早期诊断胎衣不下的最好方法，是在动物分娩时仔细观察排出的胎衣是否与胎儿个数相同，少则可能滞留在子宫内。

（2）部分胎衣不下时，大部分胎衣已排出或悬垂于阴门外，有小部分粘连在母体胎盘上。悬垂于阴门外的胎衣，常被污染。

（3）患病动物拱背、举尾、努责但不见胎衣排出。触诊腹部感知子宫呈节段性肿胀。胎衣不下1～2 d后，腐败分解，发出特殊的臭味，4～5 d后胎衣破碎，从阴门流出一种恶臭液体，腐败产物被吸收后，有体温升高，脉搏增快，食欲、泌乳减少或停止等全身症状，如不及时治疗，胎衣腐烂后，易使母畜中毒，并继发子宫内膜炎。重则导致败血症，甚至引起死亡。

【救治措施】

（1）促进子宫收缩，产后立即肌内注射麦角新碱或皮下注射垂体后叶素或催产素。

（2）超过12 h的病例，先用防腐消毒药（0.1%高锰酸钾或雷佛奴耳等）冲洗子宫，隔一段时间再投入抗生素（如青霉素），可促进胎衣的排出和控制子宫感染，同时注射催产素5～10 IU。若子宫颈口未开张，则先注射雌激素0.2 mg，待宫颈张开后再用子宫收缩药。

（3）当出现体温升高、产道创伤或坏死情况时，应根据临床症状的轻重缓急，实施全身治疗和保护治疗。

（4）部分胎衣滞留时，可用手进入阴道内探查，找到脐带后轻轻向外牵拉，多数情况下可将胎衣取出。也可用包有纱布或药棉的镊子在阴道中旋转，将胎衣缠住取出。或将患病动物前身提起加大腹腔压力，按摩腹壁，也可能使胎衣排出。

技能14　中　暑

【病因】

（1）通常是由周围环境的高温、高湿和通风不良所致。如在炎热的阳光下训练或作业太久，或夏季饮水不足，或被关闭于狭小而闷热的动物舍中，或在汽车、火车运输时过于拥挤、闷热，都容易引起中暑。

（2）训练、使用过度，久渴失饮，特别是动物在饱食、训练、使用、赛跑及长途运输后，心脏衰竭，以及动物过肥等都是引起中暑的诱因。

【诊断】

病初迅速出现脑功能迟钝及衰弱，精神萎靡，步态不稳，脉搏快速而弱。呼吸加深、加快而困难，或有眼凝视。常见呕吐。病后期，心音微弱而快，浑身肉颤，常因虚脱而卧地不起。直肠温度达41 ℃以上，可视黏膜潮红或蓝紫色。也有病初即呈现虚脱，突然倒地不动，呈昏迷状态，呼吸极为困难，多突然发生，甚至可引起死亡。

【救治措施】

（1）立即将患病动物从高温环境转移到阴凉通风处休息或平卧。在休息时可将后腿提高，以增加脑部的血液供应。

（2）用冷水擦浴，湿毛巾覆盖身体，在头部置冰袋等方法降温，需注意水温不要太低。因为过低的水温会造成周围血管剧烈收缩，反而达不到散热的效果。也可用酒精擦拭体表，促进散热。

（3）中暑的动物容易出现喉部水肿的现象，所以应该注意动物的呼吸状况，并应随时将其颈部伸直，使其呼吸顺畅。

（4）及时给患病动物口服盐水。

（5）在紧急治疗过程中，要随时注意患病动物的体温，当体温降至38℃时，就应立即擦干动物体，让动物安卧休息，周密护理，以免过度散热造成低体温。

（6）如果患病动物出现呕吐现象，应使用辅助工具（如竹筷、树枝等）将呕吐物从口中清除，并将头部朝下，避免动物又将呕吐物吸入气管内，造成吸入性肺炎。

（7）若动物持续昏迷不醒，可于颈静脉适当放血，然后再注射复方氯化钠溶液250～500 mL。若有痉挛及惊厥时，可使用10%葡萄糖酸钙注射液。发病期间要按时注射强心剂。

（8）重度中暑者需吸氧，检测血液常规、肝功能、肾功能，抗生素控制感染、护脑等措施，防止出现心、肾、呼吸功能不全。

技能15 新生仔动物溶血病

【病因】

新生仔动物溶血病是一种抗原-抗体反应，因新生仔动物的血型和母畜的血型不同，吃入母乳后发生抗原-抗体反应而导致仔动物溶血性贫血。当新生仔动物吮吸含有抗红细胞抗体的母乳时，抗体通过肠绒毛进入幼龄动物的血液中发生免疫反应，血液中的红细胞被破坏引起溶血性贫血。从遗传学和免疫学的角度来分析，当仔动物由公畜遗传所得的血型抗原与母畜不同时，进入母体后即会刺激母体产生相应的抗体，可通过胎盘进入胎儿体内，与胎儿红细胞发生抗原-抗体反应导致溶血。

【诊断】

新生仔动物出生后完全正常，但是吮吸初乳后即可发病。精神沉郁，体重减轻，然后出现贫血和黄疸症状，有的甚至出现血红蛋白尿，不断排出含有白色泡沫样的稀便，有的出现呻吟，胃肠道出现臌气，而后突然抽搐死亡。随黄疸加深可出现贫血，肝、脾肿大，严重者发生脑病。

【救治措施】

（1）此病的关键是及早发现，及时确诊。确诊后及时停喂母乳，更换其他母畜的乳汁。

（2）对患病动物进行对症治疗，口服强的松龙每千克体重2 mg，以抑制网状内皮系统吞噬红细胞；口服2%～3%的葡萄糖，以稀释和迅速排泄进入体内的游离胆红素。

（3）对重度贫血的患病动物，可输血及蛋白等。

技能16 新生动物低血糖

【病因】

本病多由受凉、饥饿或胃肠功能紊乱而引起。

【诊断】

患病动物病初精神沉郁，步态不稳，颜面肌肉抽搐，全身阵发性痉挛，很快陷入昏迷状态，血糖可降至 3 mg/L。

【救治措施】

静脉注射 10%葡萄糖液每千克体重 2～5 mL，亦可配合皮下注射醋酸泼尼松每千克体重 0.2 mL。

技能 17　气管切开术

【适应证】

各种原因引起的上呼吸道完全或不完全阻塞，必须紧急采取气管切开，以抢救患病动物生命；有些头颈部手术，为便于气管插管和吸入麻醉或维持术后呼吸道畅通，需施行气管切开术。

【术前准备】

上呼吸道阻塞引起的紧急呼吸困难者，不用麻醉和消毒，动物保定确定后，直接切开气管。非紧急情况下气管切开，应进行全身麻醉。将动物仰卧保定，头颈伸直，术部剃毛、消毒，盖上创巾。

【手术方法】

在颈腹中线上 1/3 与中 1/3 交界处纵向切开皮肤 5～7 cm，切开皮下组织，钝性分离两胸骨舌骨肌。助手用创钩将两侧肌肉拽开，扩大创口，暴露气管。在第 3～5 气管环间纵向切开气管深筋膜和气管环。气管创缘如有出血，应立即压迫止血，防止血液流入气管内。然后插入气管插管，保持气管畅通。插管外端系上纱布条，纱布条绕过动物颈背部系紧，以免插管滑脱。皮肤与肌肉切口可缝合数针，但不能缝合过紧。再用纱布块垫在插管的底板上保护伤口（图 5-8）。

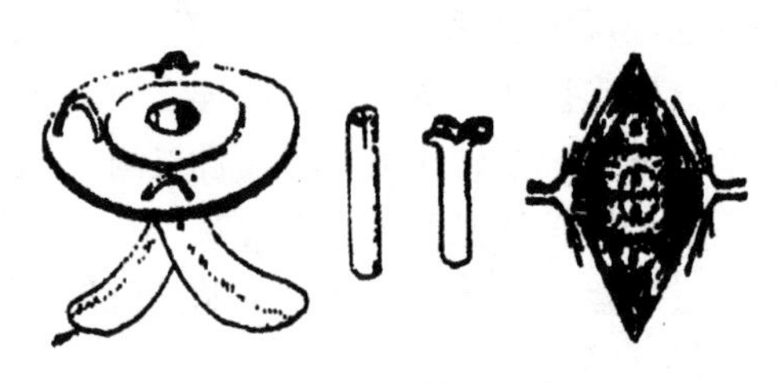

图 5-8　气管切开术

【术后护理】

术后应密切注意气管插管是否通畅。如有分泌物，应立即清除，以免逆行进入肺内。术后应定时向插管内喷洒生理盐水，以保持气管湿润。一旦气管通气功能恢复，原发病解除，就可拔除气管插管。插管拔除后，伤口进行一般处理。

技能 18　胃切开术

【适应证】

该方法主要适用于胃内异物的取出。急性胃扩张、胃扭转时也适宜胃切开术。

【手术方法】

（1）全身麻醉，仰卧保定。

（2）在剑状软骨后方与脐部之间于腹中线切开皮肤，分离皮下组织，暴露腹白线。切开腹白线和腹膜，切除镰状韧带，打开腹腔。

（3）尽可能将胃拉出腹腔外，其周围填塞温生理盐水纱布块。在胃大弯和小弯之间纵行切开。切口长度取决于手术目的。吸出胃液，取出胃内异物，或进行其他处理。之后用温生理盐水彻底冲洗局部。

（4）胃壁进行两层缝合。第一层全层连续缝合，第二层连续水平内翻缝合；也可在第一层连续水平内翻缝合，第二层连续垂直内翻缝合。缝合后，再用生理盐水冲洗胃壁，将胃还纳腹腔，并用一部分大网膜覆盖在胃切口处。常规闭合腹壁（图5-9）。

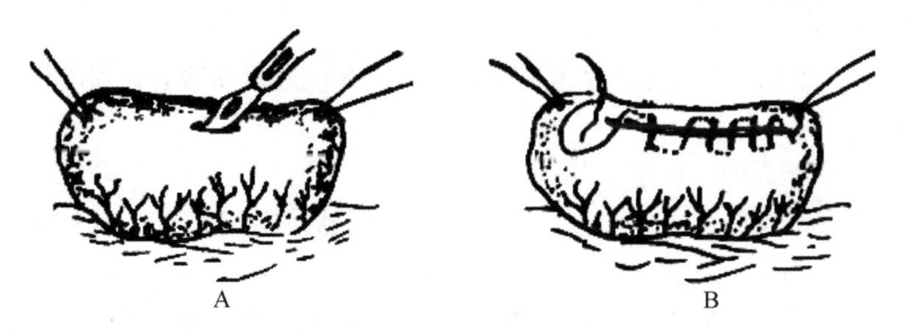

图5-9 胃切开术

A. 提起预切开线，用手术刀先做一小口 B. 第一层进行连续水平内翻缝合

【术后护理】

术后36～48 h提供饮水或流质食物，全身应用抗生素3～5 d，根据情况采取静脉注射。

技能19 肠管切开术

【适应证】

该方法适用于取出肠内异物。

【手术方法】

（1）全身麻醉，仰卧保定。

（2）于腹中线中部切开腹壁，将患病肠管拉出腹腔外，用温生理盐水纱布保护肠管并隔离术部。

（3）将阻塞的一端肠内容物挤离阻塞物10 cm，由助手两手的食指和中指或两把肠钳夹闭阻塞物两侧肠腔。用手术刀在肠道阻塞物的肠系膜对侧纵行切开肠壁全层，切口长度取决于阻塞物大小。以能挤出阻塞物为度。轻轻挤压异物，使其从切口处滑入器皿内。

（4）缝合前，用剪刀修整外翻的肠黏膜，并用浸有消毒液的棉球擦洗切口缘。多用一层结节缝合法闭合肠管。用肠线距切缘2～3 mm全层穿过肠壁，针距3～4 mm；也可采用一层连续水平内翻缝合或全层连续缝合。

（5）肠管缝合后，用温生理盐水冲洗干净，还纳腹腔，常规闭合腹腔（图5-10）。

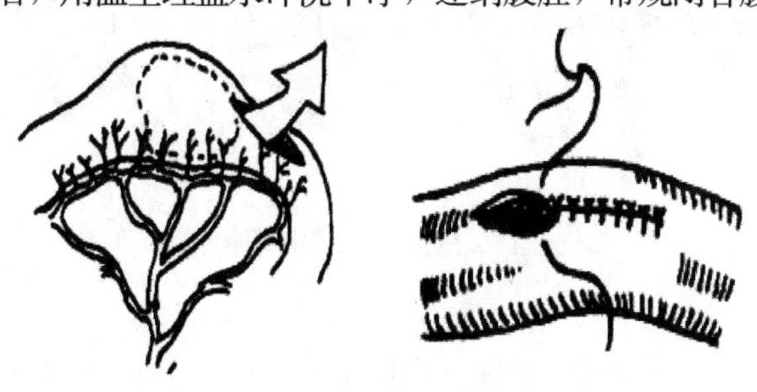

图5-10 肠管切开与缝合术

【术后护理】

术后应用抗生素 3～5 d，必要时静脉注射。喂少量流质食物，每天 3 次。

技能 20 肠管切除术

【适应证】

该方法主要适用于各种原因造成的肠坏死，坏死的肠段切除后必须进行断端吻合。

【手术方法】

（1）全身麻醉，仰卧保定。

（2）于腹中线从脐部向后切开腹壁，将病变肠管拉出腹腔外，用大块灭菌湿纱布保护肠管并隔离术部。

（3）距离坏死肠管两侧 4～5 cm 处，由助手两手的食指和中指或两把肠钳夹持，再用两把肠钳夹住两侧预切除的肠管。根据坏死肠段长短确定肠系膜预切除线，并在该线两侧双重结扎肠系膜血管。然后，切除肠系膜和坏死肠管。

（4）用浸有消毒液的棉球擦洗切口缘，修整外翻的肠黏膜。用可吸收的肠线缝合，先在肠系膜侧缝合 1 针，对肠系膜侧缝合 1 针，再在肠管两侧中间各缝合 1 针。以后分别在两侧缝线间缝合 2～3 针。缝线间距 3～4 mm，针距切缘 2～3 mm。连续或结节缝合肠系膜。

（5）缝合后，向肠腔内注入生理盐水，向缝合处轻轻挤压，如漏液，应追加缝合。为促进肠管愈合，防止肠液漏出，可将一部分大网膜覆盖在肠管吻合处，并将其固定在肠壁上。最后，将肠管还纳腹腔，常规闭合腹壁（图 5－11）。

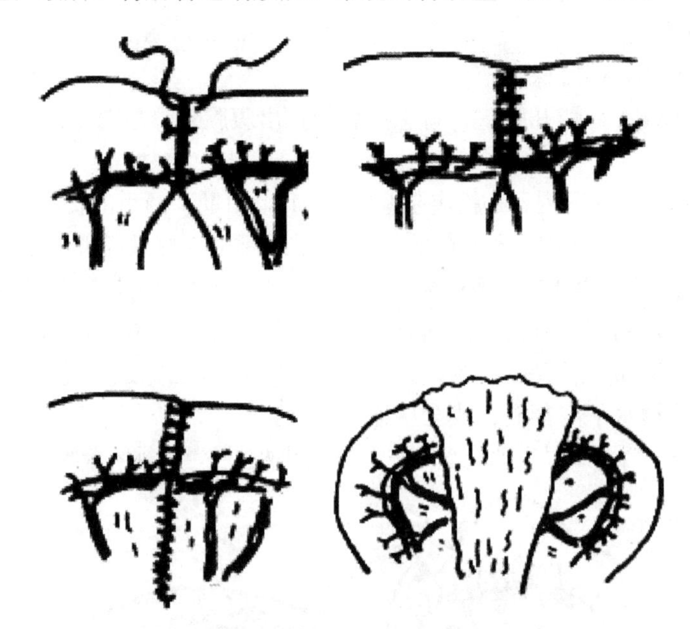

图 5－11 肠管切除后断端吻合术

【术后护理】

术后停喂 48 h，大量输液并全身应用抗生素。48 h 后，先喂流质食物 3～4 h 然后逐步换喂干性食物。

技能 21 膀胱切开术

【适应证】

该方法主要适用于膀胱结石、膀胱肿瘤。

【手术方法】

（1）全身麻醉，仰卧保定。

（2）术部，母畜在腹正中线上，公畜在阴茎侧方 2～3 cm 腹中线的平行线上。从耻骨前缘向脐部切开皮肤 5～10 cm，充分止血，切开腹直肌直达腹膜，止血。切开腹膜，将膀胱拉出创口外。如充满尿液，用注射器穿刺膀胱无血管处，抽出积尿。在膀胱尖部切开 2～3 cm，挤出结石，特别是要注意挤出膀胱颈已有部分嵌入尿道膀胱口的结石。若处理膀胱肿瘤，可扩大创口，翻转膀胱，露出黏膜，除去肿瘤。

（3）冲洗膀胱切口后，用肠线进行连续垂直内翻缝合。也可缝合两层，先全层连续缝合，再连续水平内翻缝合，最后常规闭合腹腔。

【术后护理】

术后全身应用抗生素 3～4 d。

技能 22 剖宫产术

【适应证】

该方法主要适用于胎儿过大，畸胎，严重的胎位异常，软产道阻塞，骨盆狭窄，子宫扭转，催产药应用无效，而检查确有胎儿，产程过长。

【手术方法】

（1）全身麻醉或硬膜外麻醉，仰卧保定，并向右侧倾斜 10°～20°。

（2）经局部剪毛消毒，在腹底中线切开皮肤，其长度按预计子宫大小而定。由于乳腺发育膨大，手术时不要损伤乳房组织。先从腹腔取出一侧子宫角于腹壁切口外，再取出另一侧子宫角，并用大块生理盐水浸湿的纱布将子宫与其他内脏包裹隔离，防止羊水污染腹腔。于子宫体背侧或腹侧无血管区切开子宫，取出子宫体内的胎儿。并在每个胎儿的子宫角膨起的前部，轻轻向后挤压，逐一将胎儿推至切口取出。撕破羊膜，胎儿开始呼吸，并同时抽吸术部的羊水以减少污染。用止血钳夹住胎儿脐血管，从离胎儿腹壁 2～3 cm 处切断脐带，最后从子宫内膜中将胎盘轻轻向外牵拉。每个胎儿和胎盘都按此法操作。如子宫角内胎儿难以挤至切口，可在其子宫角再开一刀。子宫缝合前，应仔细触摸子宫，确保子宫内无胎儿和胎盘残留。

（3）一旦所有胎儿取出，子宫会迅速收缩，这对止血非常重要。缝合时子宫还未收缩，可肌内注射或静脉注射催产素每千克体重 1～2 IU，或肌内注射麦角新碱每千克体重 0.02～0.1 mg，促使其收缩。

（4）缝合。在子宫送回腹腔前，用温热灭菌生理盐水冲洗子宫。腹腔底壁各层按常规予以闭合（图 5－12）。

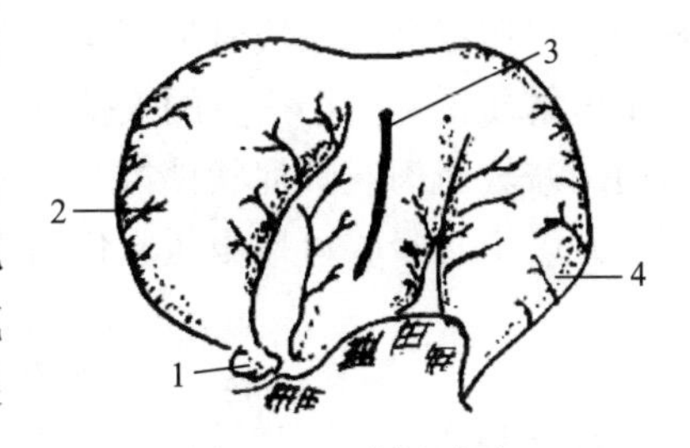

图 5－12 剖宫产术

1. 背侧卵巢 2. 右侧子宫角
3. 子宫体背侧纵切口 4. 左侧子宫角

【术后护理】

术后，清洗动物乳房，速将幼龄动物放在其腹下哺乳。全身应用抗生素 3～5 d。加强饲养管理，术后 7～10 d，拆除皮肤缝线。

项目 3　动物急性中毒与解毒

技能 1　食物中毒

【病因】

(1) 动物吃了腐败变质的食品如肉、鱼和酸奶等，容易发生食物中毒。在腐败变质发馊的食物中，常有多种细菌，如葡萄球菌、沙门氏菌、肉毒梭菌、变形杆菌等，尤以前两种最多见。

(2) 犬吃了洋葱、大葱或含有洋葱、大葱汁的食物后发生中毒。

(3) 犬吃了巧克力中毒。

【诊断】

(1) 常见有呕吐、腹痛、下痢和急性胃肠炎症状。动物精神沉郁，心力衰竭，体温正常或稍降低。严重中毒时可引起抽搐、不安、呼吸困难和严重的惊厥。

(2) 动物吃了洋葱、大葱或含有洋葱、大葱汁的食物后表现为明显的红尿，颜色深浅不一，从浅红色、深红色至黑红色，甚至咖啡色、酱油色。

(3) 巧克力内含有大量黄嘌呤的衍生物，动物如果过量食用巧克力会呈现中毒反应。巧克力中毒一般表现为高度兴奋、烦躁不安、呕吐腹泻、肌肉震颤，症状严重的动物可引起死亡。

【救治措施】

(1) 发病初期可静脉注射催化剂阿扑吗啡，其用量为每千克体重 0.04 mg。必要时用 0.01%高锰酸钾溶液洗胃，投服泻药或灌肠，静脉输液，肌内注射青霉素及进行适当的对症治疗。对由肉毒梭菌毒素引起的中毒，早期还要应用抗毒素血清进行治疗。

(2) 吃了洋葱、大葱或含有洋葱、大葱汁中毒的动物，可静脉注射 5%～10%的葡萄糖或林格液，三磷酸腺苷（ATP），辅酶 A，维生素 C 等；口服或注射复合维生素 B 及维生素 A、维生素 E。严重贫血的动物可进行输血或给予补血制剂。

(3) 吃了巧克力中毒，用 5%葡萄糖氯化钠溶液静脉输液，缓解中毒，加快毒物排除。口服或静脉输液时加入维生素 B_1、维生素 B_6、维生素 C。静脉滴注林格氏液调节电解质平衡。小剂量的安钠咖注射液 0.05～0.1 g/次调节呼吸功能。出现神经症状时为减轻肌肉震颤症状镇静可使用地西泮、盐酸氯丙嗪等注射液，皮下或肌内注射。减缓毒物吸收可口服氢氧化铝胶每次 5～10 mL。

技能 2　灭鼠药中毒

【病因】

动物误食鼠药或误食吃了鼠药的老鼠。

【诊断】

动物中毒症状根据灭鼠药的种类、食入量以及机体抵抗力稍有不同，但共同的中毒症状是：食入几分钟至数小时，出现精神沉郁或骚动不安，乱跑乱叫，大量流涎、流泪，呕吐、口吐白沫，继而腹泻、粪中带血，腹痛、小便失禁，咳嗽、呼吸困难，可视黏膜发绀、肌肉抽搐、继而麻痹，瞳孔缩小，昏迷，多因呼吸障碍而死亡。

【救治措施】

（1）有机磷中毒。首先缓慢皮下或静脉注射硫酸阿托品每次每千克体重 1.2～1.5 mL，间隔 6 h 后，皮下或肌内注射每次每千克体重 0.15 mL。同时可选用解磷定、氯解磷定及双磷定等，配成 10%溶液，肌内或静脉注射，使胆碱酯酶复活，水解蓄积的乙酰胆碱。

（2）安妥中毒。静脉注射 10%硫代硫酸钠。

（3）氟醋酸钠中毒。可静脉注射苯巴比妥，肌内注射甘油-醋酸酯，每千克体重 0.5 mL，半小时 1 次，连续注射数次。

（4）氟乙酰胺中毒。乙酰胺，动物每天每千克体重 0.1～0.3 g，分 2～4 次肌内注射，连用 5～7 d。另外，用乙二醇乙酸酯（醋精）100 mL 加入 500 mL 水中，让动物自由饮用或灌服。

（5）抗凝血类灭鼠药中毒。抗凝血类灭鼠药种类较多，如敌鼠钠盐、华法林钠（杀鼠灵）、克灭鼠、杀鼠迷等。可用维生素 K 15～75 mg，加入葡萄糖或生理盐水中缓慢静脉注射，也可肌内或皮下注射，12 h 1 次，连用 2～3 d。

技能 3　一氧化碳中毒

【病因】

煤气外泄，加之门窗紧闭、通风不良，因动物吸入过量一氧化碳而发生中毒。一氧化碳在体内与血红蛋白的亲和力非常大，形成稳定的碳氧血红蛋白，使血红蛋白不能携带氧，造成机体缺氧，特别是脑和心，当缺氧时间过长，则极可能造成死亡。

【诊断】

（1）症状。

① 轻度中毒。患病动物表现为恶心、呕吐、反应迟钝、喜卧、嗜睡、心跳加快、呼吸增数等。

② 中度中毒。患病动物呕吐等症状加重，呕吐物呈黄绿色，肌无力，共济失调，瞳孔缩小，视物不清，皮肤和黏膜呈现樱桃红色，少数有震颤、浅昏迷。

③ 重度中毒。除上述症状外，出现深昏迷，各种反射消失，大、小便失禁，皮肤黏膜苍白或发绀，呼吸浅快，脉搏细快，血压下降，甚至死亡。

（2）实验室检查。

① 轻度中毒时碳氧血红蛋白浓度可超过 10%。

② 中度中毒时碳氧血红蛋白浓度可超过 30%，同时非蛋白氮、尿素氮、血钾、谷草转氨酶等均升高，尿检可见蛋白尿。

③ 重度中毒时碳氧血红蛋白浓度可超过 50%，同时白细胞增多，非蛋白氮、尿素氮、血钾、肌酐、谷草转氨酶、乳酸脱氢酶、肌酸磷酸酶等均升高。

【救治措施】

（1）发现中毒动物后，要迅速打开门窗，搬掉煤炉或关闭煤气开关；立即将患病动物移出中毒处，转移到空气新鲜的场所，注意保暖。轻度中毒患病动物充分吸入新鲜空气，休息 2～3 h，一般可不治自愈。

（2）保持患病动物呼吸道畅通，擦净其口、鼻内污物，以免异物进入气管，引起窒息。

（3）静脉注射 20%甘露醇或高渗葡萄糖溶液以控制脑水肿、降低颅内压。

（4）静脉注射 5%碳酸氢钠或乳酸钠溶液以纠正酸碱平衡。

（5）给予低分子右旋糖酐、血浆代用品、透明质酸酶等以扩充血容量、改善微循环。

（6）如发现患病动物呼吸与心跳停止，应立即吸氧，实行胸外心脏按压术，注射尼可刹米等。

（7）给予地塞米松或氢化可的松。

（8）对症支持治疗。根据病情给予吡硫醇片、吡拉西坦片、维生素 E、维生素 C、阿托品、能量合剂等。

（9）为控制感染，可给予抗生素。

技能 4　食盐中毒

【病因】

（1）食物中食盐比例过高，食盐混合不均。

（2）连续饲喂含盐量高的腌渍食物等。

（3）饮水不足，动物缺乏维生素 E 和含硫氨基酸时，可提高对食盐的敏感性，易导致中毒的发生。

【诊断】

（1）有采食含盐量高的食物的病史。

（2）常于采食食盐 1～2 h 后突然发病，出现明显的神经症状，以及感觉过敏，肌肉震颤，进而共济失调，腹泻，衰弱，有时多尿。该病病程较短，多于数小时内死亡。

（3）动物的食盐中毒量为每千克体重 1.5～2.2 g。

【救治措施】

及时给予患病动物干净饮水，必要时可静脉注射或腹腔注射 5%葡萄糖溶液，也可应用强心剂等。平时加强饲养管理，不让动物摄入过多的腌渍食物。

技能 5　青霉素等药物过敏

【病因】

动物容易对多种药物过敏，常见的针剂药物有青霉素、庆大霉素、林可霉素、穿心莲注射液、板蓝根注射液、柴胡针剂、复方维生素 B 针剂、维生素 K、维丁胶性钙、乙酰胺、左旋咪唑和一些生物制剂，如血清、联苗等。片剂有乙酰螺旋霉素片、吡哌酸等。其中，青霉素是这些药物中的首位易导致过敏的药物。

【诊断】

患病动物精神沉郁，呼吸高度困难，哮喘，结膜发绀，心跳明显加快，肌肉震颤，继而发生昏迷、抽搐。

【救治措施】

(1) 0.1%肾上腺素液 0.3 mL，皮下注射，以解救青霉素中毒所致的急性心力衰竭。

(2) 10%葡萄糖液 300 mL，静脉注射，以促进患病动物体内青霉素的排出。

(3) 氢化可的松 0.03 g，溶于葡萄糖溶液，静脉注射，以增加输出量，降低外周阻力，同时抑制组织胺类活性物质和溶酶体等的释放，从而解除青霉素过敏反应。

(4) 氨茶碱 0.05 g，肌内注射，以解除支气管平滑肌痉挛，抑制组织胺等致敏物质的释放，增强心肌收缩力和抑制肾小管的重吸收功能。

(5) 苯巴比妥钠 60 mg，肌内注射，解除惊厥。

(6) 青霉素是临床上最常用的一种抗生素，但用后易引发动物的过敏反应，故用药时应特别注意。用药过程中，应仔细观察动物的反应，用药后还须继续观察 15 min 左右，当确认无异常反应后，方可让动物离去。

技能 6　杀虫药中毒

【病因】

动物误食有机磷等杀虫药。

【诊断】

(1) 有机磷抑制胆碱酯酶活性，使乙酰胆碱在体内蓄积，出现胆碱能使神经过度兴奋的中毒症状。中毒动物表现流涎，鼻、眼分泌物增多，黏膜出血。

(2) 动物表现出腹疼（肠、胃蠕动增加），腹泻，不断排尿，心率减慢，瞳孔收缩，呕吐。

(3) 动物出现全身抽搐，最后肌肉麻痹，呼吸困难、昏迷，衰竭死亡。

【救治措施】

(1) 静脉注射阿托品，每千克体重 0.1 mg，并用同样剂量皮下注射 1 次。

(2) 静脉或肌内注射解磷定，剂量为每千克体重 20 mg。根据病情可反复注射。

(3) 1%硫酸铜溶液 1 日数次，1 次 5～10 mL，催吐，清理肠胃道。

职业技能考核

【理论考核】

1. 动物急诊急症处置技术的适应证、诊疗意义及注意事项。

2. 动物急诊急症救治技术的适应证、诊疗意义及注意事项。

3. 动物急性中毒与解毒技术临床适应证、诊疗意义及注意事项。

【操作考核】

按照兽医临床急诊操作规则，对下列各项进行急症救治技术操作，对急诊项目进行记录：

1. 发热、水肿、脱水、昏迷、瘫痪、呼吸困难、咯血、休克、呕吐、腹痛、便血、腹泻、血尿、尿闭、阴道出血等急症处置操作。

2. 创伤、出血与止血、眼球脱出、瞬膜腺突出、气管异物、咽喉水肿、气胸、骨折、关节脱位、流产、难产、子宫蓄脓、胎衣不下、中暑、新生仔动物溶血病、新生仔动物低血糖、气管切开术、胃切开术、肠管切开术、肠管切除术、膀胱切开术、剖宫产术等急症救治技术。

3. 食物中毒、灭鼠药中毒、一氧化碳中毒、食盐中毒、青霉素等药物过敏、杀虫药中毒等动物急性中毒诊断与救治解毒技术。

主要参考文献

崔中林，2002. 实用犬猫疾病防治与急救大全［M］. 北京：中国农业出版社 .

邓干臻，2009. 兽医临床诊断学［M］. 北京：科学出版社 .

邓俊良，2006. 兽医临床实践技术［M］. 北京：中国农业出版社 .

东北农业大学，2010. 兽医临床诊断学实习指导［M］. 北京：中国农业出版社 .

侯加法，2000. 小动物外科学［M］. 北京：中国农业出版社 .

李玉冰，2011. 兽医临床诊疗技术［M］. 2 版 . 北京：中国农业出版社 .

林德贵，2004. 犬猫临床疾病图谱［M］. 沈阳：辽宁科学技术出版社 .

林德贵，2004. 动物医院临床手册［M］. 北京：中国农业出版社 .

唐兆新，2008. 兽医临床治疗学［M］. 北京：中国农业出版社 .

汪世昌，陈家濮，2000. 家畜外科学［M］. 3 版 . 北京：中国农业出版社 .

夏兆飞，2010. 兽医临床实验室检验手册［M］. 北京：中国农业大学出版社 .

谢富强，2011. 兽医影像学［M］. 2 版 . 北京：中国农业大学出版社 .

中国兽医协会，2014. 2014 年执业兽医师资格考试应试指南［M］. 北京：中国农业出版社 .

图书在版编目（CIP）数据

兽医临床诊疗技术/曹授俊，李玉冰主编.—3版.—北京：中国农业出版社，2020.8（2023.8重印）

“十二五”职业教育国家规划教材　经全国职业教育教材审定委员会审定　高等职业教育农业农村部“十三五”规划教材

ISBN 978-7-109-27141-8

Ⅰ.①兽…　Ⅱ.①曹…②李…　Ⅲ.①兽医学一诊疗一高等职业教育一教材　Ⅳ.①S854

中国版本图书馆CIP数据核字（2020）第140072号

中国农业出版社出版

地址：北京市朝阳区麦子店街18号楼

邮编：100125

责任编辑：徐　芳　李　萍　　文字编辑：马晓静

版式设计：王　晨　　责任校对：刘丽香

印刷：三河市国英印务有限公司

版次：2006年3月第1版　2020年8月第3版

印次：2023年8月第3版河北第7次印刷

发行：新华书店北京发行所

开本：787mm×1092mm　1/16

印张：15.5

字数：345千字

定价：48.00元
